食品类专业校企双元育人教材系列

全国现代学徒制工作专家指导委员会指导

食品理化检验技术

主　编　惠　琴
主　审　陈燕舞
副主编　刘姬栾　颜　采
编　委　李　萍　敬小波　韦秀胆　吴贺文
　　　　刘静娜　叶林忠　王　珍

复旦大学出版社

内容提要

本书以食品检测岗位工作过程为导向,以食品理化检验工作流程及真实工作任务为载体,构建项目化的学习情境,突出综合职业能力和实践能力的培养,强调德技并修。结合食品检验管理1+X证书内容,融入食品检验新知识、新技术、新方法、新标准,以及职业技能大赛要求,适用于职业教育案例教学、项目教学、行动导向教学。

全书由3个模块、10个项目、39个任务组成,涵盖食品理化检验工作必备基础知识、技能,食品一般品质指标检验,常见营养成分、添加剂、非法添加物质检验,以及理化检验质量控制基本知识和技能。以二维码的形式链接电子资源。教师可进行线上线下混合式教学,根据需要灵活组装和随国家现行标准的更替更新相关内容。

本教材可作为职业院校食品类专业的学生用书,也可用于食品质量检验检测与监督技术人员的培训教材。本书是学银在线"食品检测技术"课程配套教材,可通过学银在线网站搜索"食品检测技术"在线学习。

本套系列教材配有相关的课件、习题等,欢迎教师完整填写学校信息来函免费获取。邮件地址:xdxtzfudan@163.com

Foreword
序　言

党的二十大要求统筹职业教育、高等教育、继续教育协同创新,推进职普融通、产教融合、科教融汇,优化职业教育类型定位。新修订的《中华人民共和国职业教育法》(简称"新职教法")于 2022 年 5 月 1 日起施行,首次以法律形式确定了职业教育是与普通教育具有同等重要地位的教育类型。从"层次"到"类型"的重大突破,为职业教育的发展指明了道路和方向,标志着职业教育进入新的发展阶段。

近年来,我国职业教育一直致力于完善职业教育和培训体系,深化产教融合、校企合作,党中央、国务院先后出台了《国家职业教育改革实施方案》(简称"职教 20 条")、《中国教育现代化 2035》《关于加快推进教育现代化实施方案(2018—2022 年)》等引领职业教育发展的纲领性文件,持续推进基于产教深度融合、校企合作人才培养模式下的教师、教材、教法"三教"改革,这是贯彻落实党和政府职业教育方针的重要举措,是进一步推动职业教育发展、全面提升人才培养质量的基础。

随着智能制造技术的快速发展,大数据、云计算、物联网的应用越来越广泛,原来的知识体系需要变革。如何实现职业教育教材内容和形式的创新,以适应职业教育转型升级的需要,是一个值得研究的重要问题。"职教 20 条"提出校企双元开发国家规划教材,倡导使用新型活页式、工作手册式教材并配套开发信息化资源。"新职教法"第三十一条规定:"国家鼓励行业组织、企业等参与职业教育专业教材开发,将新技术、新工艺、新理念纳入职业学校教材,并可以通过活页式教材等多种方式进行动态更新。"

校企合作编写教材,坚持立德树人为根本任务,以校企双元育人,基于工作的学习为基本思路,培养德技双馨、知行合一,具有工匠精神的技术技能人才为目标。将课程思政的教育理念与岗位职业道德规范要求相结合,专业工作岗位(群)的岗位标准与国家职业标准相结合,发挥校企"双元"合作优势,将真实工作任务的关键技能点及工匠精神,以"工程经验""易错点"等形式在教材中再现。

校企合作开发的教材与传统教材相比,具有以下三个特征。

1. 对接标准。基于课程标准合作编写和开发符合生产实际和行业最新趋势的教材,而这些课程标准有机对接了岗位标准。岗位标准是基于专业岗位群的职业能力分析,从专业能力和职业素养两个维度,分析岗位能力应具备的知识、素质、技能、态度及方法,形成的职业能力点,从而构成专业的岗位标准。再将工作领域的岗位标准与教育标准融合,转化为教材编写使用的课程标准,教材内容结构突破了传统教材的篇章结构,突出了学生能力培养。

2. 任务驱动。教材以专业(群)主要岗位的工作过程为主线,以典型工作任务驱动知识和技能的学习,让学生在"做中学",在"会做"的同时,用心领悟"为什么做",应具备"哪些职业素养",教材结构和内容符合技术技能人才培养的基本要求,也体现了基于工作的学习。

3. 多元受众。不断改革创新,促进岗位成才。教材由企业有丰富实践经验的技术专家和职业院校具备双师素质、教学经验丰富的一线专业教师共同编写。教材内容体现理论知识与实际应用相结合,衔接各专业"1+X"证书内容,引入职业资格技能等级考核标准、岗位评价标准及综合职业能力评价标准,形成立体多元的教学评价标准。既能满足学历教育需求,也能满足职业培训需求。教材可供职业院校教师教学、行业企业员工培训、岗位技能认证培训等多元使用。

校企双元育人系列教材的开发对于当前职业教育"三教"改革具有重要意义。它不仅是校企双元育人人才培养模式改革成果的重要形式之一,更是对职业教育现实需求的重要回应。作为校企双元育人探索所形成的这些教材,其开发路径与方法能为相关专业提供借鉴,起到抛砖引玉的作用。

博士,教授
2022 年 11 月

Preface
前 言

　　为认真贯彻落实《国家职业教育改革实施方案》等文件对职业教育教学质量提出的新要求，落实立德树人根本任务，适应我国职业教育课程改革的趋势，我们以省级"双精准"示范专业建设为契机，以教材改革为抓手，组建教学创新团队，开展基于工作过程的项目化教学改革实践探索。

　　在充分调研食品检验检测行业现状及职业岗位能力要求的基础上，进一步明确专业定位和课程定位，以综合职业能力的培养为目标，重构课程内容，制定课程标准，依据课程标准开发、编写活页教材，以满足课程改革的需要，提高课程教学质量。

　　本书编写团队由课程专家、行业企业一线食品检验检测技术人员及学校一线教师组成，坚持从岗位出发，以能力为导向，充分体现基于工作的学习，改变传统以知识体系构建的体例框架。本书主要体现以下特色。

1. 以学生为中心

　　从学生认知规律出发，引导学生自主学习、善于思考、周密计划、规范实施，着重培养学生融会贯通、举一反三的能力。工作如何开展，项目就如何学习，学生"在工作中学习，在学习中工作"，经历"资讯→计划→决策→实施→检查→评价"完整的工作过程。教材配套在线精品课程资源，扫描二维码，可实现教材和学生之间深层次互动，调动学生学习积极性。

2. 融入岗课赛证要求

　　融入最新国家标准、新技术、新工艺和新方法。通过完成不同的任务，掌握食品理化检验的工作技能，实现职业能力的提高。教材涵盖了食品检验管理1+X证书的知识点，学生完成学习可达到《食品检验管理职业技能等级标准》的考证要求。融入职业技能大赛训练，适应培养高技能人才要求。

3. 与课程思政自然融合

　　编写团队结合课程内容深挖课程思政元素，使学生在学会食品理化检验基本操作规范和技能的同时，具备食品安全社会责任意识、家国情怀、工匠精神，严谨求实、客观公正的专业精神，爱岗敬业、崇尚劳动、诚实守信、团结协作的职业素质，以及客观、辩证的科学思维。

　　项目是典型的食品理化检验工作环节，任务按行动导向开展。在检验工作前以情景引导学生进入学习任务，在问题的指引下学习后续检验工作必须的知识。学习者先从"任务描述"中获取检验工作信息,然后依照检验工作计划实施工作任务。通常情况下,先准备仪器试剂,再梳理检验步骤的思维导图。重点方法、步骤和技术要点通过文字描述强调,并配合实景图片、工作过程表单。最后,对照"任务评价"检验学习是否有遗漏。

  本教材由惠琴担任主编,刘姬栾、颜采担任副主编,李萍、敬小波、韦秀胆、吴贺文、刘静娜、叶林忠、王珍参与编写。感谢中山一职龙卫平校长一直以来对教材开发团队的支持和指导!感谢广东省名师工作室主持人陈燕舞院长承担本书的主审工作。在编写过程中参阅了大量的书籍和文献,得到了广东利诚检测技术有限公司、广东高普质量技术服务有限公司等单位的大力支持,在此一并表示诚挚的感谢!

  尽管编者尽了最大的努力去整理和核对,但由于时间和水平有限,书中难免有疏漏和错误之处,恳请广大读者批评指正。

编者
2022 年 12 月

Contents
目 录

模块一　食品理化检验基础

项目一　检验工作准备 ... 1-2
　任务1　实验室安全防护 ... 1-2
　任务2　检测标准查询与解读 ... 1-8
　任务3　试剂配制和标定 ... 1-14

项目二　样品采集和预处理 ... 1-23
　任务1　样品采集和保存 ... 1-23
　任务2　样品制备 ... 1-32
　任务3　样品预处理 ... 1-36

项目三　样品检验及报告 ... 1-41
　任务1　样品检验 ... 1-41
　任务2　检验结果计算 ... 1-47
　任务3　出具检验报告 ... 1-52

模块二　食品理化检验分类

项目四　一般品质指标检验 ... 2-2
　任务1　食品相对密度的测定 ... 2-2
　任务2　食品中酸度的测定 ... 2-9
　任务3　食品中水分的测定 ... 2-15
　任务4　茶叶中灰分的测定 ... 2-21
　任务5　食品中酸价的测定 ... 2-31
　任务6　食品中过氧化值的测定 ... 2-41

	任务7 食品固形物含量的测定	2-48
	任务8 食品中氨基酸态氮的测定	2-58
	任务9 食品中氯化物的测定	2-64
	任务10 饮用水总硬度的测定	2-73

项目五 常见营养成分的检验 ... 2-81

  任务1 食品中脂肪的测定 ... 2-81
  任务2 食品中蛋白质的测定 ... 2-90
  任务3 食品中碳水化合物的测定 ... 2-97
  任务4 食品中维生素C的测定 ... 2-105
  任务5 食品中膳食纤维的测定 ... 2-112
  任务6 食品中钠的测定 ... 2-119

项目六 添加剂的检验 ... 2-125

  任务1 食品中谷氨酸钠的测定 ... 2-125
  任务2 食品中二氧化硫的测定 ... 2-134
  任务3 食品中亚硝酸盐的测定 ... 2-142

项目七 非法添加物质的检验 ... 2-152

  任务1 食品中苏丹红的测定 ... 2-152
  任务2 乳品中三聚氰胺的测定 ... 2-161

模块三 食品理化检验质量控制

项目八 实验室质量控制 ... 3-2

  任务1 检验环境控制 ... 3-2
  任务2 仪器检定校准 ... 3-9
  任务3 试剂有效管理 ... 3-15

项目九 操作质量控制 ... 3-21

  任务1 称量操作的质量控制 ... 3-21
  任务2 滴定操作的质量控制 ... 3-28
  任务3 空白实验 ... 3-33
  任务4 平行测定 ... 3-37

项目十 检验误差与处理 ... 3-43

  任务1 误差分析 ... 3-43
  任务2 误差处理 ... 3-49

模块一

食品理化检验基础

模块一 食品理化检验基础	项目一 检验工作准备
	项目二 样品采集和预处理
	项目三 样品检验及报告

食品理化检验是指借助物理、化学的方法，使用某种测量工具或仪器设备检验食品。其目的在于根据测得的分析数据对被检食品的品质和质量做出正确直观的判定和评定。食品理化检验是一项极为重要的工作，它在保证人类健康和社会进步方面有着重要的意义和作用。

食品理化检验工作一般程序为：检验工作准备→样品的采集和制备→样品的预处理→样品的检验测定→数据处理→出具分析报告。

项目一
检验工作准备

```
项目一 检验工作准备 ─┬─ 任务1  实验室安全防护
                    ├─ 任务2  检测标准查询与解读
                    └─ 任务3  试剂配制和标定
```

1. 熟记实验室安全防护要点。
2. 能安全使用实验室设施，正确进行个人防护。
3. 能查询并解读食品理化检验的相关标准（法律法规、技术标准、方法标准）。
4. 能按要求正确准备实验及配制检验试剂。
5. 具备安全防护、文明操作意识。

任务1 实验室安全防护

1. 清楚实验室安全用电、用火常识，以及化学试剂使用、废液处理等注意事项；懂得预防安全事故发生。
2. 会使用实验室防护设施设备，会在紧急情况下采用合理救护措施，将危害降低到最小。

情景导入

知岗位　明职责　懂防护

食品安全是重要的民生工程,党和国家都高度重视。"十四五"期间,更要强化食品安全管理,保障"平安中国""健康中国"建设。食品检验员是守护人民舌尖安全的卫士,学习《食品理化检验技术》是为人民"舌尖上的安全"保驾护航。食品检验员岗位工作职责主要有4个方面。

(1) 遵守实验室的规章制度,按照检验规程及时准确地完成检验任务;服从工作安排,确保安全生产。

(2) 规范准备各种检验试剂,按规程定期维护和校准仪器。

(3) 负责原辅料、中间产品和成品的分析检验。检验过程发现异常,应及时报告,查找原因,妥善处理。

(4) 及时、准确、如实填写原始检验记录和出具检验报告,不得弄虚作假。

食品检验员主要在实验室里完成工作。因此,同学们的学习也要以实践为主,一定要遵循诚信、客观、实事求是的工作原则。而懂得实验室安全防护,则是开展工作的底线。

学习内容

1. 基本要求

进入实验室必须按要求穿着实验工作服,避免皮肤直接暴露在空气中。

食品安全

2. 安全用电

(1) 不用潮湿的手接触电器。

(2) 电源裸露部分应有绝缘装置。

(3) 所有电器的金属外壳都应接地保护。

(4) 修理或安装电器时,应先切断电源。

(5) 不能用试电笔试高压电。

(6) 如有人触电,应迅速切断电源,然后紧急抢救。

(7) 保险丝要与实验室允许的用电量相符。

(8) 电线的安全通电量应大于用电功率。

(9) 如遇电线起火,应立即切断电源,用沙或二氧化碳、四氯化碳灭火器灭火,禁止用水或泡沫灭火器等导电液体灭火。

3. 防止火灾

(1) 实验室内严禁吸烟。

(2) 安全使用酒精灯。

(3) 做蒸馏实验和消化样品时应使用加热套和封闭式电炉,不得使用明火加热。

(4) 在使用易燃气体和易燃试剂的实验室内,不得使用明火。

(5) 在实验室失火时,不要慌,应根据实际情况妥善灭火。常用的灭火剂有水、沙、二氧化碳灭火器、四氯化碳灭火器、泡沫灭火器和干粉灭火器等。须根据起火的原因选择灭火器。

(6) 切记以下4种情况不能用水灭火。

① 金属钠、钾、镁、铝粉、电石和过氧化钠着火,应用干沙灭火。

② 比水轻的易燃液体,如汽油、苯、丙酮等着火,可用泡沫灭火器。
③ 有灼烧的金属或熔融物的地方着火时,应用干沙或干粉灭火器。
④ 电器设备或带电系统着火,可用二氧化碳灭火器或四氯化碳灭火器。

4. 安全使用化学药品

(1) 标识　自配试剂应贴标签,注明化合物名称、浓度、配制日期,以及配制人姓名。

(2) 低沸点有机溶剂　一定要远离火源和热源。试剂瓶应封严,存放在阴凉处。

(3) 浓酸、浓碱具有强烈的腐蚀性　使用浓硝酸、浓盐酸、浓硫酸、高氯酸及氨水时,应在通风橱中操作。如上述试剂溅到皮肤上或眼内,应立即用水冲洗,然后用 5% $NaHCO_3$ 或 5% H_3BO_3 冲洗,严重的应处理后尽快就医。

(4) 任何化学药品　一定要熟知该化学药品的危险性。

(5) 有毒有机溶剂或者腐蚀性试剂　应在通风橱内操作,并使用防溅面罩,防止意外事故。

(6) 有机试剂　使用三氯甲烷、乙醚、苯、丙酮等低沸点有机溶剂时,一定要远离火源和热源。装有上述试剂的试剂瓶应封严,并保存在阴凉处。

5. 废液处理

(1) 废弃的溶液应按有机及无机分类,严禁将不同类别的液体混放在同一个瓶中。

(2) 装有废液的容器必须有明显的标识。标识上应注明该废液的名称、组成、浓度、日期及该溶液废弃人的姓名。

(3) 将装有废液的容器放在指定地点,统一处理。

(4) 严禁将有毒、有害、强腐蚀性试剂及液体倒入水池中。

(5) 废弃的洗液不得倒入下水道,应装入试剂瓶统一处理。

6. 安全操作仪器

(1) 使用者必须经过培训方可上机操作。

(2) 必须严格地按照"仪器操作规程"操作。

(3) 在样品的测定过程中,应保持仪器、实验台面及实验室的整洁。

(4) 遇到仪器故障,立即向管理人员报告,不得擅自处理。

(5) 不得擅自挪用与公用仪器相关的辅助设备和零、配件,以及实验室内的一切公用设施。

7. 实验结束要求

(1) 实验完毕,所用玻璃仪器须清洗干净,按要求放好。

(2) 检查试验台面是否有残留药剂及地面是否整洁。

(3) 保证实验室卫生状况良好后,洗手,安全离开。

(4) 离开时再次检查仪器、水、电、门、窗是否关好。

(5) 发现安全隐患应立即报告,及时处理。

◆ 知识过关题

1. 实验室安全防护的内容包括＿＿＿＿、＿＿＿＿、＿＿＿＿、＿＿＿＿、＿＿＿＿、＿＿＿＿、＿＿＿＿。

2. 实验台、工作台要保持＿＿＿＿,不用的试剂瓶要摆放到试剂架上,避免试剂或＿＿＿＿造成的事故。

实验室安全防护任务案例
——配制1+3硫酸溶液安全事项

◆ **任务描述**

小王中职毕业后进入一家食品企业的实验室工作。因检验工作需要,须配制1+3硫酸溶液(硫酸和水的体积比为1∶3)500 ml。她该如何安全地完成任务?

引导问题1 进入实验室之前,小王需要做哪些基本防护准备?

答:

检查事项:

(1) 外在形象要求　禁止美甲,指甲不能过长;禁止披发,须束发;不喷香水;不佩戴首饰。

(2) 穿衣要求　不穿短裙、背心、凉鞋、拖鞋,裙装须过膝盖。

(3) 劳保用具佩戴要求　进入实验室,必须穿工衣、工鞋,必要时佩戴口罩。

(4) 其他要求　不能带任何食物进去实验室,包括水杯、饮料;禁止在实验室吃任何食物。

引导问题2 配制1+3硫酸溶液需要领用浓硫酸。小王去找主管,而主管刚好不在办公室。小王着急配试剂,直接拿走钥匙打开了存放浓硫酸的试剂柜,拿走了浓硫酸。小王的做法正确吗?简要说明理由。

答:

浓硫酸是强酸,属于危化品,领用时要严格遵照规程:

① 填写《易制毒易制爆化学品进出库登记表》和《易制毒易制爆化学品使用情况登记表》,写明领用试剂的名称、数量、领用人、使用目的。

② 找主管签名确认。

③ 找2名仓管员签名确认。

④ 2名仓管员用各自保管的钥匙打开试剂柜的2把锁,将试剂拿给小王,仓管员锁好试剂柜的门,并且填写《人员进出库登记表》。

⑤ 未用完的试剂要及时归还,实验现场严禁存放易制毒易制爆试剂。

安全提示　实验室易制毒、制爆试剂的存放及取用,一定要落实"双人双锁"。

引导问题3 配制1+3硫酸溶液需要佩戴哪些防护用具?

答:

建议防护用具:防酸碱的工衣、防酸碱的工鞋、乳胶手套、口罩、透明面罩。

安全提示　配制强酸强碱的试剂时,严禁皮肤裸露在空气中。

引导问题4 小王忘记了是将100 ml的浓硫酸加入300 ml的蒸馏水中,还是将300 ml的蒸馏水加入100 ml的浓硫酸中,你能帮助她吗?

答:

配制 1＋3 硫酸溶液的步骤：

① 提前将浓硫酸、蒸馏水、500 ml 玻璃量筒、500 ml 烧杯、500 ml 试剂瓶、玻璃棒放在通风橱内，打开通风橱风机。

② 用玻璃量筒量取 300 ml 的蒸馏水倒入烧杯内。

③ 用玻璃量筒量取 100 ml 的浓硫酸，沿着玻璃棒缓缓地将浓硫酸引流到装有 300 ml 蒸馏水的烧杯内。引流过程完后用玻璃棒搅拌均匀。

④ 混合完毕，将溶液放置在通风橱内凉至室温，备用。

安全提示　配制强酸溶液时，一定注意是"酸入水"，绝不能"水入酸"，顺序错了可能会酿成大祸！（思考：水入酸会发生什么现象？）

引导问题 5　小王配好 1＋3 硫酸溶液后，直接将装有硫酸溶液的烧杯放在实验操作台面上就下班离开了。小王的操作存在哪些安全隐患？正确的做法是什么？

答：

不正确 1：直接用烧杯来盛装硫酸溶液。

安全隐患：烧杯是敞口的，溶液很容易洒出或溅出，存在极大的安全隐患。

正确做法：配制完的溶液要使用试剂瓶盛装。

不正确 2：配制完的 1＋3 硫酸溶液，未做任何标识。

安全隐患：烧杯里装有硫酸溶液，未贴任何标识，很容易被混用及误伤。

正确做法：配好的溶液盛装在专门的试剂瓶中，并且贴好溶液标签。溶液标签的信息包括试剂名称、浓度、配制日期、有效期、配制人等。

不正确 3：小王下班未整理桌面，未将试剂放置到试剂柜中。

安全隐患：试剂放置在操作台面上，检验员在工作过程中很容易碰倒试剂，造成伤害。

正确做法：下班前须整理台面。所有的试剂全部放入试剂柜内；玻璃器具清洗干净；容量瓶和移液管放在容量瓶架和移液管架上；滴定管夹在滴定管架上。不能随意放在操作台面上。

引导问题 6　硫酸溶液如果不慎溅到皮肤或眼内，如何紧急处理？

答：

实施事项：

① 立即开启紧急喷淋-洗眼装置，用大量水冲洗患处。

② 涂上 5％ $NaHCO_3$ 溶液。

③ 严重的应处理后尽快就医。

任务评价

序号	评价要求	分值	评价记录	得分
1	知识过关题	3		
2	规范穿着实验服、佩戴防护用具	5		
3	遵守实验室安全规范	5		
4	按照规章制度领取试剂	5		
5	操作台面整理符合要求	5		
6	按照操作规程做实验	12		
7	知道安全用电的常识	8		
8	知道安全用火的常识	8		
9	知道化学试剂使用常识	8		
10	知道废液处理的要求	8		
11	知道实验室仪器使用的要求	5		
12	会使用实验室应急救护设备	8		
13	学习积极主动	10		
14	沟通协作	10		
	总评			

拓展学习

HSE 管理体系（技能大赛考核要求）

HSE 管理体系指的是健康（health）、安全（safety）和环境（environment）3 位一体的管理体系。作为一种科学的管理方法，其在实验室中的建立与实施能够有效提高实验室管理水平，保证实验过程安全。

巩固练习

1. 实验室自配试剂应贴标签，并注明_____、_____、_____，以及_____。
2. 进行蒸馏实验和消化样品时应使用_____和_____，不应使用_____加热。
3. 简述实验室废液处理的要求。

学习心得

总结本任务所学内容，和老师同学交流讨论，撰写学习心得：

班级：_____ 姓名：_____ 组名\组号：_____
学号\工位号：_____ 日期：____年____月____日

任务2 检测标准查询与解读

学习目标

1. 能说出标准的分级、分类,区分不同性质的标准。
2. 能快速、准确地查询现行相关标准,并正确选择标准。
3. 能正确解读并在测定过程中严格遵循相关标准。

情景导入

中国食品安全国家标准

截至2022年8月1日,我国共发布食品安全国家标准1 455项,包括通用标准、食品产品标准、特殊膳食食品标准、食品添加剂质量规格及相关标准、食品营养强化剂质量规格标准、食品相关产品标准、生产经营规范标准、理化检验方法标准、微生物检验方法标准、毒理学检验方法与规程标准、农药残留检测方法标准、兽药残留检测方法标准、被替代(拟替代)和已废止(待废止)标准等。检验人员应当按照食品安全标准和检验规范检验食品,尊重科学,恪守职业道德,保证出具的检验数据和结论客观、公正,不得出具虚假检验报告。因此,学会查询与解读国家标准是食品检验员必须掌握的岗位技能。

学习内容

标准是科学、技术和实践经验的总结。为在一定的范围内获得最佳秩序,为实际的或潜在的问题制定共同的和重复使用的规则的活动,即制定、发布及实施标准的过程,称为标准化。

1. 标准的分级

引导问题1 请写出我国技术标准分级。

答:

(1) 国家标准 如国家标准(GB)、国家计量技术规范(JJF)、国家环境质量标准(GHZB)。

(2) 行业标准 如农业行业标准(NY)、电力行业标准(DL)、烟草行业标准(YC)。

(3) 地方标准 代号为DB。

(4) 企业标准 一般以Q作为企业标准的开头,格式为:Q/XXX。

2. 标准的性质

(1) 强制性标准 常冠以GB、SB、NY、QB、HG、SC。

(2) 推荐性标准 T表示"推荐",如GB/T、SB/T、NY/T、QB/T、HG/T、SC/T。

3. 标准的分类

(1) 质量标准 如GB/T 18186《酿造酱油》。

(2) 卫生标准　如 GB 2717《食品安全国家标准 酱油》。
(3) 卫生规范　如 GB 14881《食品国家标准 食品生产企业通用卫生规范》。
(4) 安全限量标准　如 GB 2762《食品安全国家标准 食品中污染物限量》。
(5) 检测标准　如 GB/T 5009.39《酱油卫生标准的分析方法》。
(6) 标签标准　如 GB 7718《食品安全国家标准 预包装食品标签通则》。

◆ **知识过关题**

1. GB 代表_____,GB/T 代表_____。
2. 按照级别划分,我国的技术标准有_____、_____、_____和企业标准。

任务实施

检测标准查询与解读任务案例
——食品中蛋白质的测定

◆ **任务描述**

化验室接到检测任务,检测一批酱油的蛋白质含量。主管安排小王负责查询和解读食品中蛋白质测定的最新国家标准,小王应该怎么做?

引导问题 2　如何查询最新标准?

答:

◆ **查找检测标准权威网站推荐**

(1) 国家标准全文公开系统　https://openstd.samr.gov.cn/bzgk/gb/index
(2) 全国标准信息公共服务平台　https://std.samr.gov.cn/
(3) 食品伙伴网　http://www.foodmate.net/

具体操作步骤示例如下:

第一步:打开"食品伙伴网"。

第二步:在"食品标准"栏目下搜索关键词"蛋白质",如图 1-2-1 所示。

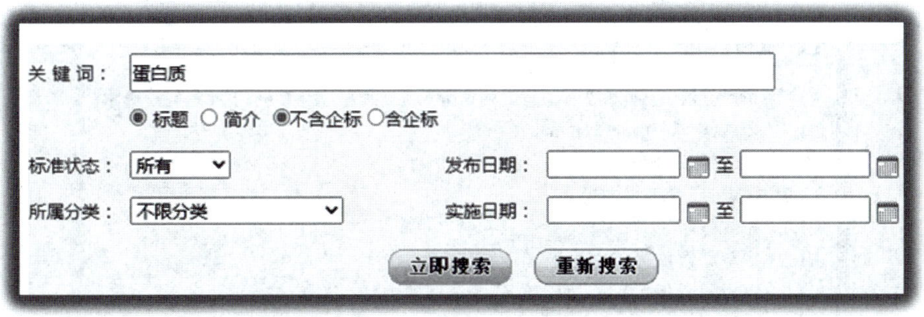

图 1-2-1　食品伙伴网标准查询

第三步:在搜索区选择,确定"GB 5009.5-2016"是现行有效、合适的检测标准,如图 1-2-2 所示。

现行有效 GB 5009.5-2016 食品安全国家标准 食品中蛋白质的测定	2016-12-23	2017-06-23
现行有效 GB/T 18868-2002 饲料中水分、粗蛋白质、粗纤维、粗脂肪、赖氨	2002-09-24	2003-03-01
现行有效 GB/T 17811-2008 动物性蛋白质饲料胃蛋白酶消化率的测定 过滤法	2008-04-09	2008-07-01
现行有效 GB/T 24870-2010 粮油检验 大豆粗蛋白质、粗脂肪含量的测定 近红外	2010-06-30	2011-01-01
现行有效 GB/T 19495.8-2004 转基因产品检测 蛋白质检测方法	2004-04-13	2004-04-13
现行有效 GB/T 24871-2010 粮油检验 小麦粉粗蛋白质含量测定 近红外法	2010-06-30	2011-01-01
现行有效 GB/T 24318-2009 杜马斯燃烧法测定饲料原料中总氮含量及粗蛋白质	2009-09-30	2009-12-01

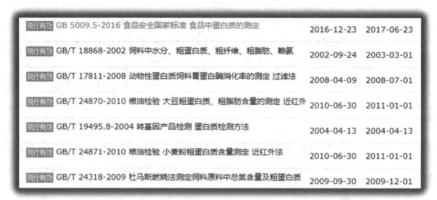

图 1-2-2 食品伙伴网标准查询结果

第四步：点击“GB 5009. 5－2016”，即可查看或下载该标准。

引导问题 3 查询到标准后，如何解读标准？

答：

◆ **选方法**

部分国家标准会对同一指标制订几种不同的检验方法。在一般情况下，这些方法没有优劣之分，要根据样品的种类和实验室的实际配置，选择最合适的检测方法。

◆ **准备试剂**

引导问题 4 选定了方法之后，小王应该准备哪些试剂？

答：

国家标准详细列出了实验所需要的试剂清单，如图 1－2－3 所示。国家标准还详细说明了每一种试剂的配制方法，实验员据此来准备所需要的试剂即可，如图 1－2－4 所示。

3.1 试剂

除非另有说明，本方法所用试剂均为分析纯，水为 GB/T 6682 规定的三级水。

3.1.1 硫酸铜（$CuSO_4 \cdot 5H_2O$）。

3.1.2 硫酸钾（K_2SO_4）。

3.1.3 硫酸（H_2SO_4）。

3.1.4 硼酸（H_3BO_3）。

3.1.5 甲基红指示剂（$C_{15}H_{15}N_3O_2$）。

3.1.6 溴甲酚绿指示剂（$C_{21}H_{14}Br_4O_5S$）。

3.1.7 亚甲基蓝指示剂（$C_{16}H_{18}ClN_3S \cdot {}_3H_2O$）。

3.1.8 氢氧化钠（NaOH）。

3.1.9 95%乙醇（C_2H_5OH）。

图 1-2-3 国标试剂清单

> **3.2 试剂配制**
>
> **3.2.1** 硼酸溶液(20 g/L):称取 20 g 硼酸,加水溶解后并稀释至 1 000 mL。
>
> **3.2.2** 氢氧化钠溶液(400 g/L):称取 40 g 氢氧化钠加水溶解后,放冷,并稀释至 100 mL。
>
> **3.2.3** 硫酸标准滴定溶液[$c(\frac{1}{2}H_2SO_4)$] 0.050 0 mol/L 或盐酸标准滴定溶液[$c(HCl)$] 0.050 0 mol/L。
>
> **3.2.4** 甲基红乙醇溶液(1 g/L):称取 0.1 g 甲基红,溶于 95%乙醇,用 95%乙醇稀释至 100 mL。
>
> **3.2.5** 亚甲基蓝乙醇溶液(1 g/L):称取 0.1 g 亚甲基蓝,溶于 95%乙醇,用 95%乙醇稀释至 100 mL。

图 1-2-4 国标试剂配制方法

◆ **准备仪器和设备**

同样,根据国家标准所列,准备好所需要的仪器和设备。分析实验所需的玻璃仪器通常要根据实际情况自行确定,如图 1-2-5 所示。

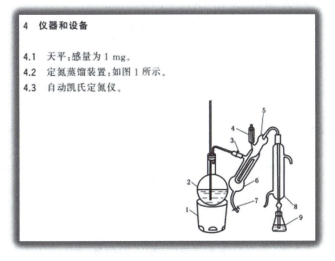

图 1-2-5 国标仪器设备清单及配图

◆ **分析步骤**

国标里详细阐述了实验的具体分析步骤,检验员按照具体分析步骤开展实验,如图 1-2-6 所示。

> **5 分析步骤**
>
> **5.1 凯氏定氮法**
>
> **5.1.1 试样处理:**称取充分混匀的固体试样 0.2 g~2 g、半固体试样 2 g~5 g 或液体试样 10 g~25 g(约当于 30 mg~40 mg 氮),精确至 0.001 g,移入干燥的 100 mL、250 mL 或 500 mL 定氮瓶中,加入 0.4 g 硫酸铜、6 g 硫酸钾及 20 mL 硫酸,轻摇后于瓶口放一小漏斗,将瓶以 45°角斜支于有小孔的石棉网上。小心加热,待内容物全部碳化,泡沫完全停止后,加强火力,并保持瓶内液体微沸,至液体呈蓝绿色并澄清透明后,再继续加热 0.5 h~1 h。取下放冷,小心加入 20 mL 水,放冷后,移入 100 mL 容量瓶中,并用少量水洗定氮瓶,洗液并入容量瓶中,再加水至刻度,混匀备用。同时做试剂空白试验。

图 1-2-6 国标分析步骤

引导问题 5 请根据国标,梳理主要的分析步骤,并列出玻璃仪器使用清单。

答:

◆ 结果计算

实验结束后,需要计算分析结果。国家标准列出了计算公式,检验员将实验获得的数据代入到公式中,即可获得结果,如图 1-2-7 所示。

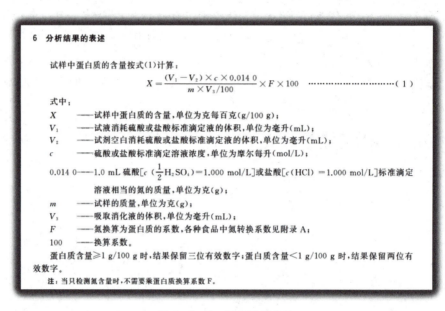

图 1-2-7 国标计算方法

◆ 精密度要求

在一般情况下,分析实验需要双平行检测,即在重复实验条件下,需要两次独立测定的结果。这两次测定的结果符合精密度的要求,如图 1-2-8 所示,检测的结果才可以被采信;如果不符合精密度要求,则需要进行双人双平行测定。

> **7 精密度**
>
> 在重复条件下获得的两次独立测定结果的绝对差值不得超过算术平均值的 10%。

图 1-2-8 国标精密度要求

引导问题 6 若小王两次独立测定的结果分别为 3.12% 和 3.20%。小王测定的结果符合要求吗?为什么?

答:

项目一　检验工作准备

任务评价

序号	评价要求	分值	评价记录	得分
1	说出标准的分级	5		
2	识别标准的分类	10		
3	区分标准的性质	5		
4	会迅速准确查询和选择相关标准	20		
5	能准确解读标准	30		
6	会正确描述在测定中如何遵循标准	20		
7	沟通协作	5		
8	学习积极主动	5		
	总评			

巩固练习

查询并解读配制氢氧化钠标准溶液适用的国家标准。

学习心得

总结本任务所学内容，和老师同学交流讨论，撰写学习心得。

班级：_____　　姓名：_____　　组名\组号：_____

学号\工位号：_____　　日期：_____年___月___日

任务3 试剂配制和标定

1. 能说出一般溶液和标准溶液的配制方法和注意事项。
2. 能独立完成溶液配制过程中的正确计算、熟练配制和准确标定。
3. 能正确完成数据的处理,结果符合要求。

严丝合缝　毫厘不差

小王在检测食醋总酸含量时,发现该批次的实验结果整体偏高,细心的小王从人员、机器、物料、方法、环境这5方面逐一排查。当排查到物料这一模块时,发现盛装氢氧化钠标准溶液的试剂桶的盖子使用后未拧紧。长时间接触空气会导致氢氧化钠标准溶液的浓度产生变化。后经重新标定发现,氢氧化钠标准溶液的浓度由 0.050 01 mol/L 变为 0.049 85 mol/L,这 0.000 16 mol/L 的细微差别就是导致检测结果异常的直接原因。

可见,标准溶液的浓度准确与否直接影响实验结果。熟练配制和准确标定溶液是食品检测人员的一项基本操作技能。

学习内容

1. 实验室用水

在食品检测实验中,溶解、稀释、配制溶液和洗涤等都要用水,不同的用途对水质纯度的要求也不相同。食品检验检测实验用水应符合 GB/T6682 中三级水的规格,三级水适用于一般化学分析实验。

引导问题1　实验室用水分为几级?分别有何用途?

答:

2. 化学试剂

引导问题2　化学试剂按照纯度可以分为几类?

答:

化学试剂数量繁多,种类复杂,在食品检验实验中必不可少,且化学试剂的选择直接影响检验结果的准确性。相关的化学试剂分类有标准物质/标准样品和对照品、化学分析用化学试剂和仪器分析用化学试剂。

（1）**标准物质/标准样品**　在食品分析检验中称为基准物质或者基准试剂,用于直接配制标准溶液或标定滴定分析中操作溶液浓度的物质。基准物质纯度应足够高,主成分含量在 99.9% 以上,且所含杂质不影响滴定反应的准确度。

(2) 化学分析用化学试剂　按照纯度可以分为3个级别,见表1-4-1。

表1-4-1　分析用试剂等级

等级	符号	纯度	标签颜色	适用范围
优级纯	一级品 GR	99.8%	绿色	重要精密分析、科研工作
分析纯	二级试剂 AR	99.7%	红色	重要分析和一般研究工作
化学纯	三级试剂 CR	99.5%	蓝色	工矿、学校一般分析工作

(3) 仪器分析用化学试剂　包括色谱纯试剂、光谱纯试剂等。

3. 溶液

溶液是溶质以分子、原子或离子状态分散于另一种物质(溶剂)中构成的均匀而又稳定的体系。溶液由溶剂和溶质组成。溶剂是用来溶解另一种物质的物质(试剂);溶质是被溶剂溶解的物质。例如,用盐和水配制盐水,水就是溶剂,盐就是溶质。两种溶液互溶时,一般把量多的称为溶剂,量少的称为溶质。

实验中配制的溶液包括一般溶液和标准溶液。一般溶液的浓度不需严格准确,质量可用普通天平称量,体积可用量筒量取。

4. 一般溶液浓度的表示方法

(1) 质量分数(m/m,%)　溶质的质量占溶液质量的百分率。例如,4%的氯化钠溶液是指100 g氯化钠溶液中含4 g氯化钠。

(2) 体积分数(V/V,%)　在某温度和压力下,某纯物质的体积占其混合物中各组分纯物质体积之和的百分数。例如,配制100 ml消毒酒精(75%乙醇溶液),溶质为液体,忽略混溶时的体积变化,即将75 ml纯乙醇加水定容至100 ml。

(3) 质量浓度(m/V,g/L)　单位体积溶液中所含溶质的质量。例如,5 g/L硫酸铜溶液是指1 L硫酸铜溶液中含有5 g硫酸铜。

(4) 物质的量浓度(n/V,mol/L)　单位体积溶液中所含溶质的物质的量。例如,0.1 mol/L高锰酸钾溶液是指1 L高锰酸钾溶液中含有0.1 mol高锰酸钾。

(5) 比例浓度(V+V,m+m)　容量比(V+V)是液体试剂相互混合或用溶剂稀释时的表示方法。质量比(m+m)是固体试剂相互混合时的表示方法。

5. 标准溶液的配制方法

(1) 直接法　准确称量一定量的基准物质,用适当溶剂溶解后以容量瓶定容。如果试剂符合基准物质的要求(组成与化学式相符、纯度高、稳定),可以直接配制标准溶液,即准确称出适量的基准物质,溶解后配制在一定体积的容量瓶内。

(2) 标定法　很多物质不符合基准物质的条件,不适合直接配制标准溶液。可先配制成近似的浓度,再用基准物质或用已经被基准物质标定过的标准溶液来确定准确浓度。

6. 标准溶液的一般规定

依据GB/T601-2016《化学试剂 标准滴定溶液的制备》,标准溶液有以下规定:

① 除另有规定外,所用试剂的级别应在分析纯以上,所用制剂及制品应按GB/T 603-

2002 的规定制备,实验用水应符合 GB/T 6682-2008 中三级水的规格。

② 标准滴定溶液标定、直接制备和使用时所用分析天平、滴定管、单标线容量瓶、单标线吸量管等按相关检定规程定期检定或校准。

③ 在标定和使用标准滴定溶液时,滴定速度一般应保持在 6~8 ml/min(即 2~3 d/s)。

④ 称量基准试剂的质量小于等于 0.5 g 时,按精确至 0.01 mg 称量;大于 0.5 g 时,按精确至 0.1 mg 称量。恒重过程称量精准位数要求与称量标准物质精准位数要求一致。

⑤ 制备标准滴定溶液的浓度应在规定浓度的 ±5% 以内。

⑥ 除另有规定外,标定标准滴定溶液的浓度时,需两人,分别做 4 组平行实验;每人四平行标定结果相对极差不得大于相对重复性临界极差 $[C_rR_{95}(4)]$ 的相对值 0.15%,两人共八平行标定结果相对极差不得大于相对重复性临界极差 $[C_rR_{95}(8)]$ 的相对值 0.18%。在运算过程中保留 5 位有效数字;取两人八组平行标定结果的平均值为标定结果,取 4 位有效数字。

⑦ 标准滴定溶液的浓度小于或等于 0.02 mol/L 时,应于临用前将浓度高的标准滴定溶液用煮沸并冷却的水稀释,必要时重新标定。

⑧ 溶液一步稀释倍数要求小于等于 20 倍,当稀释倍数大于 20 倍时需要逐级稀释。

⑨ 标准滴定溶液储存及试剂有效期:标准滴定溶液在 10~30℃下,密封保存时间一般不超过 12 个月;标准滴定溶液在 10~30℃下,开封使用过的标准滴定溶液或者自配的标准滴定溶液保存时间一般不超过 2 个月。

⑩ 贮存标准滴定溶液的容器的材料不应与溶液发生理化作用,容器壁最薄处不小于 0.5 mm。

⑪ 重新标定要求:保质期内的配制溶液在储存过程中出现变色、浑浊、沉淀等异常时,应重新配制。

◆ **知识过关题**

1. 一般溶液浓度的表示方法有_____、_____、_____、_____、_____。
2. 在标定和使用标准滴定溶液时,滴定速度一般应保持在_____ml/min(即_____d/s)。
3. 制备标准滴定溶液的浓度应在规定浓度的_____以内。
4. 标准滴定溶液的制备与标定参照的国标号是_____。
5. 一般化学试剂的制备参照的国标号是_____。

试剂配制和标定任务案例(技能大赛考核要求)
——氢氧化钠标准滴定溶液的配制与标定

◆ **任务描述**

你是某检测公司的试剂配制专员,今天接到任务,需要在下班前提供 50 L 的 0.050 00 mol/L 氢氧化钠标准滴定溶液给到检测班组。

依据试剂配制工作一般流程,你制定了如图 1-4-1 所示的工作计划。

图 1-4-1 氢氧化钠标准滴定溶液的配制与标定工作流程

◆ **仪器、试剂准备**

按照表 1-4-2 清单，准备好实验所需试剂及用具，并填写检查确认情况。

表 1-4-2 氢氧化钠标准滴定溶液的配制与标定仪器、试剂清单

序号	名称	型号与规格	单位	数量/人	检查确认
1	分析天平	感量 0.1 mg	台	1	
2	烘箱	/	台	1	
3	干燥器	/	个	1	
4	铁架台	/	支	2	
5	酸碱两用滴定管	50 ml	根	1	
6	电炉	/	个	1	
7	称量瓶	中号	个	1	
8	聚乙烯瓶	1 000 ml	个	1	
9	氢氧化钠固体颗粒	500 g	瓶	1	
10	邻苯二甲酸氢钾	基准试剂	瓶	1	
11	酚酞指示剂 （称取 1.00 g 酚酞于 100 ml 烧杯中，用 95% 乙醇溶解并定容至 100 ml 容量瓶中）	10 g/L	瓶	1	
12	三角瓶	250 ml	个	4	
13	量筒	100 ml	个	1	
14	无二氧化碳蒸馏水 （将蒸馏水煮沸后保持沸腾状态 10 min，冷却备用）	若干	/	/	

◆ **氢氧化钠饱和溶液配制**

称取 110 g 氢氧化钠，缓慢加到 100 ml 去二氧化碳的水中溶解，振摇使之溶解成饱和溶液。冷却后置于聚乙烯塑料瓶中，密塞，放置数日，澄清后备用。

◆ **待标溶液的配制**

按照表 1-4-3 的规定量，用量筒量取氢氧化钠饱和溶液上层清液，用无二氧化碳的水稀释至 1 000 ml，摇匀待标定。

容量瓶的使用

表1-4-3 不同浓度标准滴定液所需饱和溶液体积

氢氧化钠标准滴定溶液的浓度 $c(NaOH)/(mol/L)$	饱和氢氧化钠溶液的体积 V/mL
1	54
0.5	27
0.1	5.4
0.05	2.7

◆ 标准溶液的标定

引导问题3 请你在下方空白处画出氢氧化钠标准溶液标定步骤的思维导图。
答:

表1-4-4 不同浓度标准滴定液所需基准试剂质量和水的体积

氢氧化钠标准滴定溶液的浓度 $c(NaOH)/(mol/L)$	工作基准试剂邻苯二甲酸氢钾的质量 m/g	无二氧化碳水的体积 V/ml
1	6.0~7.5	80
0.5	3.0~3.6	80
0.1	0.6~0.75	50
0.05	0.3~0.36	50

邻苯二酸氢钾（固体基准试剂）

烘箱

步骤1:基准试剂的前处理　称取表1-4-4中规定的不同浓度标准滴定液所需基准试剂邻苯二酸氢钾的10倍量于称量瓶中,放入105~110℃恒温干燥箱中干燥4h。取出,放于干燥器冷却至室温(约0.5h),称量。再烘0.5h,冷却,称量。直至前后两次称量差不超过1mg,即为恒重。

步骤2:基准物质的称量　按表1-4-4规定,准确称取恒重的基准试剂邻苯二甲酸氢钾于250ml三角瓶中,平行称取4份。

步骤3：试样的溶解　按照表1-4-4，用量筒量取准确体积的去二氧化碳的水，加入已经称好基准试剂的三角瓶中，溶解（至少分2～3次加入）。

步骤4：加指示剂　使用胶头滴管向各锥形瓶中分别滴加2滴酚酞指示剂，混匀。

步骤5：试样的滴定　取一支酸碱两用滴定管，装入0.05 mol/L的氢氧化钠标准滴定溶液，滴定。

引导问题4　哪些不规范的滴定操作会影响测定结果的准确？

答：

步骤6：滴定终点判断　滴定时仔细观察三角瓶中颜色变化，至溶液初现微红色，并保持30 s不褪色，为滴定的终点。此时停止滴定。通常当滴定快接近终点时，至少需要再滴入半滴才可以到达终点。为了使滴定的结果更加准确，就需要采用半滴技术。

半滴技术：小心控制待滴出液滴的大小（不能让一整滴液掉下来）。当待滴出液滴有半滴大小的时候，轻轻将锥形瓶内壁靠近滴管尖，让这半滴滴液流入滴定管内。

引导问题5　还有哪些经验和技巧可以帮助你准确判断滴定终点？

答：

步骤7：读数及记录　从滴定管架上取下滴定管，读取滴定所消耗的标准滴定溶液的体积数 V。读数时手持滴定管要垂直，眼睛平视液面，读取弯月面最下缘与刻度线相切处。读数完毕立刻将原始数据记录至数据表中。

引导问题6　滴定管读数保留几位有效数字？原因是什么？
答：

步骤8：平行测定　使用同样的方法，对称取的4份基准试剂在相同的操作条件下进行4次平行测定。

引导问题7　做平行测定的意义是什么？
答：

步骤9：空白实验　在不加入基准试剂的情况下，按相同的步骤和条件做空白试验。记录空白试验消耗标准滴定溶液的毫升数 V_0，为空白值。

引导问题8　做空白实验的意义是什么？
答：

◆ **数据记录及计算**

标准溶液的配制与标定

引导问题9　数据记录表应在实验前准备好，以便在实验的过程中及时、清晰、规范地记录原始数据，在实验完成后正确填写计算结果数据。数据记录表应如何设计？小组讨论后，在下面的空白处完成"基准物质称量"步骤的数据记录表设计。氢氧化钠标准滴定溶液的配制与标定记录见表1-4-5。

表1-4-5 氢氧化钠标准滴定溶液的配制与标定记录表

测定次数	1	2	3	4
邻苯二甲酸氢钾取样量 m/g				
试样消耗氢氧化钠标准溶液的体积 V/ml				
空白消耗氢氧化钠标准溶液的体积 V_0/ml				
氢氧化钠标准溶液的浓度 c/(mol/L)				
氢氧化钠标准溶液的平均浓度 $\bar{c}$/(mol/L)				
平行测定的极差/(mol/L)				
相对极差/%				

引导问题10 怎样依据实验测得的原始数据,计算出氢氧化钠测定值?有效数字位数如何保留?写出你的计算过程,并将计算结果填入数据记录表中。

① 计算滴定试样1的氢氧化钠标准溶液的浓度:

② 计算滴定试样2的氢氧化钠标准溶液的浓度:

③ 计算滴定试样3的氢氧化钠标准溶液的浓度:

④ 计算滴定试样4的氢氧化钠标准溶液的浓度:

⑤ 计算4次测定的算术平均值、极差、相对极差:

氢氧化钠标定计算公式:

$$c_{NaOH} = \frac{m \times 1000}{(V - V_0) \times 204.22}$$

式中,m 为邻苯二甲酸氢钾的质量,g;V 为消耗氢氧化钠标准溶液的体积,ml;V_0 为空白实验消耗氢氧化钠标准溶液的体积,ml;c_{NaOH} 为氢氧化钠标准溶液的浓度,mol/L;204.22是邻苯二甲酸氢钾的摩尔质量,g/mol。

◆ 报告结果

引导问题11 请你于下方空白处设计标定结果报告表,随配好的标准溶液交付溶液准确浓度样表见表1-4-6。

表1-4-6 氢氧化钠标准滴定溶液浓度标定结果报告表

检测项目	配制与标定方法	配制浓度/(mol/L)	标定浓度/(mol/L)	标准要求/%	误差值/%	检验员签名	检验日期
氢氧化钠标准滴定溶液	GB/T 601-2016			±5			

任务评价

序号	评价要求	分值	评价记录	得分
1	说出一般溶液配制方法	5		
2	说出标准溶液配制方法	5		
3	知识过关题	5		
4	实验物品的准备和检查	5		
5	正确配制饱和溶液	10		
6	正确配制待标溶液	5		
7	正确标定溶液	15		
8	及时正确记录原始数据	5		
9	正确计算,结果正确	5		
10	按规定着装	5		
11	操作熟练,按时完成	5		
12	操作台面清洁,器材干净并摆放整齐	5		
13	废液、废弃物处理合理	5		
14	遵守实验室规定	5		
15	操作文明、安全	5		
16	沟通协作	5		
17	学习积极主动	5		
	总评			

巩固练习

1. 基准试剂邻苯二甲酸氢钾的干燥恒重方式是(　　)。
   A. 置于马弗炉中恒重　　　　　　B. 置于电热干燥箱中恒重
   C. 置于干燥器中恒重　　　　　　D. 置于实验台上恒重
2. 标定氢氧化钠标准溶液时,滴定终点溶液变为(　　)。
   A. 粉红色　　　B. 蓝色　　　C. 暗红色　　　D. 无色
3. 简述基准试剂邻苯二甲酸氢钾的前处理步骤?

学习心得

总结本任务所学内容,和老师同学交流讨论,撰写学习心得。

班级:_____　　姓名:_____　　组名\组号:_____
学号\工位号:_____　　日期:____年____月____日

项目二
样品采集和预处理

项目二 样品采集和预处理
- 任务1 样品采集和保存
- 任务2 样品制备
- 任务3 样品预处理

学习目标

1. 熟悉待测样品的采集、制备与保存的原则和一般方法。
2. 知道常用样品预处理方法，并能根据食品样品特点选择合适方法正确处理样品。
3. 能完成液体、半固体、固体样品的正确采集、制备和处理。
4. 能根据分析任务要求正确选择合适的样品处理方法。
5. 具有吃苦耐劳及团队合作精神。

任务1 样品采集和保存

学习目标

1. 能遵循采样原则，确定采样方法、采样数量。
2. 能合理选用样品采集所需的工具，完成不同物理性状的样品采集。
3. 能正确保存样品，及时正确填写采样记录。

情景导入

采样避免"以偏概全"

样品采集是食品检验工作至关重要的第一步。在实际中,要检验的食品物料常常是大量的,其组成有的比较均匀,有的很不均匀,而检验时所需的分析试样往往只需几克、几十毫克,甚至更少。分析结果必须能代表全部物料的平均组成。所以,采集样品首先必须有代表性,才能得到正确的分析结果。

学习内容

1. 检样、原始样品和平均样品

样品采集流程如图2-1-1所示。

（1）检样　由组批或货批中所抽取的样品。

（2）原始样品　将许多份检样综合在一起的样品。

（3）平均样品　原始样品经过混合平均,再抽取其中一部分作为分析检验的样品。平均样品需要3份,分别供检验、复验与保留备查或仲裁用,每份需大于等于0.5 kg。备用样品一般保存1个月。

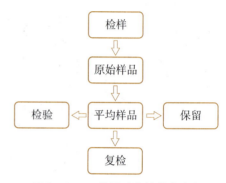

图2-1-1　样品采集的基本流程

2. 样品采集的原则

（1）代表性原则　采集的样品能真正反映其总体水平,也就是能通过监测具体代表性样本客观推测食品的质量。

（2）典型性原则　采集能充分达到监测目的典型样本,包括污染或怀疑污染的食品、掺假或怀疑掺假的食品、中毒或怀疑中毒的食品等。

（3）适时性原则　因为不少被检物质总是随时间发生变化,为了保证得到正确结论,应尽快检测。

（4）适量性原则　样品采集数量应满足检验要求,且不应造成浪费。

（5）不污染原则　所采集样品应尽可能保持食品原有的品质及包装型态,不得掺入防腐剂,不得被其他物质或致病因素污染。

（6）程序原则　采样、送检、留样和出具报告均符合规定的程序,各阶段均应有完整的手续,交接清楚。

（7）同一原则　检测及留样、复检应为同一份样品,即同一单位、同一品牌、同一规格、同一生产日期、同一批号。

3. 采样数量

（1）总量较大的食品　可按0.5%~2%比例抽样。

（2）小数量食品　抽样量约为总量的1/10。

（3）包装固体样品

① 大于250 g包装的,取样件数不少于3件。

② 小于250 g包装的,不少于6件。

样品的采集

③ 罐头食品或其他小包装食品，一般取样数为3件。若在生产线上流动取样，则一般每批采样3~4次，每次采样50g，每生产班次取样数不少于1件，班后取样数不少于3件。

④ 各种小包装食品（指每包500g以下），均可按照每一生产班次，或同一批号的产品，随机抽取原包装食品2~4包。

（4）肉类　采取一定重量作为一份样品，肉、肉制品每份100g左右。

（5）蛋、蛋制品　每份不少于200g。

（6）一般鱼类　采集完整个体，大鱼（0.5kg左右）每份3条，小鱼（虾）可取混合样本，每份0.5kg左右。

4. 采样工具、容器与设备

根据采样数量、样品性状等，需要准备适合的采样工具、容器和设备。

（1）采样工具　应使用不锈钢或者其他强度适当的材料，表面光滑，无接缝，边角圆润。

① 一般采样工具：勺子、镊子、剪子、刀子、铲子、开罐器、尖嘴钳、吸管、吸球、量筒（杯）等。

② 专用工具：根据食品的包装形式、规格、状态等，选用采样专用工具，见表2-1-1。

表2-1-1　常见的食品专用采样工具

图例	专用工具名称	适用范围
	分层双管取样器	袋装小颗粒、袋装粉末
	定量液体取样器	散装液体
	黏液或膏状取样器	黏液或膏状食品
	探子扦样器	粮食浅层
	封闭式采样钻	较坚硬的固体

③ 辅助工具：口罩、手套、笔、记录本、标签、手电筒、工作服、照相机、密封条、抽样告知书、抽样单、电脑、打印机、车载冰箱等。

(2) 采样容器　材料(如玻璃、不锈钢、塑料等)和结构应能充分保证样品的原有状态。一般采用带塞广口瓶、玻璃瓶或塑料瓶、不锈钢或铝制盒或盅、搪瓷盅、塑料袋等。具体要求如下：

① 盛装样品的容器可选择玻璃或塑料的，可以是瓶式、试管式或袋式。容器必须完整无损，密封不漏出液体。

② 盛装样品的容器应密封、清洁、干燥，不应含有待测物质及干扰物质。不影响样品气味、风味、pH值。

③ 盛装液体样品应有防水、防油功能，如带塞玻璃瓶或塑料瓶。

④ 酒类、油性样品不宜用橡胶塞。

⑤ 酸性食品不宜用金属容器。

⑥ 监测农药用的样品不宜用塑料容器。

⑦ 黄油不能与纸或任何吸水、吸油的表层接触。

(3) 采样设备

① 采样箱：每次使用前和使用后，使用酒精棉球清洁消毒。

② 冰盒：用可重复使用的冰袋或冰排。在使用前，将冰袋或冰排置于冰盒中至少12 h，用酒精棉球清洁消毒冰袋或冰排的外部表层。

③ 温度记录器：用于采样后的持续温度监控。

5. 采样方法

具体采样的方法因物料的品种或包装、分析对象的性质及检测项目要求不同。

(1) 均匀固体物料(如粮食、粉状食品)　有完整包装的食品(袋、桶、箱等)首先按下面公式确定取样件数：$n=\sqrt{N/2}$，式中，n为取样件数，N为总件数。

无包装的散堆样品一般按三层五点法进行代表性取样。首先，根据一个检验单位的物料面积大小先划分若干个方块，每块为一区，每区面积不超过50 cm²。每区分上、中、下3层，每层设中心、四角共5个点，如图2-1-2所示。按区按点，先上后下，用取样器各取少量样品；再按四分法处理取得平均样品，如图2-1-3所示。

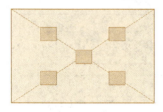

图2-1-2　五点法取样

 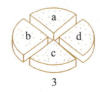

图2-1-3　四分法取样

(2) 较浓稠的半固体物料(如稀奶油、动物油脂、果酱等)　开启包装后，用采样器从各包装的上、中、下3层分别取样。然后，混合分取缩减到所需数量。

(3) 液体物料(如植物油、鲜乳等)

① 包装体积不太大的物料：可连同包装一起取样，一般抽样件数为总件数的1/1 000～1/3 000。开启包装，充分混合。混合时可用混合器，如果容器内被检物量较少，可用由一个

容器转移到另一个容器的方法混合。然后,从每个包装中取一定量综合到一起,充分混合后,分取缩减到所需数量。

② 桶装或散装物料:桶装、大罐盛装或散装的液料先充分混匀后再采样,可用虹吸法分层取样,每层 500 ml 左右。充分混合后,分取缩减到所需量即可。

(4) 组成不匀的固体物料　如肉、鱼、果品、蔬菜等,这类食品各部位极不均匀,个体大小及成熟程度差异很大,取样更应注意代表性。通常,根据不同的分析目的和要求及分析对象形体大小而定。

① 肉类、水产品:可按分析项目的要求分别从不同部位取样,经混合后代表该只动物情况;或从多只动物的同一部位取样,混合后代表某一部位的样品。

② 果蔬类:体积较小的(如山楂、葡萄等),随机取若干个整体,切碎混匀,缩分到所需数量。体积较大的(如西瓜、苹果、萝卜等),采取纵分缩剖的原则,即按成熟度及个体大小的组成比例,选取若干个体,对每个个体按生长轴纵剖分 4 份或 8 份,取对角线 2 份,切碎混匀,缩分到所需数量。体积蓬松的叶菜类(如菠菜、小白菜等),从多个包装(一筐、一捆)分别抽取一定数量,混合后捣碎、混匀、分取,缩减到所需数量。

(5) 小包装食品(罐头、袋或听装奶粉、瓶装饮料等)　罐头、瓶装食品、袋或听装奶粉或其他小包装食品,应根据批号随机取样,同一批号取样件数,250 g 以上的包装不得少于 6 个,250 g 以下的包装不得少于 10 个,一般按班次或批号连同包装一起采样。

常见样品采集方法见表 2-1-2。

表 2-1-2　常见样品采集方法

样品种类	采集方法
均匀固体物料(粮食及粉状食品等)	用双套回转取样管取样,每一包装须由上、中、下 3 层取出 3 份检样,整批的所有的检样混合为原始样品。用四分法缩分原始样品至所需数量,即得平均样品
稠的半固体样品	用采样器从上、中、下层分别取出检样,然后混合缩减至所需数量的平均样品
液体样品	一般采用虹吸法分层取样,每层各取 500 ml 左右,装入小口瓶中混匀。也可用长形管或特制采样器采样(采样前须充分混合均匀)
小包装的样品	可连包装一起采样
鱼肉菜等组成不均匀样品	视检验目的,可由被检物有代表性的各部分(肌肉、脂肪等,蔬菜的根、茎、叶等)分别采样,经充分打碎、混合后成为平均样品

6. 样品的保存

样品采集后应尽快分析,否则应密塞加封,妥善保存。由于食品中含有丰富的营养物质,在合适的温度、湿度条件下,微生物迅速生长繁殖,导致样品腐败变质;样品中如果含易挥发、易氧化及热敏性物质,保存过程中应注意以下几个方面。

(1) 防止污染　盛装样品的容器和操作人员的手,必须清洁,不得带入污染物;样品应密封保存;容器外贴上标签,注明食品名称、采样日期、编号、分析项目等。

样品的保存

（2）防止腐败变质　对于易腐败变质的食品,采取低温冷藏的方法保存,以降低酶的活性及抑制微生物的生长繁殖。对于已经腐败变质的样品,应弃去不要,重新采样分析。需要冷藏的食品,应采用冷藏设备在0~5℃冷藏运输和保存;不具备冷藏条件时,食品可放在常温冷暗处,样品保存一般不超过36 h。

（3）防止样品中的水分蒸发或干燥的样品吸潮　由于水分的含量直接影响样品中各物质的浓度和组成比例。对含水量多一时又不能测定完的样品,可先测其水分,保存烘干样品。分析结果可通过折算,换算为鲜样品中某物质的含量。

（4）固定待测成分　某些待测成分不够稳定(如维生素C)或易挥发(如氰化物、有机磷农药),应结合分析方法,在采样时加入稳定剂,固定待测成分。

（5）注意保质期　尽量抽取保质期于3个月以上的产品(保质期限不足3个月的除外)。留样和需要确证的样品,按产品说明书要求存放,期限为检测结果出示后3个月。对餐饮业要求凉菜48 h留样。

总之,采样后应尽快分析,对于不能及时分析的样品要采取适当的方法保存,在保存的过程中应避免样品受潮、风干、变质,保证样品的外观和化学组成不发生变化。一般检验后的样品还需保留一个月,以备复查;易变质食品不予保留,保存时应加封并尽量保持原状。

◆ **知识过关题**

1. 采样一式三份,分别供_____、_____、_____。
2. 对样品进行理化检验时,采集样品必须有(　　)。
   A．代表性　　　　B．典型性　　　　C．随意性　　　　D．适时性

样品采集和保存任务案例
——粮食、牛奶和鲜鱼样品

◆ **任务描述**

今天公司收到一批粮食、牛奶和鲜鱼,由你带领小组负责对该批食品进行样品采集和保存。根据样品采集和保存工作流程,你们制定了如图2-1-4所示工作计划。

图2-1-4　样品采集保存工作过程

◆ **采样方案确定**

引导问题1　小组讨论,制订这批粮食、牛奶和鲜鱼的采样方案(内容包括样品名称、采样人员、采样地点、采样时间、采样数量、采样方法等)。

采样前先审查待检食品的相关证件,了解该批食品的原料来源、加工方法、运输保藏条件、销售各环节的卫生状况、生产日期、批号、规格等。明确采样目的,确定采样件数,确定或调整合理可行的采样方案。

◆ **准备采样工具设备**

采样工具和设备见表2-1-3。

表2-1-3 _____ 采样工具和设备清单

序号	名称	单位	数量/人	检查确认
1	分层双管取样器	套	1	
2	方布	条	1	
3	取样瓶	个	4	
4	导管	根		
5	剪刀	把	1	
6	采样袋	个	若干	
7	采样箱	个	1	
8	冰盒	个	2	
9	记录表	张	1	
10	标签纸	张	若干	
11	签字笔	支	1	
12	手套	套	1	
13	工作服	套	2	

在实际采样中,必须有的采样文件包括采样人员证件、抽检任务文件及采样单。

◆ **样品采集步骤**

采样前正确穿戴工作服和口罩、手套。

(1)粮食样品采集 粮食属于散粒状样品,用分层双管取样器取样,如图2-1-5所示。每包必须由上、中、下3层,整批混合为原始样品,再采用四分法缩分至所需数量,即得平均样品。

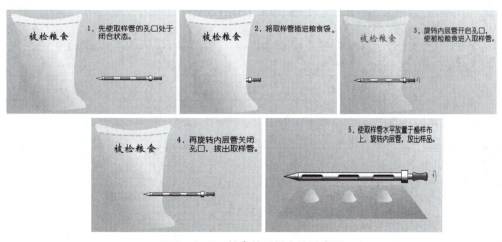

图2-1-5 粮食的采样方法示意图

（2）牛奶样品采集　牛奶为液体样品，采用虹吸法或者液体取样器分层采样，如图2-1-6和图2-1-7所示。每层500 ml左右，充分混合后，分取缩减到所需量即可。

图2-1-6　牛奶样品虹吸法采样示意图

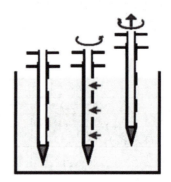
图2-1-7　液体取样器取样示意图

图2-1-8　鲜鱼的采样方法示意图

（3）鲜鱼样品采集　鲜鱼属于组成不均匀样品，视检验目的，采取有代表性的各部位（肌肉、脂肪等），如图2-1-8所示。经充分打碎、混合后成为平均样品。

◆ **样品保存**

样品采集后应尽可能地保持原有条件，迅速分析，或者密塞加封，妥善保存。易腐败变质的牛奶和鲜鱼在包装上须标明"易腐""冷藏"等字样，并进行0~4℃冷藏，避光保存，放置时间不宜过长，快速送检。

引导问题2　完成采集的粮食、牛奶和鲜鱼的样品应分别用何种盛装容器来保存？
答：

◆ **填写采样登记表**

填写采样登记表，见表2-1-4。

表2-1-4　采样登记表

样品编号(1)	采样单位(2)	采样地点类型(3)	样品名称(4)	样品类别(5)	采样时间(6)	采样数量(7)	样品产地(8)	包装形式(9)		生产批号(10)	生产企业名称(11)	储存条件(12)
								定型包装	散装			

采样员：_____

任务评价

序号	评价要求	分值	评价记录	得分
1	能说出采样的原则	10		
2	知识过关题	5		
3	根据不同类型产品制订采样方案	15		
4	选择合适的采样工具	5		
5	准确抽取具有代表性的样本，符合检测要求	20		
6	选择使用合适的容器盛装样品	5		
7	能正确对样品进行分类保存	5		
8	使用规范字体正确填写抽样记录表	5		
9	规范穿戴工作服和鞋帽	5		
10	清洁操作台面，器材干净并摆放整齐	5		
11	废液、废弃物处理合理	5		
12	遵守实验室规定，操作文明、安全	5		
13	与他人团结协作，沟通良好	5		
14	全程参与，学习积极主动	5		
	总评			

巩固练习

1. 关于样品采集和保存，下列表述不正确的是（　　）。

A. 采样必须注意样品的生产日期、批号、代表性和均匀性

B. 采集数量应满足检验项目对样品量的需要，一式三份，每份不少于 0.5 kg

C. 液体、半流体食品应先混匀后再采样

D. 粮食及固体食品应按上、中、下 3 层中的不同部位分别采样混合

E. 罐头、瓶装食品或其他小包装食品，同一批号取样件数不少于 6 个

2. 简述四分法采样。演示四分法操作过程，并拍摄成小视频上传至学习平台。

学习心得

总结本任务所学内容，和老师同学交流讨论，撰写学习心得。

班级：_____　　姓名：_____　　组名\组号：_____

学号\工位号：_____　　日期：____年____月____日

任务2　样品制备

学习目标

1. 正确制订样品制备方案,正确设计样品制备登记表。
2. 能选用合适的样品制备工具,针对不同特性的样品选用正确的方法,规范进行样品制备。

情景导入

许多食品的各个部分的组分差异很大,所有采集的样品在化验之前必须经过制备过程,其目的是保证均匀,使取其中任何部分都能代表被检物料的平均组成。制备过程中要防止易挥发成分的逸散及避免样品组成和理化性质的变化。

样品采集后的流程:样品运送→样品制备→检验方法的选择→样品保留。

学习内容

1. **食品样品制备的方法**

食品样品制备是指对采集的食品样品进行分取、粉碎、混匀、缩分等处理工作。通常采集的样品量比分析所需量多,如果样品组成不均,不能直接用于实验室分析检测。必须经过样品制备过程,使待检样品具有均匀性和代表性,以满足检验对样品的要求。常用的样品制备方法有搅拌、切细、粉碎、研磨或者捣碎等,使检验样品粒度大小达到分析要求,并且充分混匀。

2. **常规样品制备的工具**

常用到的工具有研钵、磨粉机、万能微型粉碎机、球磨机、高速组织捣碎机、绞肉机、搅拌机、均质器、烘干机等。样品制备时应选用惰性材料制成的器具,如不锈钢、聚四氟乙烯塑料等,避免处理过程中引入污染。

3. **食品样品制备的步骤**

食品样品制备的普通步骤如下。

(1) 去除机械杂质　食品样品应预先剔除生产、加工、运送、保存中可能混入的机械杂质,如泥沙、金属碎屑、玻璃、杂草、植物种子和昆虫等肉眼可见的异物。

(2) 去除非食用部分　在食品理化检验中,用于分析的样品通常是食品的可食部分,应按照普通的食用习惯,去除非食用部分。

① 植物性食品:按照品种的不同,分离去除根、茎、叶、皮、柄、壳、核等非食用部分。

② 动物性食品:常须去除羽毛、鳞、爪、骨、胃肠内容物、胆囊、甲状腺、皮脂腺、淋巴结、蛋壳等。

③ 罐头食品:应注重剔除其中的果核、骨头、调味品(葱、姜、辣椒等)。

(3) 均称化处理　虽然某些食品样品在采集时已经切碎或混匀,但仍未达到分析的要求。在实验室检测之前,仍须经过进一步切碎、磨细、过筛和均化处理,使待检样品的组成尽可能均匀。

① 干燥的固态样品:为了控制样品粒度均匀、合适,粉碎后应通过标准分样筛。普通可采纳20~40目的分样筛,或按照分析办法的要求过筛。过筛时要求样品全部通过规定的筛孔。未通过的部分应继续粉碎后过筛,不得任意丢弃,否则将影响样品的代表性。

② 液态或半流体样品:如牛奶、饮料、液态调味品等,可用搅拌器充分搅拌均称;互不相溶的液态样品应先将其分离再分别搅拌均称。

③ 水分较高的水果和蔬菜等:先用水洗净泥沙,揩拭表面附着的水分,按照食用习惯取可食部分,放入高速组织捣碎机中充分混匀。可加入等量的蒸馏水,或按照分析的要求加入一定量的溶剂。

4. 样品制备注意事项

在制备样品的过程中,要时刻关注食品的理化指标。食品暴露在自然环境中,一些食品由于组织状态的特殊性,容易在制备的过程中发生热量变化,从而发生化学反应。制备好的食品样品应及时处理或分析。

◆ 知识过关题

1. 一般固体样品用(　　)法制备处理,然后将样品过(　　)目筛。
2. 猪肉类的食品采用(　　)或(　　)法制备样品。
3. 新鲜蔬菜类在处理时应将其切细刹碎,用(　　)制成匀浆。如不做维生素含量分析,则可将其干燥后粉碎待检。

样品制备任务案例
——鸡蛋样品的制备

◆ 任务描述

公司采样部采集了一批鸡蛋样品。你接到此项样品,准备对该批食品进行检验,你该如何制备样品?

引导问题1　请你制订鸡蛋样品的制备方案,并设计样品制备登记表。

样品的制备

◆ 制备准备

(1) 工具　烧杯、漏斗(7.5~9 cm)、铁架台。
(2) 样品制备登记表
(3) 正确穿戴好工作服和口罩、手套

◆ 制备步骤

步骤1:从采集的样品中随机抽取5枚以上。

步骤2：将漏斗架在铁架台上，并用大烧杯放在漏斗下端。

步骤3：将鸡蛋一次打碎，放入漏斗中。让蛋黄在上，蛋清从下端流下。

步骤4：将蛋黄收集到另外一个洁净的烧杯中，再分别用玻璃棒将蛋清和蛋黄充分的混匀，待检。

步骤5：如蛋清和蛋黄不须分开检测，可直接放入烧杯内搅拌混匀即可待检。

引导问题2 写出对鸡蛋样品制备的注意事项。

答：

任务评价

序号	评价要求	分值	评价记录	得分
1	规范操作意识,出色完成任务	5		
2	全程参与,积极主动	5		
3	与他人团结协作,团队意识强	5		
4	制订样品制备方案	5		
5	设计、填写样品制备登记表	10		
6	规范穿戴工作服和鞋帽	5		
7	正确选择样品的制备方法	10		
8	食品的可食用部分选择正确,剔除非食用部分	5		
9	知识过关题	5		
10	正确选择制备工具	10		
11	正确选择容器盛装样品,确保容器不含干扰物质	10		
12	制备的样品均称,具有有效性	10		
13	清洁操作台面,器材清洁干净并摆放整齐	5		
14	废液、废弃物处理合理	5		
15	遵守实验室规定,操作文明、安全	5		
	总评			

拓展学习

分样筛一般指试验筛,是符合某项标准规范的,用于对颗粒物料作筛分粒度分析的筛具,如图2-2-1所示。目是指每平方英寸筛网上的空眼数目,20目就是指每平方英寸上的孔眼是20个。目数越高,孔眼越密。除了表示筛网的孔眼外,它同时用于表示能够通过筛网的粒子的粒径,目数越高,粒径越小。

图2-2-1 分样筛

巩固练习

讨论回答:食品样品的制备要考虑哪些因素?

学习心得

总结本任务所学内容,和老师同学交流讨论,撰写学习心得。

班级:_____ 姓名:_____ 组名\组号:_____
学号\工位号:_____ 日期:___年___月___日

任务3 样品预处理

学习目标

1. 能说出样品预处理的基本要求。
2. 能够根据不同样品特性选择合适的方法,正确进行样品预处理。

情景导入

许多食品的组成比较复杂,各组分往往以复杂的结合状态或配合物存在于食物中,导致测定时出现许多干扰。还有些组分由于含量较少,必须浓缩才能达到测定的灵敏度。所以,样品测定前需要预处理。样品预处理方法较多,使用时应根据样品情况及测定要求合理选用,做到具体情况具体分析。

学习内容

1. 样品预处理的基本要求

① 完整保留被测组分,不使被测组分增加和减少。
② 被测组分与其他组分分离,消除干扰物质。
③ 所用试剂不影响后续测定。
④ 使被测组分处于适当的浓度范围,以获得可靠的分析结果。

引导问题1 说出样品预处理的基本要求,并解释原因。
答:

2. 样品预处理的方法

(1) 有机物破坏法 常用的是干法和湿法两大类。随着微波技术的发展,微波消解法也得到了应用。

① 干法(灰化法):利用高温灼烧的方式破坏样品中的有机物,主要过程是样品碳化,然后550℃高温灼烧,再用稀酸溶解残渣后测定。

② 湿法(消化法):加入浓硝酸、浓硫酸、高氯酸、过氧化氢、高锰酸钾等强氧化剂,加热消化,使有机物分解、氧化、气态挥发,待测组分以无机物状态存在于消化液中供测定。

③ 微波消解法:电磁波使样品中极性分子在高频交变电磁场中振动,相互碰撞、摩擦、极化而产生高热,使样品分解。

引导问题2 查阅资料,阐述3种方法分别适用于哪些食品检测项目。
答:

样品的预处理

(2) 蒸馏法　利用食品中各组分挥发性的差异(沸点不同)而进行分离的方法,有分离和净化的双重作用。常见的有常压蒸馏(见图2-3-1)、减压蒸馏和水蒸气蒸馏。

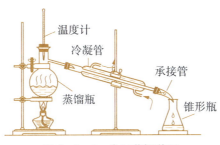

图2-3-1　常压蒸馏装置

(3) 溶剂提取法　利用样品中各组分在某一溶剂中溶解度不同,将其溶解分离的方法。常用的方法有浸提法和萃取法。

① 浸提法(液-固提取法):将样品浸泡在溶剂中,将固体样品中的某些待测组分浸提出来的方法。提取剂的沸点应在40～80℃,性质稳定,不与样品发生作用,与被提取物相似相溶。主要有振荡浸提法、捣碎提取法、索氏提取法(反复回流提取法)和超声提取法。

引导问题3　查阅资料,说出索氏提取法回流装置的组成部件及安装方式。
答:

② 萃取法(液-液提取法):利用被测组分在互不相溶的两溶剂中分配系数不同而达到分离。萃取剂要选择与被提取液不相溶,对被测组分有最大溶解度,两相分离容易。

(4) 色谱(层析)分离法　由一种流动相带着被分离的物质流经固定相,根据吸附原理不同,使试液中各组分分离,是应用最广泛的分离技术之一。按照不同的分离原理分为吸附色谱分离、分配色谱分离、离子交换色谱分离和凝胶色谱分离。色谱分离法最大的优点是分离效率高,能分离各种性质极为相似的物质。

(5) 化学分离法　利用化学反应分离出被测组分的方法。

① 磺化法和皂化法:处理油脂或含油样时常用的方法,也可用于食品中农药残留的分析。磺化法是以硫酸处理样品提取液。硫酸使其中的脂肪磺化,并与脂肪和色素中的不饱和键起加成作用,生成溶于硫酸和水的强极性化合物,从有机溶剂中分离出来。此法适用在强酸中稳定的化合物。皂化法是以热氢氧化钾-乙醇溶液与脂肪及杂质发生皂化反应而将其除去。适用于对碱稳定的化合物,如维生素A、D、E等。

② 沉淀分离法:利用沉淀反应分离干扰成分的方法。主要原理是在试剂中加入沉淀剂,利用沉淀反应将被测组分或干扰组分沉淀下去,过滤或离心分离。主要的沉淀方式有盐析、有机溶剂沉淀、等电点沉淀等。

③ 掩蔽法:向试液中加入掩蔽剂,使干扰组分改变状态,以消除对被测组分的干扰。此法免去分离的操作,简化步骤。

（6）浓缩法　分为常压浓缩法和减压浓缩法。

①常压浓缩：待测组分不易挥发，可用蒸发皿直接加热浓缩，也可用蒸馏装置等。

②减压浓缩：用于对易挥发、热不稳定性组分的浓缩。常用 K-D 浓缩器、旋转蒸发器等，水浴加热并抽气减压，浓缩速度快，被测组分损失少。

◆ 知识过关题

1. 样品预处理的目的是让样品成为_____的形式，排除_____，完整保留_____，必要时要_____以获得满意分析结果。

2. 样品预处理的方法有_____、_____、_____、_____、_____及_____。

样品预处理案例
——饼干样品的脂肪提取法

◆ 任务描述

你是某食品检测公司的样品前处理员，今天接到任务，需对一款低脂肪含量的饼干进行样品预处理，完成后交检测组测定其脂肪含量。你该如何完成今天的工作任务？

◆ 制订样品预处理方案

引导问题 4　小组讨论，制订饼干样品预处理方案，全班交流，优化方案。

答：

◆ 仪器、试剂准备

请按照表 2-3-1 的清单准备好实验所需试剂及用具，并填写检查确认情况。

表 2-3-1　饼干样品预处理需要的仪器、试剂清单

序号	名称	型号与规格	单位	数量/人	检查确认
1	提取烧杯		个	1	
2	索氏提取管		个	1	
3	冷凝管		个	1	
4	水浴锅		个	1	
5	铁架台		个	1	
6	橡皮管		根	3	
7	滤纸		片	若干	
8	烘箱		个	1	

◆ 索氏提取装置安装

（1）滤纸筒的制备 将滤纸裁成 8 cm×12 cm 大小，卷成筒状，系绳。

（2）提取烧瓶准备 100～105℃烘干 2 h，达到恒重（前后两次称量差不超过 0.3 mg）。

（3）安装好索氏提取回流装置 如图 2-3-2 所示。

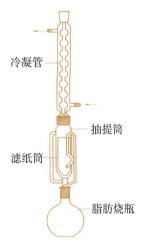

图 2-3-2 索氏提取回流装置

◆ 预处理操作

（1）饼干粉的制备与称取 准确称取经 100～105℃烘干、研细后的样品 3 g，移入滤纸筒内。

（2）回流提取 将装有样品的滤纸筒放入提取管，在提取烧瓶中加入溶剂；用水浴加热，使溶剂挥发，并通过蒸汽连接管至冷凝管处冷凝回滴到脂肪提取管中，浸泡滤纸筒。当回滴的液面高于虹吸管时，溶剂回流到提取烧瓶中，完成一个循环。如此反复回流提取，直到脂肪提取完全。

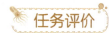

序号	评价要求	分值	评价记录	得分
1	能说出样品预处理基本要求	5		
2	制订样品预处理方案	10		
3	知识过关题	5		
4	实验准备工作	5		
5	正确地组装实验装置	10		
6	正确进行滤纸筒的制备	5		
7	正确进行烘干恒重	10		
8	正确进行饼干的研磨	5		
9	称量操作熟练、规范	10		
10	全程参与,积极主动	5		
11	与他人团结协作,沟通良好	5		
12	清洁操作台面,器材清洁干净并摆放整齐	5		
13	废液、废弃物处理合理	5		
14	遵守实验室规定,操作文明、安全、规范	5		
15	操作熟练,按时完成	10		
	总评			

巩固练习

讨论回答:现需测定火腿肠中的粗脂肪含量,请你制订测定前样品预处理方案,并阐述理由。

总结本任务所学内容,和老师同学交流讨论,撰写学习心得。

班级:_____ 姓名:_____ 组名\组号:_____
学号\工位号:_____ 日期:_____年___月___日

项目三
样品检验及报告

知识要求

1. 熟悉食品理化检验的工作任务、工作内容和工作流程。
2. 能依据工作流程，完成检验工作。
3. 能正确记录、处理数据，判定检验结果。
4. 能规范编写、出具检验报告。
5. 掌握数据运算及信息处理能力。

任务1 样品检验

学习目标

1. 能说出样品检验工作的特性、目的、方法、分类。
2. 能针对不同的样品及检测项目正确选择合适的检验方法。

情景导入

经过一段时间在食品检验实验室的工作，你清楚了检验工作需要做好哪些准备。例如，进入实验室前的安全防护、准备好实验用的玻璃仪器和配制所需的试剂等。你也知道了要如何采集和处理样品,用于后续的测定实验。一切准备就绪后,就可以正式开始样品检验的环节了。

样品检验工作具有3个基本特性:公正性、科学性和权威性。要求检验员严格执行技术标准,严格执行检验制度;要通过科学的检测手段,提供准确的检测数据,按照科学合理的判断标准,客观地评价产品质量。

学习内容

1. 什么是样品检验

样品检验是指应用物理的、化学的检测法来检测食品的组成成分及含量。目的是检测食品的某些物理常数(密度、折射率、旋光度等)、食品的一般成分分析(水分、灰分、酸度、脂类、碳水化合物、蛋白质、维生素)、食品添加剂、食品中矿物质、食品中功能性成分及食品中有毒有害物质。

2. 样品检验的方法分类

按照实验方法的不同可以将食品分析检验方法分为感官检验、物理检验、化学分析和仪器分析四大类。具体分类见表3-1-1。

食品感官检测

表3-1-1 食品检验方法分类

感官检验	视觉检验	形态、颜色、光泽等
	嗅觉检验	气味
	味觉检验	口味、滋味
	触觉检验	弹性、韧性、稠度等
物理检验	折光度	
	旋光度	
	密度	
化学分析	滴定分析	酸碱滴定法
		配位滴定法
		沉淀滴定法
		氧化还原滴定法
	称量分析法	气化法
		萃取法
		沉淀法
		电解法
仪器分析	分子光谱法	可见分光光度法
		紫外分光光度法
	原子光谱法	原子吸收分光光度法
	色谱法	气相色谱法
		液相色谱法
	电化学法	离子选择性电极(pH计)

（1）感官检验　借助人的感觉器官，如视觉、嗅觉、味觉和触觉等的感觉，来检查食品的色泽、气味、滋味、质地、口感、形状和组织结构等。感官检验方法简单，但带有一定的人为性和主观性。

（2）物理检验　根据食品的一些物理常数，如密度、相对密度、折射率和旋光度等，与食品的组成成分及其含量之间的关系进行检测的方法。

（3）化学分析　适于常量分析。它是以被测物质和某试剂发生化学反应为基础的分析方法。例如，用氢氧化钠标准溶液测定样品中总酸的含量。使用仪器简单，在常量分析范围内结果较准确，有完整的分析理论，计算方便，是常规分析的主要方法。

滴定分析法是化学分析法中重要的分析方法。滴定分析法又叫容量分析法。将已知准确浓度的标准溶液，滴加到被测溶液中（或者将被测溶液滴加到标准溶液中），直到所加的标准溶液与被测物质按化学计量关系定量反应为止；然后，测量标准溶液消耗的体积，根据标准溶液的浓度和所消耗的体积，算出待测物质的含量。这是一种简便、快速和应用广泛的定量分析方法，在常量分析中有较高的准确度。

能准确滴加到被测溶液中的溶液，在滴定分析中，称为标准溶液（或滴定液）。其中的物质称为滴定剂。能直接配成标准溶液或标定溶液浓度的物质称为基准物质。基准物质须具备的条件：

① 组成恒定：实际组成与化学式符合。

② 纯度高：一般纯度应在99.5%以上。

③ 性质稳定：保存或称量过程中不分解、不吸湿、不风化、不易被氧化等。

④ 具有较大的摩尔质量：称取量大，称量误差小。

⑤ 使用条件下易溶于水（或稀酸、稀碱）。

当滴加滴定剂的量与被测物质的量，正好符合化学反应式所表示的化学计量关系时，即滴定反应达到化学计量点。能指示化学计量点到达而能改变颜色的一种辅助试剂称为指示剂。在化学计量点时，没有任何外部特征，而必须借助指示剂变色来确定停止滴定的点。这个指示剂变色点称为滴定终点。滴定终点与化学计量点往往不一致，由此产生的误差，称为滴定误差。

根据标准溶液和待测组分间的反应类型的不同，分为以下4类：

① 酸碱滴定法：以质子传递反应为基础的一种滴定分析方法，例如氢氧化钠测定醋酸。

② 配位滴定法：以配位反应为基础的一种滴定分析方法，例如EDTA测定水的硬度。

③ 氧化还原滴定法：以氧化还原反应为基础的一种滴定分析方法，例如高锰酸钾测定铁含量。

④ 沉淀滴定法：以沉淀反应为基础的一种滴定分析方法，例如食盐中氯的测定。

引导问题1　什么是称量分析法？

答：

（4）仪器分析　适用于微量分析。它是根据在化学变化中，样品中被测组分的某些物理性质与组分之间的关系（如可见光分光光度法是根据被测溶液的颜色深浅与浓度之间的关系），使用特殊的仪器进行鉴定或测定的分析方法，是一种较为灵敏、快速、准确的分析方法,适于生产过程的控制分析。但所用仪器一般都较昂贵。

3. 样品检验的方法选择

标准方法有两个以上检验方法时,可根据所具备的条件选择使用,以第一法为仲裁方法。标准方法中根据适用范围设几个并列方法时,要依据适用范围选择适宜的方法。

引导问题 2 选择样品检验的方法要考虑哪些因素?

答:

◆ 知识过关题

1. 滴定分析的方式包括(　　　)、(　　　)、(　　　)和(　　　);
2. 在滴定分析中,一般用指示剂颜色的突变来判断是否到达化学计量点,在指示剂变色时停止滴定。这一点称为(　　　)。
   A．化学计量点　　B．滴定误差　　C．滴定终点　　D．滴定分析
3. 直接法配制标准溶液必须使用(　　　)。
   A．基准试剂　　B．化学纯试剂　　C．分析纯试剂　　D．优级纯试剂

样品检验任务案例
——样品检验的方法及标准

◆ 任务描述

为帮助你尽快熟悉岗位环境,今天主管带你参观了公司的食品检验实验室。你发现很多前辈在做一些食品项目的检验工作。主管让你把他们都列在笔记本上,对应写出这些检测项目所属的样品检验方法,并找出相对应的国家标准,见表3-1-2。

◆ 查资料、讨论并完成表格

表 3-1-2 检测方法与国家标准

检验项目	检验方法	适用国家标准
果汁的相对密度		
葡萄酒的风味		
面粉中水分的含量		
奶粉中三聚氰胺的含量		
白醋的酸度		

项目三　样品检验及报告

任务评价

序号	评价要求	分值	评价记录	得分
1	说出样品检验工作的特性和目的	10		
2	说出样品检验的方法分类	10		
3	针对不同样品检测项目选择合适的方法	15		
4	知识过关题	10		
5	正确完成任务表格	25		
6	查阅资料	10		
7	积极讨论	10		
8	小组沟通协作	10		
	总评			

拓展学习

食品安全快速检测技术

食品安全快速检测是指包括样品制备在内，能够在短时间内出具检测结果的检测。食品快检理化检验方法一般在 2 h 内出结果；微生物检验方法与常规实验室方法相比，能够缩短 1/2～1/3 时间。

食品安全快速检测的意义：

（1）食品安全监管人员的有力工具　在日常卫生监督过程中，除感官检测外，采用现场快速检测方法，及时发现可疑问题，迅速采取相应措施，这对提高监督工作效率和力度，保障食品安全有着重要的意义。

（2）实验室常规检测的有益补充　采用快速检测，可使食品安全预警前移，扩大食品安全控制范围。对有问题的样品必要时送实验室进一步检测，既提高了监督监测效率，又能提出有针对性的检测项目，达到现场检测与实验室检测的有益互补。

（3）大型活动卫生保障与应急事件处理的有效措施　在大型活动卫生保障中，可防止发生群发性食物中毒。

（4）中国国情的需要　中国在努力提高食品安全整体水平，快速检测将起到积极有效的作用。

巩固练习

1. 食品理化检验的基本步骤是什么？

2. 滴定分析法是根据(　　)进行分析的方法。
A．化学分析　　　　B．重量分析　　　　C．分析天平　　　　D．化学反应

3. 食品的物理检验包括(　　)。
A．相对密度法　　B．折光法　　C．旋光法　　D．黏度法
4. 基准物应符合(　　)条件。
A．稳定性好　　B．纯度高　　C．组成与化学式完全相等
D．摩尔质量大　　E．不能含结晶水

总结本任务所学内容，和老师同学交流讨论，撰写学习心得。

班级：_____　　姓名：_____　　组名\组号：_____
学号\工位号：_____　　日期：_____年___月___日

项目三 样品检验及报告

任务2 检验结果计算

1. 能说出有效数字的概念,知道常见分析仪器读数应保留的位数。
2. 能说出有效数字的位数。
3. 会进行有效数字的正确修约和运算。
4. 能独立、正确完成检测项目的结果计算。

化学家张青莲

张青莲(1908~2006),无机化学家、教育家,中国科学院院士,中国质谱学会首届理事长。

在同位素化学方面造诣尤深,是中国稳定同位素学科的奠基人和开拓者。于1983年当选为国际原子量委员会委员。主持测定了铟、铱、锑、铕、铈、锗、锌、镝几种元素的相对原子质量新值,被国际原子量委员会采用为国际新标准。

重水25℃的密度值,是重水品位的检测标准(见美国ASTM),国际学者争相精测。张青莲及其助手以精湛的实验设计,测得精确值达7位有效数字,为国际1975~1985年间三项最佳测定之一。

有效数字及
运算规则

1. 有效数字的概念

有效数字是指分析检测工作中实际所能测量到的数字,包括从仪器上准确读出的数字(准确数字),和最后一位估计数字(可疑数字)。在检验得出的数据中,应当也只允许保留一位可疑数字,既不允许增加位数,也不允许减少位数。

例如,用分析天平可以称到小数点后第四位。若用分析天平称得某物质的质量为0.3450 g,则可能有±0.0001 g的误差。也就是说,该物质的质量应在0.3449 g与0.3451 g之间。但不可记作0.345 g,这样就表示第三位是可疑值,它的误差为±0.001 g,这与称量的准确度不相符。如果写成0.34500 g也同样与称量的准确度不符。所以,记录数据或计算结果应保留几位数字,这须根据使用仪器的准确程度或测定方法来确定。

2. 有效数字的位数

有效数字位数是指数字从左边第一位非零的数字开始,到最后一位数字为止的位数。

(1) 数字0的双重作用　若在数字中间或后面,作普通数字用,如0.5080为4位有效数字,科学记数法记为5.080×10^{-1}。若在数字前面,作定位用,如0.05 08为3位有效数字,科学记数法记为5.08×10^{-2}。

(2) 有效数字位数特殊情况　pH值等对数值,小数部分为有效数字。例如,pH = 2.49为2位有效数字;单位变换时,有效数字位数不能变,例如,24.01 ml为4位有效数字,科学

记数法记为 2.401×10^{-2} L 仍为 4 位有效数字。

（3）有效数字位数　例如：

1.000 1;	2.020 5;	$2.202\,3\times10^2$	五位有效数字
0.550 0;	25.05%;	8.610×10^{-5}	四位有效数字
0.045 0;	0.100%;		三位有效数字
0.004 5;	0.40%;	5.0	二位有效数字
0.4;	0.001%;	pH = 2.0	一位有效数字
1/5			无限多位

3. 有效数字的修约

应按照国家标准 GB/T 8170-2008《数值修约规则与极限数值的表示和判定》进行修约。通常称为"四舍六入五留双"法则。具体运用如下：

① 多余尾数小于等于 4 时舍去，尾数大于等于 6 时进位。

② 尾数正好是 5，且 5 后数字不为 0，则进位。

③ 尾数正好是 5，且 5 后没有数字或为 0，则 5 前面是奇数则将 5 进位，5 前面是偶数则把 5 舍弃，简称留双。

④ 数字要一次修约到位，不能连续多次修约。如 2.345 7 修约到两位有效数字，应该是 2.3。然而，连续修约的话，则 2.345 7 修约为 2.346，再修约为 2.35，最后修约为 2.4，这是不允许的。

以下数字保留 4 位有效数字进行修约：

14.244 2 修约为 14.24，是四舍原则；

26.486 3 修约为 26.49，是六入原则；

15.025 0 修约为 15.02，是 5 后无数或为 0，留双原则；

15.015 0 修约为 15.02，是 5 后无数或为 0，留双原则；

15.025 1 修约为 15.03，5 后数字不为 0，一律进位。

4. 有效数字的运算

在处理数据时，一般根据"先修约再运算"规则进行。

（1）加减运算　结果的位数取决于绝对误差最大的数据的位数，即以小数点后位数最少的数据为标准。例如：

0.012 1 + 25.64 + 1.057 = ?

小数点后位数最少的是 25.64，小数点后有 2 位。先把所有数字修约到小数点后两位，最后加减运算得到 26.71，即

　　0.012 1 + 25.64 + 1.057
= 0.01　 + 25.64 + 1.06（修约）
= 26.71　　　　　　（运算）

（2）乘除运算　有效数字的位数取决于相对误差最大的数据的位数，即以有效数字位数最少的数据为标准。例如：

(0.032 5 × 5.103 × 60.06) ÷ 139.8 = ?

有效数字位数最少的是 0.032 5，三位有效数字。先把所有数字修约到三位有效数字，

分别是 0.032 5，5.10，60.1，140，最后乘除法运算得到 0.071 179 184，修约为 0.071 2：

$(0.032\,5 \times 5.103 \times 60.06) \div 139.8$
$= (0.032\,5 \times 5.10 \times 60.1) \div 140$ （修约）
$= 0.071\,179\,184$ （运算）
$= 0.071\,2$ （再修约）

◆ 知识过关题

1. 有效数字是_____，在其数值中只有_____是不确定的，前面所有位数的数字都是_____的。
2. 0 在具体数值前面时，不是有效数字，只起_____作用。
3. "四舍六入五留双"的规则是：被修约的数字等于或小于 4 时，_____该数字；等于或大于 6 时，则_____；被修约的数字为 5 时，若 5 后有数就_____；若无数或为零时，则看 5 的前一位，为奇数就_____，偶数则_____。
4. 修约数字时，只能对原数据_____修约到所需要的位数，不能_____修约。
5. 有效数字运算规则：
（1）几个数据相加或相减时，应以小数点后位数_____的或其绝对误差_____的数字为依据，将各数据多余的数字修约后再进行加减运算。
（2）几个数据相乘或相除时，应以有效数字位数_____或相对误差_____的数字为依据，将多余数字修约后进行乘除运算。
（3）若数据的第一位数字大于_____，可多算一位有效数字。

任务实施

检验结果计算任务案例
—— 饮用天然矿泉水钙含量测定数据处理

◆ 任务描述

你是某检测技术公司的食品检验员，已完成一批饮用天然矿泉水检测订单中钙含量项目的测定，现需要依据数据表中原始测得数据进行结果计算。

引导问题 1　请你列举计算时有效数字运算的注意要点。

答：

◆ 数据记录

数据记录于表 3-2-1 中。

表 3-2-1　数据记录表

数据	1	2	3
水样体积 V/ml		50.00	
EDTA 标准溶液的浓度 c/(mol/L)		0.010 0	

（续表）

滴定消耗 EDTA 标准溶液的体积 V_1/ml	8.12	8.20	8.16
空白消耗 EDTA 标准溶液的体积 V_0/ml		0.99	
水样中钙的质量浓度 $\rho(\text{Ca})$/(mg/L)			
平均值/(mg/L)			
极差/(mg/L)			
相对极差/%			

◆ 结果计算

试样中钙含量计算

$$\rho(\text{Ca}) = \frac{(V_1 - V_0) \times c \times 40.08}{V} \times 1000,$$

式中，$\rho(\text{Ca})$ 为水样中钙的质量浓度，mg/L；V_1 为滴定中所消耗 EDTA-2Na 溶液体积，ml；V_0 为空白所消耗 EDTA-2Na 溶液体积，ml；c 为 EDTA-2Na 溶液的浓度，mol/L；40.08 为与 1.00 ml EDTA-2Na 标准溶液相当的以克表示的钙的质量；V 为水样体积，ml；1 000 为换算系数。

引导问题 2 写出代入公式计算的过程，并将计算结果填入数据记录表中。

① 计算水样 1 中钙的质量浓度：

② 计算水样 2 中钙的质量浓度：

③ 计算水样 3 中钙的质量浓度：

④ 计算 3 个平行测定水样中钙的质量浓度平均值：

⑤ 计算 3 个平行测定水样中钙的质量浓度极差：

⑥ 计算 3 个平行测定水样中钙的质量浓度相对极差：

任务评价

序号	评价要求	分值	评价记录	得分
1	能说出有效数字的概念	5		
2	知道常见分析仪器读数应保留的位数	10		
3	能说出有效数字的位数	5		
4	会进行有效数字的正确修约和运算	10		
5	知识过关题	10		
6	能独立正确完成检测项目的结果计算	20		
7	计算公式正确,数据代入正确	10		
8	单位的运算正确	10		
9	沟通协作	10		
10	学习积极主动	10		
	总评			

巩固练习

1. 在常规滴定分析中,从滴管中读取样品消耗的滴定体积为( )。
   A. 0.02 ml   B. 8.150 ml   C. 22.1 ml   D. 22.10 ml   E. 22.100 ml

2. 下列数值中各有几位有效数字?
   1.057 2   15 003 5.24×10^{-10}
   0.003 75   0.023 06   pH = 5.30
   1.502 8   0.023 49   0.003 00

3. 22.425 9 修约后要求小数点后保留两位是( )。
   A. 22.44   B. 22.43   C. 22.42   D. 22.40   E. 22.45

4. 3 个数字 0.536 2、0.001 4 和 0.25 之和应为( )。
   A. 0.79   B. 0.788   C. 0.787   D. 0.787 6   E. 0.8

5. 由计算器算得 $(2.236 \times 1.112\,4) \div (1.036 \times 0.200)$ 的结果为 12.004 471,按有效数字运算规则应将结果修约为( )。
   A. 12   B. 12.0   C. 12.00   D. 12.004

学习心得

总结本任务所学内容,和老师同学交流讨论,撰写学习心得。

班级:_____   姓名:_____   组名\组号:_____
学号\工位号:_____   日期:____年____月____日

任务3　出具检验报告

1. 能说出检验报告的基本要求。
2. 能说出简易检验报告的格式。
3. 能正确规范编制项目的简易检验报告。

情景导入

在实际食品检测工作中，完成检验的一系列准备程序，例如样品采集、制备、保存、预处理后，要准确地进行样品检验，还要正确地记录和计算，以及出具检验报告。检验报告客观地展示原辅料是否符合生产需要，半成品、成品质量的优劣，甚至是食品生产的经济核算依据。

学习内容

1. 认识检验报告

检验检测机构依据相关标准或技术规范，利用仪器设备、环境设施等技术条件和专业能力，对产品/样品进行检测，得出检测数据、结果，或将得出的检测数据、结果与规定要求进行比较并作出合格与否判定，出具书面(或其他形式)证明。

2. 检验报告的基本要求

① 客观真实、方法有效、数据完整、信息齐全、结论明确、表述清晰，确保检验检测数据结果的有效性。

② 检验报告编制应采用固定格式。报告格式纳入检验检测机构管理体系文件。

③ 使用法定计量单位。项目名称应与依据的标准文件和(或)相关文件规定保持一致。报告用语应规范准确，内容编排应便于阅读和理解。

3. 检验报告的内容

（1）检验报告的内容　应包含下列信息：

标题；
标注资质认定标志，加盖检验检测专用章；
检验检测机构的名称和地址，检验检测的地点；
所用检验检测方法的识别；
检验检测样品的描述、状态和标识；
检验检测的日期，对检验检测结果的有效性和应用有重大影响时，注明样品的接收日期或抽样日期；
检验检验报告签发人的姓名、签字或等效的标识和签发日期。

(2) 当需对检验检测结果进行说明时，检验报告中还应包括下列内容：

> 对检验检测方法的偏离、增加或删减，以及特定检验检测条件的信息，如环境条件；
> 适用时，给出符合（或不符合）要求或规范的声明；
> 测量不确定度的信息；
> 适用且需要时，提出意见和解释。

(3) 检验检测机构从事抽样时，检验检验报告还应包括下列内容：

> 抽样日期；
> 抽取的物质、材料或产品的清晰标识；
> 抽样位置，包括简图、草图或照片；
> 抽样过程中可能影响检验检测结果的环境条件的详细信息。

4. 检验报告的分类

根据检验检测行业或领域有无特殊要求，分为通用报告和特殊报告。特殊报告包括政府委托的产品质量监督抽查检验报告、环境监测报告、司法行政主管部门委托的司法鉴定报告、仲裁机构委托的仲裁检验报告、机动车检验报告等，报告的编制还应符合相关领域或行业的特殊要求。

根据报告内容的设计格式，可分为一般报告和简易报告。一般报告通常包括封面、声明页、签字页、目录页、正文和附件等6部分，其中附件可根据实际情况删减。简易报告指报告内容较少或检验检测项目相对单一，报告内容可在一页或少数几页中编排，不单独设置封面、目录、签字页、附件等。

5. 检验报告的格式（简易报告）

(1) 简易报告的内容　由报告标题区、检验检测对象区、基本信息区、检验检测数据结论区、附加声明区、落款区等6部分组成，宜分区设计。

(2) 标题区　位于页面的正上方，包括检验检测机构名称、报告名称、报告编号、报告表格的受控编号、页码信息等。

(3) 检验检测对象区　位于标题区的正下方，通常以表格的形式设计栏目，内容包括委托单位、联系方式、检验检测对象、委托编号、规格型号、样品描述、样品编号、委托方相关信息等。当检验检测机构还从事抽样时，应包括抽样时间、抽样人等信息。

样品的规格型号应按委托方提供的信息填写，现场抽检的样品应与样品商标、标牌信息一致，送检样品的商标、标牌等应在委托合同中予以明确。样品描述是表征样品特性的信息，主要包括样品数量、颜色、气味、形状等信息，应按检验检测标准规范或行业要求，简明、完善、清晰描述。

(4) 基本信息区　位于检验检测对象区正下方，是与检验检测工作过程相关的信息，主要包括检验检测类别、检测日期、检测依据等，必要时还可能包括判定依据、环境条件、使用的主要仪器设备等信息。

检测日期是指检验检测工作开始至结束的日期，包括样品的前处理、样品制备等时间。当检验检测工作持续超过一天时，应填写从检测工作开始至检测工作结果的时间段。必要时，或行业有规定的，应报告检验检测现场的环境条件、使用的主要仪器设备等信息。

(5) 检验检测数据结论区　位于基本信息区正下方，主要包括检验检测项目参数、技术指标、检测结果、单项符合性判定、检验结论等。

检验检测项目参数是根据委托方要求和相关规范标准的规定,对某个或某些项目参数进行检测。当不同检验检测项目参数对应不同的检验检测方法标准时,宜将基本信息区中的检测依据列在检验检测参数之后,以便于对应。检测结果是依据方法标准中要求的步骤得出的数值或结果。单项符合性判定是根据检测结果对照技术指标,给出单项的符合性意见。当标准或规范中不包含判定规则的内容时,检验检测机构应在合同评审阶段与客户沟通选择判定规则,取得客户的同意,并在报告中注明选用判定规则的情况。对于表格中设计的具体检测项目,若某一栏或多栏无内容时,应用"—"或"/"标注,不得留空白项。

(6)附加声明区 位于检验检测数据结论区的正下方,用于明确给出需要声明的内容,主要包括报告的效力、报告的查询等信息。必要时,附加声明还可以包括抽样信息、检验检测方法的偏离、分包情况及报告修改等信息。

报告的效力是检验检测机构声明报告无效的除外情形,通常表述为"未加盖检验检测专用章无效""未经授权签字人签发无效""未经批准不得复制(全文复制除外)报告"等。必要时,附加声明还应包括抽样情况或依据的抽样方案。当检验检测机构不负责抽样(如客户送样检测)时,应声明结果仅适用于收到的样品。如果是对报告进行的修改,应声明修改的报告替代的原报告编号,原报告作废。

(7)落款区 应有授权签字人的姓名、签字或等效的标识、签发日期,以及检验检测机构的地址、联系电话等信息。报告必须经授权签字人签发。

(8)报告印章 检验检测专用章宜加盖在检验检测数据结论区,或加盖在检验检测机构名称上。

6. 检验报告(简易报告)范例

CMA 章	检验机构全称 ××××检验报告			
报告编号:			第 页,共 页	
委托单位		联系方式		
样品名称		委托编号		
规格型号		样品描述		
样品编号		送样人员		
检验类别		检验日期		
检验依据		判定依据		
环境条件		主要仪器设备		
检验参数	技术指标	检测结果	单项符合性	

项目三 样品检验及报告

（续表）

检验结论	经检验，		
		（检验专用章或检验机构公章）	

主检/编制：　　　审核：　　　批准/签发：
检验机构地址：　　　　联系电话：
检测地点：　　　　　　联系电话：
　　　　　　　　　　　　　　　　　日期：　　年　　月　　日

◆ 知识过关题

1. 检验报告应客观真实、方法有效、数据完整、信息齐全、结论明确、表述清晰，确保检验检测数据结果的_____。
2. 根据报告内容的设计格式，可分为_____和_____。
3. 简易报告由_____区、_____区、_____区、_____区、_____区、_____区等6部分组成，宜分区设计。

任务实施

出具检验报告任务案例
——饮用天然矿泉水钙含量的测定检验报告

◆ 任务描述

你是某检测技术公司的报告文员，今天接到任务，依据已完成的一批饮用天然矿泉水钙含量项目的测定结果，出具一份检验报告（简易）。

引导问题1　请你写出该检验报告的内容要点。

答：

◆ 数据记录

数据记录于表3-3-1。

表3-3-1　数据记录表

数据	1	2	3
水样体积 V/ml		50.00	
EDTA标准溶液的浓度 c/(mol/L)		0.010 0	
滴定消耗EDTA标准溶液的体积 V_1/ml	8.12	8.20	8.16

（续表）

空白消耗 EDTA 标准溶液的体积 V_0/ml	0.99		
水样中钙的质量浓度 $\rho(Ca)$/(mg/L)	57.15	57.77	57.47
平均值/(mg/L)	57.46		
极差/(mg/L)	0.62		
相对极差/%	1.1		

◆ 结果计算

按本项目任务二的方法计算试样中钙含量。

引导问题 2　查阅资料，小组讨论，完成饮用天然矿泉水钙含量测定检验报告。

答：

任务评价

序号	评价要求	分值	评价记录	得分
1	说出检验报告的基本要求	5		
2	说出简易检验报告的格式	10		
3	知识过关题	10		
4	报告填写内容完整	15		
5	报告填写文字准确无误	10		
6	报告填写数据准确无误	10		
7	报告结论准确无误	10		
8	排版美观大方简洁	10		
9	主动积极学习	10		
10	沟通协作	10		
总评				

巩固练习

小调查:调查相关检验检测机构,小组完成一份《食品检测检验报告常见问题及改进建议》调查报告,并进行全班展示汇报。

总结本任务所学内容,和老师同学交流讨论,撰写学习心得。

班级:_____ 姓名:_____ 组名\组号:_____
学号\工位号:_____ 日期:_____年___月___日

模块二

食品理化检验分类

```
                    ┌─ 项目四  一般品质指标检验
                    │
                    ├─ 项目五  常见营养成分的检验
模块二  食品理化检验分类 ┤
                    ├─ 项目六  添加剂的检验
                    │
                    └─ 项目七  非法添加物质的检验
```

食物成分复杂，食品理化检验项目指标繁多。食品理化检验大致可分为食品一般品质指标的检验、食品常见营养成分的检验、食品添加剂的检验及食品非法添加物质的检验四大类型。

项目四
一般品质指标检验

- 任务1　食品相对密度的测定
- 任务2　食品中酸度的测定
- 任务3　食品中水分的测定
- 任务4　茶叶中灰分的测定
- 任务5　食品中酸价的测定

项目四　一般品质指标检验

- 任务6　食品中过氧化值的测定
- 任务7　食品固形物含量的测定
- 任务8　食品中氨基酸态氮的测定
- 任务9　食品中氯化物的测定
- 任务10　饮用水总硬度的测定

知识要求

1. 熟悉食品样品一般品质指标检验的方法标准和操作规范。
2. 熟悉相关指标概念及检验仪器操作方法。
3. 能完成简单样品的采集、处理、指标的测定及仪器维护。
4. 能处理测定的结果并填写检验报告单。
5. 具备良好的独立解决问题的能力和心理素质。

任务1　食品相对密度的测定

学习目标

1. 能说出测定食品相对密度的意义及方法。
2. 能正确准备液体食品相对密度测定所需的仪器、试剂。
3. 能规范完成密度瓶法测定液体食品相对密度,正确记录实验数据并计算,测定结果符合精密度要求。

项目四 一般品质指标检验

相对密度是食品工业生产过程中产品质量的控制指标之一。正常的液态食品,其相对密度都在一定的范围内。当液体组成成分或浓度发生改变时(掺杂、变质),其相对密度往往也随之改变。因此,测定液态食品的相对密度可以检验食品的纯度或浓度,从而判断食品的质量。例如,在原料乳的验收中,相对密度是初步衡量与判断牛乳内在质量的重要指标。牛乳的相对密度与其脂肪含量、总乳固体含量有关,脱脂乳相对密度升高,掺水乳相对密度下降。

学习内容

1. 认识密度、相对密度

(1) 密度　物质在一定温度下单位体积的质量,又叫做绝对密度。物质一般具有热胀冷缩的性质(水在4℃以下是反常的),所以密度值随温度而改变。故密度值应标出测定时物质的温度,符号记为 ρ_t。若 m 表示物体质量,V 表示物体体积,则密度表达式为 $\rho_t = \dfrac{m}{V}$,g/cm³。

(2) 相对密度　又称为比重,指在特定条件下,某物质(液体)的密度与水的密度之比,也是某一温度下物质的质量与同体积某一温度下水的质量之比。符号为 $d_{t_2}^{t_1}$,表达式为

$$d_{t_2}^{t_1} = \frac{\rho_{t_1(物质)}}{\rho_{t_2(纯水)}},$$

式中,$\rho_{t_1(物质)}$ 为 t_1 温度下物质的密度;$\rho_{t_2(纯水)}$ 为 t_2 温度下同体积水的密度。

当用密度瓶或密度天平测定液态的相对密度时,以测定溶液对同温度水的相对密度比较方便,通常测定液体在20℃时对水在20℃时的相对密度,以 d_{20}^{20} 表示。

(3) 密度与相对密度的关系

① 密度有单位,相对密度没有单位。

② 某一特定温度下液体的密度只有一个值,而相对密度在某一温度下不止一个值。

2. 测定食品相对密度的意义

(1) 检验食品的纯度、浓度及判断食品的品质和掺假情况　各种液态食品都有其相应的相对密度,均在一定的范围内。当其组成成分及其浓度发生改变时,其相对密度也发生改变。例如,全脂牛奶的相对密度为 1.028～1.032(d_4^{20}),植物油(压榨法)的相对密度为 0.909 0～0.929 5(d_{20}^{20}),芝麻油的相对密度为 0.912 6～0.928 7(d_{20}^{20})。

(2) 求可溶性固形物或总固形物的含量　当液态食品水分被完全蒸发,干燥至恒重时,所得到的剩余物称为干物质或固形物。液态食品的相对密度与其固形物含量具有一定的数学关系,故测定液态食品相对密度即可求出其固形物含量。例如果汁、番茄酱等,测定相对密度后通过换算或查专用经验表可以确定可溶性固体物或总固形物的含量。制糖工业中可查专用表得出糖液浓度。酒精(酒精度)值可查酒精含量-密度关系表。

(3) 食品生产过程中常用的工艺控制和质量控制指标

引导问题 1　测定食品相对密度意义重大,应如何测定?

答:

3. 测定食品相对密度的原理

密度瓶法测定原理:在 20℃时分别测定充满同一密度瓶的试样溶液及蒸馏水的质量,二者质量的比值即为试样相对密度。

◆ **技能应用**

查阅食品相对密度测定国家标准,解读密度瓶法。

◆ **知识过关题**

1. 密度是指物质在一定温度下单位体积的(　　)。
   A. 体积　　　　　　　　　　　　B. 容积
   C. 重量　　　　　　　　　　　　D. 质量
2. 物质在某温度下的密度与物质在同一温度下对 4℃水的相对密度的关系是(　　)。
   A. 相等　　　　　　　　　　　　B. 数值上相同
   C. 可换算　　　　　　　　　　　D. 无法确定
3. 判断:可以通过测定液态食品的相对密度来检验食品的纯度或浓度。(　　)
4. 食品相对密度测定依据的国家标准为(　　)。

任务实施

食品相对密度测定任务案例
——比重瓶法测定果汁饮品相对密度(1+x 食品检验管理证书考核项目)

◆ **任务描述**

你是某检测公司的食品检验员,今天接到任务,要测定一种国产营养果汁饮品的相对密度并出具检测报告。

依据检验工作一般流程,你制定如图 4-1-1 所示工作计划:

图 4-1-1　相对密度测定工作流程

◆ **仪器试剂准备**

根据国家标准列出密度瓶法测定果汁饮品相对密度所需仪器设备及试剂,见表 4-1-1,准备好并逐一检查确认。

表4-1-1　密度瓶法测定果汁饮品相对密度所需仪器、试剂清单

序号	仪器/试剂名称	型号规格	单位	数量/人	检查确认
1	分析天平				
2	水浴锅				
3	附温比重瓶				
4					
5					
6					
7					

引导问题 2　观察密度瓶实物，填写图4-1-2中密度瓶各部位名称。

1—(　　　　　　　)
2—(　　　　　　　)
3—(　　　　　　　)
4—(　　　　　　　)

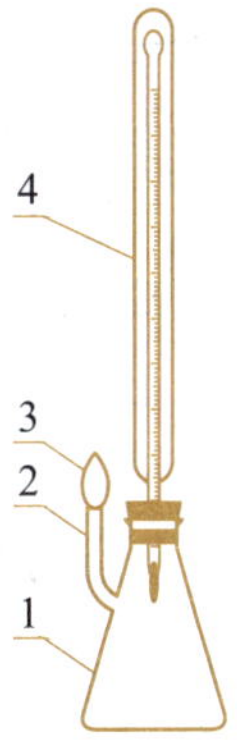

◆ 样品处理

引导问题 3　若待测果汁饮品样品中含有二氧化碳，应先去除后再测定其相对密度。原因何在？

答：

图4-1-2　密度瓶结构

采用预先加盖静置样品，或者先振摇后过滤的方式除去二氧化碳，可重复操作，尽可能除尽。

◆ 相对密度测定

引导问题 4　根据国标，画出密度瓶法测定果汁饮品相对密度步骤的思维导图。

(1) 准确称量密度瓶质量 m_0　依次用自来水、蒸馏水、乙醇将密度瓶洗净、烘干、称量，反复操作至恒重(连续两次干燥后，前后两次称量之差小于0.2 mg)，记录空密度瓶质量 m_0。

(2) 准确称量密度瓶+果汁饮品试样溶液质量 m_2　将果汁饮品试样溶液注满密度瓶，置于20℃水浴30 min，使瓶温达到20℃。盖上瓶盖，用滤纸吸干侧管溢出液。盖上侧管帽，取出密度瓶，用滤纸擦干密度瓶外壁，置于天平室内30 min。准确称量密度瓶+试样溶液质量记录为 m_2。

(3) 准确称量密度瓶+蒸馏水质量 m_1　倾出样品液，洗净密度瓶，注入新煮沸30 min并冷却的蒸馏水，置于20℃水浴30 min，使瓶温达到20℃。盖上瓶盖，用滤纸吸干侧管溢出液。盖上侧管帽，取出密度瓶，用滤纸擦干密度瓶外壁，置于天平室内30 min，准确称量密度瓶+蒸馏水质量记录为 m_1。

◆ **数据记录及计算**

数据记录于表 4-1-2。

表 4-1-2　密度瓶法测定果汁饮品相对密度原始记录单

样品名称		样品编号	
实验次数		1	2
实验温度/℃			
m_0/g			
m_1/g			
m_2/g			
d_{20}^{20}			
平均值			
极差(两次测定结果的绝对差值)			
相对极差(极差与平均值之比,%)			

计算公式：
$$d_{20}^{20} = \frac{m_2 - m_0}{m_1 - m_0},$$

式中,d_{20}^{20} 为试样在 20℃时的相对密度；m_0 为密度瓶的质量,g；m_1 为密度瓶加水的质量,g；m_2 为密度瓶加液体试样的质量,g。

计算结果表示到称量天平精度的有效数位(精确到 0.001)。在重复性条件下获得的两次独立测定结果的绝对差值,不得超过算数平均值的 5%。

比重瓶测定食用油的相对密度

任务评价

序号	评价要求	分值	评价记录	得分
1	能说出测定食品相对密度的意义及方法	5		
2	知识过关题	5		
3	正确穿戴实验服	2		
4	正确选择实验仪器试剂	5		
5	正确处理样品	5		
6	正确使用天平	5		
7	正确洗涤密度瓶	5		
8	正确烘干	5		
9	达到恒重标准,操作正确	5		
10	正确放置密度瓶进行水浴	2		
11	使用后及时关机并倒出水浴锅中的水	2		
12	水及试样溶液注满密度瓶,无气泡	5		
13	水浴时侧管帽取下	2		
14	正确用滤纸吸除侧管溢出液	2		
15	称量前用滤纸擦干密度瓶外壁	2		
16	称量时盖上侧管帽	2		
17	置于天平室内 30 min 后称量	2		
18	正确、及时、规范记录原始数据	2		
19	计算公式正确,数据代入正确	2		
20	计算结果正确	5		
21	两次平行测定结果的精密度符合要求	5		
22	按照7S标准进行实训室清洁清扫	5		
23	废液、废弃物处理合理	5		
24	操作熟练,按时完成	5		
25	学习积极主动	5		
26	沟通协作	5		
	总评			

拓展学习

比重计(密度计)法测定液体食品相对密度

比重计又叫密度计。利用阿基米德原理,将待测液体导入较高的容器,再将比重计放

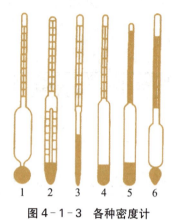

图 4-1-3　各种密度计

入液体中。密度计下沉到一定深度后呈漂浮状态。此时液面的位置在玻璃管上所对应的刻度就是该液体的相对密度。分析步骤：

步骤 1：将混合均匀的被测样液沿筒壁徐徐注入适当容积的清洁量筒中，避免起泡沫。

步骤 2：将密度计洗净擦干，缓缓放入样液中，待其静止后，再轻轻按下少许。然后待其自然上升，静止并无气泡冒出后，从水平位置读取与液平面相交处的刻度值。

步骤 3：同时用温度计测量样液的温度，如测得温度不是标准温度 20℃，应对测得值加以校正。

步骤 4：数据记录与处理，见表 4-1-3。

表 4-1-3　密度计法测定液体食品相对密度原始记录单

实验次数	1	2
实验温度/℃		
实验值		
校正值(20℃)		
平均值(20℃)		
极差(两次测定结果的绝对差值)		
相对极差(极差与平均值之比,%)		

巩固练习

1. 要测定牛乳产品的相对密度，可以选用（　　）。
   A．普通比重计　　B．酒精计　　C．乳稠计　　D．波美表
2. 测定糖液浓度应选用（　　）。
   A．波美计　　B．糖锤度计　　C．酒精计　　D．酸度计

学习心得

总结本任务所学内容，和老师同学交流讨论，撰写学习心得。

班级：_____　　姓名：_____　　组名\组号：_____
学号\工位号：_____　　日期：___年___月___日

项目四 一般品质指标检验

任务2 食品中酸度的测定

1. 能说出食品酸度的测定方法和实际意义。
2. 会准备食品酸度测定所需的试剂、仪器、设备;做到节约试剂、爱护环境。
3. 能规范进行酸度测定操作,正确填写原始数据及计算结果;养成实事求是的工作态度。

42道严苛工序,保宁醋入选国家级非遗名录

保宁醋,中国四大名醋之一。"保宁醋传统酿造技艺"入选国家级非物质文化遗产名录。保宁醋酿造技艺主要分为制曲、蒸头、发酵、淋醋、熬醋、陈醋6大部分,42道工序。沿袭至今的保宁醋传统酿造技艺仍保留严苛的标准工序,独到之处在于"顺其自然",也体现着中国传统工艺的智慧和匠心。

醋的独特魅力在于其因发酵而产生的醇厚酸味。生产中通过测定其酸度或者酸含量来反映酸味的强度。

学习内容

1. 认识食品的酸度

食品酸度是指酸性物质在食品中的实际含量。食品的酸度不仅反映了酸味强度,也反映了其中酸性物质的含量或浓度。酸度在食品分析中涉及几种不同的概念和检测意义。

总酸度是指食品中所有酸性成分的总量,它包括未离解的酸的浓度和已离解的酸的浓度,其大小可借标准碱溶液滴定来测定。总酸度也称为可滴定酸度。有效酸度指被测溶液中 H^+ 的浓度,所反映的是已解离的那部分酸的浓度,常用pH值表示。其大小可通过酸度计或pH试纸来测定。挥发酸是指食品中易挥发的有机酸,如甲酸、醋酸及丁酸等低碳链的直链脂肪酸。其酸度的大小可通过蒸馏法分离,再通过标准碱溶液滴定来测定。

2. 酸度测定的意义

引导问题1 请你写出测定食品酸度的意义。

答:

食品中的酸不仅是酸味的呈味物质,而且在食品的加工、贮运及品质管理等方面有重要的影响,测定食品的酸度具有十分重要的意义。测定酸度可以鉴定一些食品的质量。牛乳及其制品、番茄制品、啤酒、饮料类食品总酸含量高,说明这些制品已酸败。食品的pH值对其稳定性和色泽有一定的影响,降低pH值可抑制酶的活性和微生物的生长。测定果蔬中糖和酸的含量,可以判断果蔬的成熟度。

3. 总酸度测定的方法

引导问题2 总酸度测定的方法有哪些?

答:

◆ 技能应用

（1）查阅食品总酸测定国家标准

（2）解读第一法：酸碱指示剂滴定法

依据 GB12456-2021《食品安全国家标准 食品中总酸的测定》，食品中总酸测定的方法有 3 种。

第一法：酸碱指示剂滴定法。适用于果蔬制品、饮料（澄清透明类）、白酒、米酒、白葡萄酒、啤酒和白醋中总酸度的测定。

第二法：pH 计电位滴定法。适用于果蔬制品、饮料、酒类和调味品中总酸度的测定。

第三法：自动电位滴定法。适用于果蔬制品、饮料、酒类和调味品中总酸度的测定。

4. 酸碱指示剂滴定法测定总酸度的原理

根据酸碱中和的原理，用碱液滴定样品中的酸，以酚酞为指示剂确定终点。根据所消耗的碱的用量，计算出总酸的含量。

◆ 知识过关题

1. 总酸度又称_____，包括_____和_____。
2. 酸碱指示剂滴定法选用_____作为指示剂。

食品酸度测定任务案例
——食醋总酸的测定（1＋x 食品检验管理证书考核项目）

◆ 任务描述

你是一家第三方检测公司的食品检验员，今天接到任务，要对当地食药局委托抽检的一批食醋样品，完成总酸含量项目的测定。你该如何完成任务？

根据检验工作一般流程，你制定了如图 4-2-1 所示的工作计划。

图 4-2-1 总酸测定工作流程

◆ 仪器准备

仪器准备见表 4-2-1。

表 4-2-1 仪器准备表

序号	名称	型号与规格(ml)	单位	数量/人	检查确认
1	移液管	25	支	1	
2	酸碱两用滴定管	25	支	1	
3	锥形瓶	250	个	4	

项目四 一般品质指标检验

(续表)

序号	名称	型号与规格(ml)	单位	数量/人	检查确认
4	胶头滴管	/	个	1	
5	烧杯	500	个	1	
6	容量瓶	250	个	1	
7	洗瓶(装满蒸馏水)	500	个	1	

◆ **试剂配制**

所需试剂见表4-2-2。

表4-2-2 试剂配制表

序号	试剂名称	配制方法
1	10 g/L 酚酞	
2	0.1 mol/L 氢氧化钠溶液	
3	蒸馏水(去二氧化碳)	
4	邻苯二甲酸氢钾	

引导问题3 请根据国标第一法的测定步骤画出食醋总酸含量测定的思维导图。
答：

移液管的使用

◆ **样品稀释**

步骤1：稀释　用移液管移取 25.00 ml 的试样至 250 ml 的容量瓶中。

步骤2：过滤除杂　用去二氧化碳的蒸馏水定容后摇匀，过滤后备用。若试样颜色过深影响观察需进行脱色处理。

◆ 样品测定

步骤 1：移液管移取 25 ml 待测液于 250 ml 三角瓶中，加入 2 滴 10 g/L 酚酞。用 0.1 mol/L 的标准氢氧化钠溶液滴定至终点为微红色且 30 s 不褪色。

步骤 2：记录消耗的氢氧化钠体积数 V_1。

注意 （1）样品平行测定两次。

（2）移取的体积要准确。

（3）终点判断为微红色，需保持 30 s 不褪色。

步骤 3：空白实验　移液管移取 25 ml 去二氧化碳水于 250 ml 三角瓶中，加入 2 滴 10 g/L 酚酞，用 0.1 mol/L 的标准氢氧化钠溶液滴定至终点为微红色且 30 s 不褪色。

步骤 4：记录消耗的氢氧化钠体积数 V_0。

◆ 数据记录

数据记录于表 4-2-3。

表 4-2-3　数据记录表

测定次数	1	2
氢氧化钠标准溶液的浓度 c/(mol/L)		
食醋样品的体积 $V_{样}$/ml		
样品滴定消耗 NaOH 溶液体积 V_1/ml		
空白实验消耗 NaOH 溶液体积 V_0/ml		
样品总酸的含量 X/(g/L)		
平均值 $\overline{X}$/(g/L)		
平行测定结果的极差/(g/L)		
相对极差/%		

◆ 结果计算

$$X = \frac{c(V_1 - V_0) \times 0.06005}{V_{样} \times \frac{25}{250}} \times 1000 = \frac{600.5c(V_1 - V_0)}{V_{样}},$$

式中，X 为样品总酸的含量，c 为 NaOH 标准溶液的浓度，V_1 为试样滴定消耗 NaOH 溶液体积，V_0 为空白滴定消耗 NaOH 溶液体积，$V_样$ 为试样的体积，0.060 05 为 1.00 ml NaOH 标准溶液（c(NaOH) = 1.000 mol/L）相当的以克表示的乙酸的质量。精密度要求相对极差要小于等于 10%。

◆ **注意事项**

① 称量准确，不能有误差。

② 滴定要缓慢，时刻观察锥形瓶中颜色的变化。

③ 实验用水必须是无 CO_2 水，避免影响测定结果。

◆ **结果判定与报告**

判定结果填入表 4-2-4。

表 4-2-4　酸度测定检验报告

样品名称	检测项目	检验方法	测定结果/(g/L)	标准要求/(g/L)	单项结果判定	检验员签名	检验日期
	总酸含量	GB12456-2021 第一法					

食醋总酸含量的测定

任务评价

序号	评价要求	分值	评价记录	得分
1	能说出总酸测定的原理及方法	5		
2	能完成国标的查询	5		
3	知识过关题	5		
4	独立完成试剂的配制	10		
5	准备实验所需的器具	5		
6	正确完成样品前处理	5		
7	正确判断不同样品所适用的方法	5		
8	规范完成样品测定	15		
9	正确判断终点	5		
10	如实记录实验数据	5		
11	正确完成结果计算及报告	10		
12	能发现问题并及时解决问题	5		
13	时间管理	5		
14	实验室安全管理	5		
15	沟通协作	5		
16	学习积极主动	5		
总评				

拓展学习

pH 计电位滴定法测食醋的总酸度

采用传统方法酿制的陈醋成分复杂,色泽黑紫。采用普通指示剂酸碱滴定法测定总酸,终点颜色变化易被其本色掩盖。采用计电位滴定法(GB12456-2021 第二法)测定,方法、设备简单,精确度高,减少了人为因素带来的影响。其测定原理是:根据酸碱中和原理,用氢氧化钠标准滴定溶液滴定试样溶液中的酸,中和试样溶液至 pH 值为 8.2 时,确定为滴定终点。按碱液的消耗量计算食品中的总酸含量。

巩固练习

1. 食醋总酸测定滴定管读数正确的是(　　　)。
   A. 12.5 ml　　　　　　B. 12.50 ml
2. 简述食醋总酸测定的操作流程。

学习心得

总结本任务所学内容,和老师同学交流讨论,撰写学习心得。

班级:_____　　姓名:_____　　组名\组号:_____
学号\工位号:_____　　日期:_____年___月___日

项目四　一般品质指标检验

任务3　食品中水分的测定

学习目标

1. 说出直接干燥法测定食品中水分的原理。
2. 正确测定食品中水分的含量,正确完成实验数据的记录与水分含量的计算,结果符合精密度要求。

情景导入

小麦的栽种在中国有4千年历史,最早种的是春小麦,到春秋时代开始种冬小麦。面粉(小麦粉)是中国北方大部分地区的主食,用面粉制成的食物品种繁多,花样百出,风味迥异。

小麦粉按性能和用途分为专用面粉(如面包粉、饺子粉、饼干粉等)、通用面粉(如标准粉、富强粉)、营养强化面粉(如增钙面粉、富铁面粉、"7+1"营养强化面粉等);按精度分为特制一等面粉、特制二等面粉、标准面粉、普通面粉等;按筋力强弱分为高筋面粉、中筋面粉及低筋面粉。

水是维持动植物和人类生存必不可少的物质之一。食品中水分含量的多少,直接影响食品的感官形状、胶体状态的形成及食品中营养成分的稳定性。食品中水分含量差别很大,如新鲜面包的水分含量控制在32%~42%,若其水分含量低于28%,则外观形态干瘪,失去光泽;乳粉的水分含量控制在2.5%~3.0%,可抑制微生物生长,延长保质期等。

因此,分析检验食品中水分,了解食品中水分含量状况,对保持食品的稳定性、保藏性和组织形态,对于工艺过程的控制与监督都具有重要意义。

学习内容

引导问题1　请你写出测定食品水分含量的意义。
答:

1. 水分在食品中的存在状态

根据水在食品中所处的状态以及与非水组分结合的强弱,可把食品中的水划分为以下3类:

(1) 自由水　以溶液状态存在的水分,保持着水本身的物理性质,在被截留的区域内可以自由流动。

(2) 亲和水　可存在于细胞壁或原生质中,是强极性基团单分子外的几个水分子层所包含的水,以及非水组分中的弱极性基团以氢键结合的水。

(3) 结合水　又称为束缚水,是食品中非水组合最牢固的水。

引导问题2　食品中水分含量如何测定?
答:

2. 直接干燥法测定食品中水分的原理

利用食品中水分的物理性质,在101.3 kPa(一个大气压)、温度101~105℃下,采用挥发方法测定样品中干燥减失的重量,包括吸湿水、部分结晶水和该条件下能挥发的物质,再通过干燥前后的称量数值计算出水分的含量。

3. 什么是恒重

在重量分析法中,经烘干或灼烧的坩埚或沉淀,前后两次称重之差小于2 mg,则认为达到了恒重。

◆ 技能应用

1. 查阅食品中水分测定国家标准。
2. 解读第一法:直接干燥法。

◆ 知识过关题

1. 直接干燥法测定食品中的水分含量属于_____分析法。
2. 水分测定中干燥到恒重的标准是_____。

任务实施

食品中水分测定任务案例
——面粉中水分含量的测定

◆ 任务描述

你作为某检测公司的食品检验员,今天收到任务,要求检测一份面粉样品水分含量并出具检测报告。依据检验工作一般流程,制定图4-3-1所示工作流程。

图4-3-1 水分测定工作流程

◆ 仪器试剂准备

表4-3-1 水分测定仪器、试剂清单

序号	仪器试剂名称	型号规格	数量/人	检查确认
1				
2				
3				
4				
5				
6				
7				

◆ **样品处理**

取有代表性的面粉样品 200 g,混合均匀,磨细,置于密闭玻璃容器内。

◆ **样品水分测定**

引导问题 3　请根据国标中的测定步骤画出面粉中水分含量测定的思维导图。

步骤 1:称量瓶恒重　取洁净铝制或玻璃制的扁形称量瓶,置于 101～105℃干燥箱中,盖斜置于瓶边,干燥 1 h。盖好取出,放入干燥器冷却 0.5 h,称量、记录数据。重复干燥至前后两次质量之差不超过 2 mg,即为恒重,记为 m_0。

步骤 2:样品水分的测定　分析天平称取 2～10 g(精确至 0.000 1 g)样品于干燥至恒重的称量瓶中,记为 m_1。然后,将盖斜置于瓶边,置于 101～105℃干燥箱中干燥 2～4 h,盖好取出,放入干燥器冷却 0.5 h,称量、记录数据。再放入 101～105℃干燥箱中干燥 1 h,盖好取出,放入干燥器冷却 0.5 h。重复以上操作至前后两次质量差不超过 2 mg,记为 m_2。

◆ **数据记录与计算**

数据记录于表 4-3-2。

表 4-3-2　食品中水分含量测定原始记录单

项目名称	食品中水分的测定		样品名称				
检验标准	□GB/T 5009.3-2016　第一法		样品编号				
仪器编号:				天平编号:			
分析序号	1	2					
m_0/g							
m_1/g							
m_2/g							
计算公式	水分(%) = $(m_1 - m_2)/(m_1 - m_0) \times 100\%$ m_0 为称量瓶质量,m_1 为烘干前称量瓶和试样质量,m_2 为烘干后称量瓶和试样质量						
水分含量/(g/100 g)							
平均值/(g/100 g)							
精密度							
备注							

(1) 水分含量　大于等于 1 g/100 g 时,计算结果保留三位有效数字;小于 1 g/100 g 时,计算结果保留两位有效数字。

（2）精密度　在重复性条件下获得的两次独立测定结果的绝对差值不得超过算数平均值的10%。

◆ 结果判定与报告

结果判定填入表4-3-3。

表4-3-3　水分测定检验报告

样品名称	检测项目	检验方法	测定结果/%	标准要求/%	单项结果判定	检验员签名	检验日期
	水分含量	GB/T 5009.3-2016					

食品中水分含量的测定

任务评价

序号	评价要求	分值	评价记录	得分
1	能说出直接干燥法测定食品水分的原理	5		
2	知识过关题	5		
3	正确穿戴实验服及防护用品	5		
4	正确准备实验仪器试剂	5		
5	正确处理样品	5		
6	正确设计试验方案	5		
7	称量操作熟练、规范	5		
8	正确烘干	5		
9	正确冷却	5		
10	达到恒重标准	5		
11	及时正确记录原始数据	5		
12	计算公式正确，数据代入正确	5		
13	有效数字正确	5		
14	计算结果正确	5		
15	两次平行测定结果的相对极差不大于2%	5		
16	按照7S标准进行实训室清洁清扫	5		
17	实验完毕，废液、废弃物处理合理	5		
18	操作熟练，按时完成	5		
19	学习积极主动	5		
20	沟通协作	5		
	总评			

拓展学习

蒸馏法测定水分

蒸馏法是利用食品中水分的物理化学性质。使用水分测定仪将食品中的水分与甲苯或二甲苯共同蒸出，根据接收的水的体积计算出试样中水分的含量。本方法适用于含较多其他挥发性物质的食品，如香辛料等。水分测定仪结果如图4-3-2所示。分析步骤：

（1）称样　准确称取适量试样放入蒸馏瓶中，加入新蒸馏的甲苯（或二甲苯）75 ml。

（2）连接仪器　连接冷凝管与水分接收管，从冷凝管顶端注入甲苯，装满水分接收管。

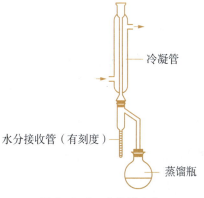

图4-3-2　水分测定仪

(3)蒸馏 加热慢慢蒸馏,使每秒钟的馏出液为2滴;待大部分水分蒸出后,加速蒸馏约4滴每秒;当水分全部蒸出后,接收管内的水分体积不再增加,从冷凝管顶端加入甲苯冲洗。

数据记录与处理:

$$X = \frac{V - V_0}{m} \times 100,$$

式中,X 为试样中水分含量,ml/100 g;V 为接收管内水的体积,ml;V_0 为做试剂空白时,接收管内水的体积,ml;m 为试样质量,g;100 为单位换算系数。

巩固练习

1. 水分测定的主要设备是_____;水分测定的温度是_____;测水分时,恒重是指前后两次质量之差不超过_____。

2. 判断正误:干燥器内一般用硅胶作为干燥剂,当干燥器中硅胶蓝色增强,说明硅胶已失去吸水作用,应再生处理。( )

3. 样品烘干后,正确的操作是( )
  A. 从烘箱内取出,放在室内冷却后称重
  B. 从烘箱内取出,放在干燥器内冷却后称量
  C. 在烘箱内自然冷却后称重

4. 某检验员要测定某种面粉的水分含量。用干燥恒重为24.360 8 g的称量瓶称取样品2.872 0 g,置于100℃的恒温箱中干燥3 h后,置于干燥器内冷却后称重为27.032 8 g;重新置于100℃的恒温箱中干燥2 h,完毕后取出置于干燥器内冷却后称重为26.943 0 g;再置于100℃的恒温箱中干燥2 h,完毕后取出置于干燥器内冷却后称重为26.942 2 g。问被测定的面粉水分含量为多少?

学习心得

总结本任务所学内容,和老师同学交流讨论,撰写学习心得。

班级:_____ 姓名:_____ 组名\组号:_____
学号\工位号:_____ 日期:_____年____月____日

任务4 茶叶中灰分的测定

学习目标

1. 能正确领用茶叶中灰分的测定所需的试剂、仪器、设备,合理进行样品预处理,正确配制测定所需试剂,做到安全操作、节约试剂。

2. 能在规定时间内,按照正确步骤进行规范严谨的测定操作,终点控制准确,并准确读取原始数据,爱护仪器设施设备。

3. 能规范记录填写原始数据并正确运算和修约计算数据,能对测定结果进行误差计算和判定。

情景导入

中国是茶的故乡。中华茶文化源远流长,博大精深,不但包含物质文化层面,还包含深厚的精神文明层次。

目前主要借助视觉、嗅觉、味觉和触觉,采用一看、二闻、三摸,来确定茶叶质量。如何更深入地了解茶叶的质量,我们采用理化方法来鉴定茶叶中水分、茶梗、粉末等来判断。茶叶中灰分检验是判断茶叶好与不好的理化指标之一。

学习内容

1. 认识茶叶中灰分

食品中的灰分是指食品经高温(500~600℃)灼烧后所残留的无机物质,又称为总灰分。灰分是表示食品中无机成分总量的一项指标,是指食品通过煅烧后的残留物,也可以是烘干后的剩余物。但灰分一定是某种物质中的固体部分而不是气体或液体部分。在高温时,发生一系列物理和化学变化,最后有机成分挥发逸散,而无机成分(主要是无机盐和氧化物)则残留下来。这些残留物称为灰分。按其溶解性可分为总灰分、水溶性灰分和水不溶性灰分及酸不溶性灰分等。

(1)总灰分(粗灰分) 主要是金属氧化物和无机盐,主要用来衡量茶叶的干净程度,一般占茶叶干物质总量的3.5%~7.0%。一般情况下,高档茶总灰分含量较低;粗老、含梗多的茶叶总灰分含量高。

(2)水溶性灰分 主要是可溶性的钾、钠、钙、镁等元素的氧化物和可溶性盐类。茶叶中水溶性灰分和茶叶品质呈正相关。鲜叶越幼嫩,含钾、磷较多,水溶性灰分含量越高,茶叶品质越好。随着茶芽新梢的生长、叶片的老化,钙、镁含量逐渐增加,总灰分含量增加,水溶性灰分含量减少,茶叶品质较差。因此,水溶性灰分含量高低,是区别鲜叶老嫩的标志之一。

(3)酸不溶性灰分 主要是混入的泥沙和食品组织中存在的微量硅。茶叶中酸不溶性灰分含量高,是矿质元素夹杂物过多的表现,茶叶品质差。

引导问题1 请你写出测定茶叶灰分的意义。

答：

2. 如何测定茶叶中总灰分含量

引导问题2　说出茶叶中总灰分的测定原理。

答：

◆ **技能应用**

1. 查阅食品中灰分测定国家标准。
2. 解读第一法：总灰分的测定

2016年8月31日，《食品安全国家标准食品中灰分的测定》(GB 5009.4－2016)发布，并于2017年3月1日正式实施。

◆ **知识过关题**

1. 对食品灰分叙述正确的是(　　)。
   A. 灰分中无机物含量与原样品无机物含量相同　B. 灰分是指样品经高温灼烧后的残留物
   C. 灰分是指食品中含有的无机成分　D. 灰分是指样品经高温灼烧完全后的残留物
2. 灰分是标示(　　)的一项指标。
   A. 无机成分总量　　　　　　　　　　B. 有机成分
   C. 污染的泥沙和铁、铝等氧化物的总量　D. 有机物和无机物总量
3. 在测定食品中的灰分含量时，灼烧残留物中不可能存在的是(　　)。
   A. 蔗糖　　　　B. 钠　　　　C. 钾　　　　D. 氯

食品灰分测定任务案例
——茶叶中总灰分的测定

◆ **任务描述**

你是某检测技术公司的食品检验员，今天接到任务，要完成公司的一批茶叶中总灰分的测定。依据检验工作一般流程，制订了如图4-4-1所示的工作计划。

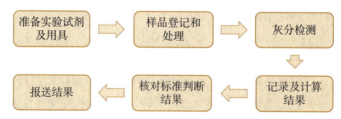

图4-4-1　茶叶中总灰分的测定工作流程

◆ **仪器、试剂准备**

请你按照表4-4-1的清单准备好实验所需试剂及用具，并填写检查确认情况。

项目四 一般品质指标检验

表4-4-1 茶叶中总灰分的测定仪器、试剂清单

序号	名称	型号与规格	单位	数量/人	检查确认
1	天平	感量0.0001 g	台	1	
2	高温炉	最高使用温度≥950℃	台	1	
3	石英坩埚或瓷坩埚	/	个	2	
4	干燥器(内有干燥剂)	/	个	1	
5	电热板	100 ml	个	1	
6	干燥器	内盛有效干燥剂	台	1	
7	废液杯	500 ml	个	1	
8	洗瓶(装满蒸馏水)	500 ml	个	1	

◆ 试样的制备

(1) 紧压茶以外的各类茶　先用磨碎机将少量试样磨碎;弃去大块未磨碎的物质,再磨碎其余部分,作为待测试样。

(2) 紧压茶　用锤子和凿子将紧压茶分成4～8份,再在每份不同处取样,用锤子击碎,混匀,按(1)制备试样。

◆ 瓷坩埚的准备

步骤1:将坩埚用盐酸(1+4)煮1～2 h,洗净晾干。

步骤2:用三氯化铁与蓝墨水的混合液在坩埚外壁及盖上写上编号。

步骤3:置于高温炉中,在550℃±25℃下灼烧30 min,冷却至300℃左右,取出,放入干燥器中冷却30 min,准确称量。重复灼烧至前后两次称量相差不超过0.5 mg为恒重。

引导问题3　坩埚放入马弗炉或从炉中取出时,应注意什么?

答:

◆ 样品检测

引导问题4　茶叶中总灰分的测定步骤的思维导图。

答:

步骤1:试样的称量　称取混匀的磨碎试样2 g(准确至0.001 g)于坩埚内,半盖坩埚盖。(称取两份)同步操作。

引导问题5　为什么要取两份同步操作?

答:

步骤2:试样的炭化　在电热板上徐徐加热,使试样充分炭化至无烟。

步骤3:试样的灰化　将坩埚移入525±25℃高温电炉内,灼烧至无炭粒(不少于2 h)。

引导问题6　为什么灼烧后的坩埚应冷却到300℃以下才移入干燥器中?

答:

引导问题7　从干燥器中取出冷却的坩埚时,应注意什么?

答:

步骤4:降温、冷却、称量　待炉温降至300℃左右时,取出坩埚,置于干燥器内冷却至室温,称量。

步骤5:复烧、降温、冷却、称量　再移入高温电炉内以525±25℃温度灼烧1 h,取出,冷却,称量。再移入高温电炉内,灼烧30 min,取出,冷却,称量。(重复操作)

步骤6:称量至恒重　重复此操作,直至连续两次称重之差不超过0.5 mg为止。以最小称量为准。

◆ **数据记录**

数据记录于表4-4-2。

表4-4-2　茶叶中总灰分测定数据记录表

茶叶编号	取样量 m/g	空坩埚质量 m_2/g	灼烧前:坩埚+茶叶质量 m_3/g	灼烧后:坩埚+茶叶质量 m_1/g
1				
2				

◆ 结果计算

引导问题 8 怎样依据实验测得的原始数据计算出灰分测定值？有效数字位数如何保留？写出你的代入公式计算过程，并将计算结果填入数据记录表中。

① 计算试样 1 的总灰分含量：

② 计算试样 2 的总灰分含量：

③ 计算两次测定的算术平均值：

④ 计算两次测定的极差：

⑤ 计算相对极差：

试样的总灰分计算：

$$X = \frac{m_1 - m_2}{m_3 - m_2} \times 100,$$

式中，X 为茶叶中总灰分含量，g/100 g；m_2 为空坩埚质量，g；m_3 为灼烧前坩埚 + 茶叶质量，g；m_1 为灼烧后坩埚 + 茶叶质量，g；100 为单位换算系数。

在重复性条件下获得的两次独立测定结果的绝对差值不得超过算术平均值的 5%。

试样中灰分含量大于等于 10 g/100 g 时，保留三位有效数字；试样中灰分含量小于 10 g/100 g 时，保留两位有效数字。

◆ 注意事项

① 样品炭化时要注意控制好温度，防止产生大量泡沫溢出坩埚。

② 把坩埚放入马弗炉或从炉中取出时，要放在炉口停留片刻，使坩埚预热或冷却。

③ 灼烧后的坩埚应冷却到 300℃ 以下再移入干燥器中。否则，因热的对流作用，易造成残灰飞散，且冷却速度慢。冷却后干燥器内形成较大真空，盖不易打开。

④ 从干燥器中取出冷却的坩埚时，因内部成真空，开盖恢复常压时，应让空气缓缓进入，以防残灰飞散。

⑤ 灰化后的残渣可留作 Ca、P、Fe 等成分的分析。

⑥ 用过的坩埚，应把残灰及时倒掉，初步洗刷后，用废盐酸浸泡 10~20 min，再用水冲刷洗净。

引导问题 9 请分析描述测定过程的 HSE(health,健康;safety,安全;environment,环境)注意事项。(技能大赛考核要求)

答：

引导问题 10 如何清理用过的坩埚？

答：

◆ 结果判定与报告

引导问题 11 请你于下方空白处设计检验报告,对本次样品茶叶中总灰分测定结果进行判定与报告。样表见表 4-4-3。

表 4-4-3 茶叶中总灰分测定检验报告

样品名称	检测项目	检验方法	测定结果/%	标准要求/%	单项结果判定	检验员签名	检验日期
	茶叶中总灰分/%	GB5009.229-2016					

食品中灰分含量的测定

任务评价

序号	任务内容	考核内容	考核标准	分值	得分
1	制订工作方案	查阅相关标准，制订测定的方案	1. 正确选用标准(5分)； 2. 方案制订合理(5分)	10	
2	仪器和设备准备	根据需要准备	1. 准备齐全(5分)； 2. 清洗干净(5分)	10	
3	试样制备	试样磨碎过筛	1. 按规定正确取样(5分)； 2. 会使用磨碎机(5分)	10	
4	瓷坩埚的准备	瓷坩埚清洗、标记、灼烧	1. 瓷坩埚酸煮、标记(5分)； 2. 瓷坩埚灼烧至恒重(5分)； 3. 马弗炉使用正确(5分)	15	
5	试样炭化	试样称量、炭化	1. 炭化操作正确(5分)； 2. 能正确判断炭化是否完全(5分)	10	
6	灰化	试样灼烧至恒重	1. 灼烧温度选择合理(5分)； 2. 马弗炉操作正确(5分)； 3. 灰化操作正确(5分)； 4. 能正确判断灰化是否完全(5分)	15	
7	结果分析	数据记录、处理及有效数字的保留	1. 原始数据记录准确、完整、美观(5分)； 2. 公式正确，计算过程正确(5分)； 3. 正确保留有效数字(5分)	10	
8		产品判断正确		5	
9		知识过关题		5	
10		沟通协作		5	
11		学习积极主动		5	
		合计			

拓展学习

1. 茶叶中水溶性灰分和水不溶性灰分测定

（1）原理　用热水提取总灰分，经无灰滤纸过滤，灼烧，称量残留物，测得水不溶性灰分的质量，由总灰分和水不溶性灰分的质量之差计算水溶性灰分。

（2）试剂和材料　见表4-4-4。

表 4-4-4 试剂和材料清单

序号	名称	型号与规格	单位	数量/人	检查确认情况
1	天平	感量 0.000 1 g	台	1	
2	高温炉	最高使用温度≥950℃	台	1	
3	石英坩埚或瓷坩埚	/	个	2	
4	电热板	100 ml	个	1	
5	干燥器	内盛有效干燥剂	台	1	
6	无灰滤纸	与漏斗匹配	盒	1	
7	漏斗	/	个	1	
8	表面皿	直径 6 cm	个	1	
9	烧杯	(高型)容量 100 ml	个	1	
10	恒温水浴锅	控温精度 ±2℃	台	1	
11	废液杯	500 ml	个	1	
12	洗瓶(装满蒸馏水)	500 ml	个	1	

说明:除非另有说明,本方法所用水为 GB/T6682 规定的三级水。

(3) 实验步骤

① 坩埚预处理:方法见总灰分"瓷坩埚的准备"。

② 总灰分的制备:见"总灰分测定方法"。

③ 测定操作:向测定总灰分所得的残留物中,加入约 25 ml 热蒸馏水,分次将总灰分从坩埚中洗入 100 ml 烧杯中。盖上表面皿,用小火加热至微沸,防止溶液溅出。趁热用无灰滤纸过滤,并用热蒸馏水分次洗涤杯中残渣,直至滤液和洗涤液体积约达 150 ml 为止。将滤纸连同残渣移入原坩埚内,放在沸水浴锅上小心地蒸去水分。然后,将坩埚烘干并移入高温炉内,以 550±25℃ 灼烧至无炭粒(一般需 1 h)。待炉温降至 200℃时,放入干燥器内,冷却至室温,称重(准确至 0.000 1 g)。再放入高温炉内,以 550±25℃ 灼烧 30 min,如前冷却并称重。如此重复操作,直至连续两次称重之差不超过 0.2 mg 为止,记下最低质量。

(4) 数据记录 见表 4-4-5。

表 4-4-5 数据记录表

茶叶编号	取样量 m/g	空坩埚质量 m_2/g	坩埚+水不溶性灰分的质量 m_4/g	灼烧前:坩埚+茶叶质量 m_1/g
1				
2				

(5) 计算 茶叶中水不溶性灰分计算:

$$X_1 = \frac{m_4 - m_2}{m_1 - m_2} \times 100,$$

式中：X_1 为水不溶性灰分的含量，g/100 g；m_4 为坩埚和水不溶性灰分的质量；m_2 为坩埚的质量；m_1 为坩埚和试样的质量；100 为单位换算系数。

水溶性灰分的含量计算：

$$X_2 = \frac{m_5 - m_6}{m} \times 100,$$

式中：X_2 为水溶性灰分的质量，g/100 g；m 为试样的质量；m_5 为（$m_1 - m_2$）总灰分的质量；m_6 为（$m_4 - m_2$）水不溶性灰分的质量；100 为单位换算系数。

试样中灰分含量大于等于 10 g/100 g 时，保留三位有效数字；试样中灰分含量小于 10 g/100 g 时，保留两位有效数字。在重复性条件下获得的两次独立测定结果的绝对差值不得超过算术平均值的 5%。

2. 茶叶中酸不溶性灰分的测定

（1）原理　用盐酸溶液处理总灰分，过滤、灼烧、称量残留物。

（2）试剂和材料

① 材料与茶叶中水溶性灰分和水不溶性灰分测定所用的材料同。

② 试剂：浓盐酸（HCl）。

③ 试剂配制（10% 盐酸溶液）：24 ml 分析纯浓盐酸用蒸馏水稀释至 100 ml。

（3）实验步骤

步骤 1：坩埚预处理　方法见总灰分"瓷坩埚的准备"。

步骤 2：总灰分的制备　方法见"总灰分测定方法"。

步骤 3：称样　方法见"称样"。

步骤 4：测定　向测定总灰分所得的残留物中，加入 25 ml 10% 盐酸溶液将总灰分分次洗入 100 ml 烧杯中，盖上表面皿，在沸水浴上小心加热，至溶液由浑浊变为透明，继续加热 5 min，趁热用无灰滤纸过滤，用沸蒸馏水少量反复洗涤烧杯和滤纸上的残留物，直至中性（约 150 ml）。将滤纸连同残渣移入原坩埚内，在沸水浴上小心蒸去水分，移入高温炉内，以 550±25 ℃ 灼烧至无炭粒（一般需 1 h）。待炉温降至 200 ℃ 时，取出坩埚，放入干燥器内，冷却至室温，称重（准确至 0.000 1 g）。再放入高温炉内，以 550±25 ℃ 灼烧 30 min，如前冷却并称重。如此重复操作，直至连续两次称重之差不超过 0.5 mg 为止，记下最低质量。

（4）数据记录　见表 4-4-6。

表 4-4-6　数据记录

茶叶编号	取样量 m/g	空坩埚质量 m_2/g	坩埚+酸不溶性灰分 m_7/g	灼烧前：坩埚+茶叶质量 m_1/g
1				
2				

（5）计算　以试样质量计，酸不溶性灰分的含量计算：

$$X_3 = \frac{m_7 - m_2}{m_3 - m_2} \times 100，$$

式中：X_3 为酸不溶性灰分的含量，g/100 g；m_7 为坩埚和酸不溶性灰分的质量；m_2 为坩埚的质量；m_3 为坩埚和试样的质量；100 为单位换算系数。

试样中灰分含量大于等于 10 g/100 g 时，保留三位有效数字；试样中灰分含量小于 10 g/100 g 时，保留两位有效数字。在重复性条件下同一样品获得的测定结果的绝对差值不得超过算术平均值的 5%。

巩固练习

1. 灰分按其溶解性可分为水溶性灰分、水不溶性灰分和（　　）。
   A．酸不溶性灰分　　B．酸溶性灰分　　C．碱不溶性灰分
2. 灰分测定中，盛装样品的器皿叫做（　　）。
   A．表面皿　　　　B．烧杯　　　　C．坩埚
3. 灰分测定样品应碳化时，应采用（　　）的方法炭化。
   A．先低温后高温　B．先高温后低温　C．保持高温状态
4. 灰分测定的主要设备是（　　）。
   A．水浴锅　　　　B．高温炉　　　　C．通风橱　　　　D．电炉
   E．ABCD 都有
5. 灰分测定中使用的钳叫做（　　）。
   A．不锈钢钳　　　B．铁钳　　　　C．坩埚钳

学习心得

总结本任务所学内容，和老师同学交流讨论，撰写学习心得。

班级：_____　　姓名：_____　　组名\组号：_____
学号\工位号：_____　　日期：_____年___月___日

项目四　一般品质指标检验

任务5　食品中酸价的测定

1. 能正确领用食品酸价测定所需的试剂、仪器、设备，合理进行样品预处理及正确配制测定所需试剂，做到安全操作、节约试剂。

2. 能在规定时间内，按照正确步骤进行规范严谨的测定操作，终点控制准确，并准确读取原始数据，爱护仪器设施设备。

3. 能规范记录、填写原始数据并正确运算和修约计算数据，能对测定结果进行误差计算和判定。

情景导入

油脂及富含油脂的食品在生产、储存运输过程中，如果密封不严、接触空气、光线照射，以及微生物及酶等作用，会导致酸价升高，超过卫生标准。严重时会发生变色、气味改变等酸败现象。油脂酸败的食品会对人体健康产生危害，测定酸价可以及时发现其酸败的情况。

1. 油脂酸败的本质

油脂和含油脂的食品，在贮藏过程中，由于水分、微生物、酶、氧气、温度和光照等因素的作用发生缓慢水解，导致其中游离脂肪酸增多。

2. 认识酸价

引导问题1　请你写出酸价的定义。

答：

根据 ISO 及国标定义，酸价指中和 1 克油脂中游离脂肪酸所需氢氧化钾的毫克数，单位为 mg/g。酸价是油脂中游离脂肪酸含量的标志，也是衡量油脂质量的重要标志，是油脂及相关产品的必检项目。酸价越小，说明油脂质量越好，新鲜度和精炼程度越好。

3. 如何测定油脂酸价？

引导问题2　说出测定油脂酸价的原理。

答：

◆ 技能应用

1. 查阅食品酸价测定国家标准。

2. 解读第一法：冷溶剂指示剂滴定法。

用有机溶剂将油脂或相关食品试样溶解成样品溶液，再用氢氧化钾或氢氧化钠标准滴定溶液中和滴定样品溶液中的游离脂肪酸。油脂食品试样中的游离脂肪酸与标准滴定溶液发生中和反应,以指示剂相应的颜色变化来判定滴定终点。

通过滴定终点消耗的标准滴定溶液的体积计算出游离脂肪酸的含量,从而得到油脂食品试样的酸价。如 KOH 标准溶液的滴定,反应原理方程式为

$$RCOOH + KOH = RCOOK + H_2O$$

◆ 知识过关题

1. 酸价是衡量油脂_____的指标,酸价越_____,说明油脂质量越_____。
2. 油脂酸价测定时发生_____反应,属于四大滴定中的_____法。

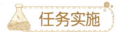

食品中酸价的测定任务案例
——食用植物油酸价的测定(1+x 食品检验管理证书考核项目)

◆ 任务描述

你是某检测技术公司的食品检验员,今天接到任务,要完成公司接到的一批食用植物油检测订单中酸价项目的测定。依据检验工作一般流程,你制定了如图 4-5-1 所示的工作计划。

图 4-5-1 酸价测定工作流程

◆ 仪器、试剂准备

请按照表 4-5-1 的清单,准备好实验所需试剂及用具,并填写检查确认情况。

表 4-5-1 食用植物油酸价测定仪器、试剂清单

序号	名称	型号与规格	单位	数量/人	检查确认
1	天平	感量 0.01 g	台	1	
2	酸碱两用滴定管	25 ml	支	1	
3	锥形瓶	250 ml	个	3	
4	胶头滴管	/	支	2	
5	烧杯	100 ml	个	1	
6	量筒	50 ml	个	1	
7	废液杯	500 ml	个	1	
8	洗瓶(装满蒸馏水)	500 ml	个	1	
9	异丙醇	AR	/	150 ml	

（续表）

序号	名称	型号与规格	单位	数量/人	检查确认
10	乙醚	AR	/	150 ml	
11	氢氧化钾标准滴定溶液	0.1 mol/L	/	200 ml	
12	酚酞指示剂	1%	/	30 ml	

试剂配制：

（1）0.1 mol/L 氢氧化钾标准滴定溶液　按照 GB/T601 标准要求配制和标定，也可购买市售商品化试剂。（详见本任务拓展学习内容）

（2）1+1 乙醚-异丙醇混合液　等体积的乙醚与异丙醇充分互溶混合，用时现配。

（3）酚酞指示剂　称取 1 g 的酚酞试剂，加入 100 ml 的 95% 乙醇并搅拌至完全溶解。

◆ 油脂试样制备

若油脂样品常温下呈液态，且为澄清液体，则充分混匀后直接取样。否则需要除杂和脱水干燥处理。若油脂样品常温下为固态，或样品在冬季或气温稍低的区域，可能会因为冻结而出现包装间不均匀或包装内不均匀的现象，影响抽样和检验样品的均匀性。例如，花生油、芝麻油、棕榈油等，要特别注意。必要时可加热并辅以超声处理。

测定含油脂的固体样品（如桃酥、蛋糕、江米条、面包、饼干等）时，用对角线取 2/4 或 2/6，或根据样品情况取有代表性样品。在玻璃乳钵中研碎，称取混合均匀的试样适量，置于 250 ml 具塞锥形瓶中。加石油醚，放置过夜，用快速滤纸过滤后，减压回收溶剂，得到油脂。

要注意酸价是表征氧化变质的程度，无论是油脂样品还是食品样品提取的油脂样品，都需要样品开封后或油脂提取后快速登记、检测，避免结果偏大。

◆ 样品检测

引导问题 3　请在下方空白处画出食用植物油酸价测定步骤的思维导图。

答：

步骤 1：试样的称量　用电子天平称取试样约 10 g（精确至 0.01 g）于 250 ml 锥形瓶中，称两份。

步骤 2：试样的溶解　用量筒量取乙醚-异丙醇（1+1）混合溶液 50 ml，加入锥形瓶中，充分振摇至试样溶解完全。

引导问题 4　加入乙醚-异丙醇（1+1）混合溶液的作用是什么？

答：

步骤 3:加指示剂　使用胶头滴管向各锥形瓶中分别滴加 3~4 滴酚酞指示剂,并混匀。

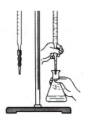

步骤 4:试样的滴定　取一支酸碱两用滴定管,装入 0.1 mol/L 的氢氧化钾标准滴定溶液,滴定。

引导问题 5　举例说明哪些不规范的滴定操作将会影响到测定结果的准确。

步骤 5:滴定终点判断　滴定时仔细观察锥形瓶中的颜色变化,至试样溶液初现微红色,且 15 s 内无明显褪色时,为滴定的终点,停止滴定。通常当滴定快接近终点,至只需要再滴入半滴就可以到达终点,为了使滴定的结果更加准确,就需要采用半滴技术。

引导问题 6　还有哪些经验和技巧可以帮助你准确判断滴定终点?

答:

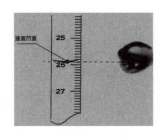

步骤 6:读数及记录　从滴定管架上取下滴定管,读取试样滴定所消耗的标准滴定溶液的体积数 V。读数时手持滴定管要垂直,眼睛平视液面,读取弯月面最下缘与刻度线相切处。读数完毕立刻将原始数据记录至数据表中。

引导问题 7　滴定管读数保留几位有效数字?为什么?

答:

步骤 7:平行测定　使用同样的样品测定方法,对称取 2 份试样,在相同的操作条件下进行 2 次平行测定。

引导问题 8　做平行测定的意义是什么?

答:

步骤8：空白实验 不加入试样的情况下，按与测定试样相同的步骤和条件进行空白试验。记录空白试验消耗标准滴定溶液的毫升数 V_0 为空白值。

引导问题 9　做空白实验的意义是什么？

答：

◆ 数据记录

引导问题 10　数据记录表应在实验前准备好，以便在实验的过程中及时、清晰、规范地记录原始数据，以及在实验完成后正确填写计算结果数据。酸价测定数据记录表应如何设计？小组讨论，在下面空白处完成数据记录表设计（样表见表 4-5-2）。

表 4-5-2　酸价测定数据记录表

测定次数	取样量 m/g	试样消耗氢氧化钠标准滴定溶液的体积 V/ml	空白消耗氢氧化钠标准滴定溶液的体积 V_0/ml	酸价/(mg/g)	酸价平均值/(mg/g)	相对极差/%	标准滴定溶液的浓度 $c_{(NaOH)}$/(mol/L)
1							
2							

◆ 结果计算

引导问题 11　怎样依据实验测得原始数据计算出酸价测定值？有效数字位数如何保留？写出你的代入公式计算过程，并将计算结果填入数据记录表中。

① 计算试样 1 的酸价：

② 计算试样 2 的酸价：

③ 计算两次测定的算术平均值：

④ 计算两次测定的极差：

⑤ 计算相对极差：

试样的酸价计算：

$$X = \frac{(V - V_0) \times c \times 56.1}{m},$$

式中，X 为酸价，mg/g；V 为试样测定消耗氢氧化钾标准滴定溶液的体积，ml；V_0 为空白试验消耗氢氧化钾标准滴定溶液的体积，ml；c 为氢氧化钾标准滴定溶液的摩尔浓度，mol/L；56.1 为氢氧化钾的摩尔质量，g；m 为试样的质量，g。在重复性条件下，获得的两次独立测定结果的绝对差值不得超过算术平均值的 10%，求其平均数，即为测定结果。测定结果取小数点后一位。

◆ 注意事项

引导问题 12 请分析描述测定过程的 HSE 注意事项。（技能大赛考核要求）
答：

酸价较高的油脂可适当减小称样质量。如果油样颜色过深，终点判断困难，可减少试样用量或适当增加混合溶剂的用量。也可将指示剂改为 1%（质量分数）百里酚酞（乙醇溶液），终点由无色变为蓝色。在没有 KOH 标准溶液的情况下，试验时也可用 NaOH 溶液代替，但计算公式不变，即仍以 KOH 的摩尔质量(56.1)参与计算。

◆ 结果判定与报告

引导问题 13 请你于下方空白处设计检验报告，对本次样品酸价测定结果进行判定与报告，见表 4-5-3。

表 4-5-3 酸价测定检验报告

样品名称	检测项目	检验方法	测定结果/(mg/g)	标准要求/(mg/g)	单项结果判定	检验员签名	检验日期
	酸价（以脂肪计）(KOH)	GB 5009.229-2016					

酸价指标不合格主要涉及食用油、饼干、糕点、膨化食品、坚果与籽类食品、方便食品等。引起酸价超标的原因有多种，与原料、加工工艺和储存等有关，无法仅从检测结果上判定酸价超标的原因。企业应根据自身产品原料、生产加工工艺、产品保质期等，找出产品酸价升高的原因，并通过合理选用产品原料，更新或完善加工工艺，调整产品保存条件、保质期等进行改进，同时加强产品出厂检验，确保产品质量。

学生姓名：_____ 班级：_____ 日期：_____

序号	考核内容	配分	操作要求	每项分值	考核记录	扣分	得分
1	实验准备	4	按规定着装	1			
			实验物品的准备和检查	1			
			样品的正确登记和处理	2			
2	试样的称量	18	正确清洁天平	2			
			正确检查天平水平并能进行调节	2			
			正确开机预热	2			
			称量操作熟练、规范	2			
			称样量在规定范围之内（允许差值在规定量的10%以内）	4			
			读数稳定后进行正确读数	2			
			结束称量后及时将天平归零	2			
			正确关机	1			
			正确填写仪器使用登记	1			
3	试样的溶解	7	正确用量筒加入混合溶剂	4			
			试样溶解充分	3			
4	试样的滴定	25	正确洗涤滴定管并试漏	2			
			正确润洗、装液	2			
			正确排除滴定管内的气泡	2			
			正确调节零点	2			
			正确加入指示剂并混匀	2			
			滴定操作正确，手法规范	2			
			终点控制准确（错一次扣2分）	6			
			读数动作规范，读数准确	3			
			正确进行平行测定	2			
			正确进行空白试验	2			
5	数据处理	15	及时记录原始数据	2			
			记录规范、整洁、正确划改数据（未按要求划改每一处扣1分）	3			
			记录齐全（缺一项或错一项扣1分）	2			

(续表)

序号	考核内容	配分	操作要求	每项分值	考核记录	扣分	得分
			计算公式正确,数据代入正确	2			
			有效数字正确(错一处扣1分)	3			
			计算结果正确	3			
6	检测结果	25	结果计算错误,该项不得分				
			两次平行测定结果的相对极差≤2%	25			
			2%<相对极差≤5%	20			
			5%<相对极差≤8%	15			
			8%<相对极差≤12%	10			
			12%<相对极差≤15%	5			
			相对极差>15%	0			
7	其他	6	清洁操作台面,器材清洁干净并摆放整齐	1			
			废液、废弃物处理合理	1			
			遵守实验室规定,操作文明、安全	2			
			操作熟练,按时完成	2			
			操作失败,重新操作,每次倒扣2分				
			操作过程中出现倒洒,每次倒扣2分				
			重大失误,如损坏仪器设备或玻璃器皿等,倒扣2分				
			超时5分钟以上由考评员终止操作				
			总计				

评分人:　　　年 月 日　　　核分人:　　　年 月 日

1. 0.1 mol/L KOH 标准溶液的配制和标定

(1) 配制　称取 110 g 氢氧化钾,溶于 100 ml 无二氧化碳的水中,摇匀,注入聚乙烯容器中,密闭放置至溶液清亮。用塑料管量取上层清液 5.4 ml,用无二氧化碳的水稀释至 1 000 ml,摇匀。

(2) 标定　称取 0.75 g,于 105~110℃电烘箱中干燥至恒重的工作基准试剂邻苯二甲酸氢钾,加无二氧化碳的水 50 ml 溶解,加 2 滴酚酞指示液(10 g/L)。用配制好的氢氧化钾溶液滴定至溶液呈粉红色,并保持 30 s。同时做空白试验。

氢氧化钾标准滴定溶液的浓度 c(KOH),数值以摩尔每升(mol/L)表示,计算:

$$c(\text{KOH}) = \frac{m \times 1000}{(V - V_0) \times 204.22},$$

式中,m 为邻苯二甲酸氢钾的质量的准确数值,g;V 为氢氧化钾溶液的体积的数值,ml;V_0 为空白试验氢氧化钾溶液的体积的数值,ml;204.22 为邻苯二甲酸氢钾的摩尔质量的数值,g/mol。

2. 食用植物油酸价的快速检测

(1) 原理　食用植物油酸败后产生了游离脂肪酸,与固化在试纸上的复合指示剂反应。试纸的颜色变化反映出食用植物油的酸败程度。

(2) 试样的提取　用清洁、干燥容器量取少量的食用植物油样品,将食用植物油样品的温度调整到 20~30℃。

(3) 测定步骤　用塑料吸管吸取适量待测液,滴至试纸条的反应膜上(或将试纸直接插入到待测液中浸泡 5 min 后取出),静置 90 s。从试纸侧面将多余的油样用吸水纸吸掉,与色阶卡对比。做平行试验,两次测定结果应一致,即显色结果无肉眼可辨识差异。

(4) 质控试验　每次测定应同时进行质控试验。质控样品采用典型样品基质或相似样品基质,经参比方法确认为阴性、阳性的质控样品。

取少量质控试样,按照与样品同法操作。

(5) 结果判定　观察试纸条的颜色,与标准色阶卡比较,判定检测结果。颜色相同或相近的色块下的数值即是本样品的检测值。如试纸的颜色在两色块之间,则取两者的中间值。按 GB 2716 规定,食用植物油酸价颜色深于 3 mg/g 则为阳性样品,煎炸过程中的食用植物油酸价颜色深于 5 mg/g 则为阳性样品。色阶卡如图 4-5-2 所示。

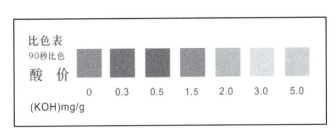

图 4-5-2　酸价色阶卡

(6) 质控试验要求　阴性质控样的测定结果应为阴性,阳性质控样的测定结果应为阳性。

(7) 结论　当检测结果为阳性时,应根据 GB 5009.229-2016《食品安全国家标准 食品中酸价的测定》确证,进一步确定试样的酸价值。

巩固练习

1. 在油脂酸价测定时,滴定终点的颜色变化为(　　)。
   A. 无色变红色　　B. 红色变无色　　C. 红色变绿色　　D. 蓝色变无色
2. 油脂酸败的原因有哪些?

3. 简述两用滴定管的操作流程。

总结本任务所学内容,和老师同学交流讨论,撰写学习心得。

班级:_____   姓名:_____   组名\组号:_____
学号\工位号:_____   日期:_____年____月____日

项目四　一般品质指标检验

任务6　食品中过氧化值的测定

学习目标

1. 能正确领用食品过氧化值测定所需的试剂、仪器、设备，合理进行样品预处理及正确配制测定所需试剂，做到安全操作、节约试剂。

2. 能在规定时间内，按照正确步骤进行规范严谨的测定操作，终点控制准确，并准确读取原始数据，爱护仪器设施设备。

3. 能规范记录填写原始数据并正确运算和修约计算数据，能对测定结果进行误差计算和判定。

情景导入

过氧化值是表示油脂和脂肪酸等被氧化程度的指标，用于说明样品是否因氧化而变质。那些以油脂、脂肪为原料而制作的食品，通过检测其过氧化值来判断其质量和变质程度。长期食用过氧化值超标的食物会对人体的健康产生危害。

学习内容

1. 认识过氧化值

引导问题 1　请你写出过氧化值的定义。

答：

过氧化值是1kg样品中的活性氧含量。过氧化值越小，说明油脂质量越好，新鲜度和精炼程度越好。

2. 测定油脂过氧化值

引导问题 2　说出测定油脂过氧化值的原理。

答：

◆ 技能应用

1. 查阅食品过氧化值测定国家标准。
2. 解读第一法：滴定法/碘量法。

制备的油脂试样在三氯甲烷和冰醋酸中溶解，其中的过氧化物与过量的 KI 反应生成 I_2，析出的 I_2 用硫代硫酸钠（$Na_2S_2O_3$）溶液滴定。滴定至淡黄色时，加入淀粉指示剂，继续滴定至蓝色消失为终点。根据硫代硫酸钠的用量来计算油脂的过氧化值。求出每千克油中所含过氧化物的毫摩尔数，即为过氧化值。

测定过氧化值采用间接碘过量法。与直接碘量法的碘滴定相反，间接碘量法是滴定碘法。它是利用碘离子的还原作用，让碘离子与氧化物质结合产生游离的碘，再用还原剂

($Na_2S_2O_3$)的标准溶液滴定,从而测出氧化性物质含量。

这是一个典型的逆向思维的例子。人们总是习惯于沿着事物发展的正方向去思考问题并寻求解决办法。其实,对于某些问题,尤其是一些特殊问题,倒过来思考,或许会使难题迎刃而解。

◆ 知识过关题

1. 过氧化值是衡量油脂_____的指标,过氧化值越_____,说明油脂质量越_____。
2. 在滴定法测定过氧化值过程中,用_____作为指示剂,指示终点的颜色是_____。

食品过氧化值测定任务案例
——花生油过氧化值的测定(1+x食品检验管理证书考核项目)

◆ 任务描述

你是某检测中心的一名食品检验员,今天接到任务,需要在规定的时间内测定一批花生油的过氧化值,你如何完成今天的工作任务?

依据国标,你制订了图4-6-1所示检测工作流程。

图4-6-1 过氧化值测定工作流程

◆ 仪器、试剂准备

(1) 试剂 冰醋酸、三氯甲烷、碘化钾、硫代硫酸钠固体试剂、0.1 mol/L 硫代硫酸钠标准溶液、0.002 mol/L 硫代硫酸钠标准溶液、可溶性淀粉、重铬酸钾(标定用)。

(2) 仪器 电子天平(感量0.01 g)。

(3) 玻璃用具 10 ml 微量滴定管(酸碱两用)1根、250 ml 锥形瓶3个、胶头滴管2个、100 ml 烧杯1个、50 ml 量筒1个、废液杯1个、洗瓶1个。

(4) 样品 花生油适量。

试剂配制:

(1) 硫代硫酸钠标准滴定溶液 按照 GB/T601 标准要求配制和标定(详见本任务拓展学习),也可购买市售商品化试剂。

(2) 三氯甲烷-冰醋酸混合液 量取 40 ml 三氯甲烷,加 60 ml 冰乙酸,混匀。(保质期7天)

(3) 碘化钾饱和溶液 称取 20 g 碘化钾,加入 10 ml 新煮沸冷却的水,摇匀后贮于棕色瓶中,存放于避光处备用。要确保溶液中有饱和碘化钾结晶存在。

使用前检查:在30 ml三氯甲烷-冰乙酸混合液中添加 1.00 ml 碘化钾饱和溶液和2滴1%淀粉指示剂。若出现蓝色,且需1滴以上的 0.01 mol/L 硫代硫酸钠溶液才能消除,那么此碘化钾溶液不能使用,应重新配制。

（4）1%淀粉指示剂　称取0.5 g可溶性淀粉,加少量水调成糊状。边搅拌边倒入50 ml沸水,再煮沸,搅匀后,放冷备用。临用前配制。

◆ 花生油试样制备

取澄清液态花生油样品,开封后或油脂提取后立即检测。

◆ 样品检测

引导问题3　请你在下方空白处画出食用植物油过氧化值测定步骤的思维导图。

步骤1:试样的称量　用电子天平称取试样约2～3 g(精确至0.001 g),置于250 ml碘量瓶中,称两份。

步骤2:试样的溶解　用量筒量取三氯甲烷-冰乙酸混合液(体积比40 + 60)30 ml,加入碘量瓶中,充分振摇至试样溶解完全。

步骤3:加碘化钾　使用刻度吸管准确加入1.00 ml饱和碘化钾溶液(注意:不可吸到底部碘化钾结晶)。塞紧瓶盖,并轻轻振摇0.5 min,在暗处放置3 min。3 min后取出加水100 ml水,摇匀。

引导问题4　反应时为什么放置暗处?

答:

步骤4:试样滴定　取一支酸碱两用滴定管,装入0.002 mol/L的硫代硫酸钠标准溶液,滴定至淡黄色。

引导问题5　滴定操作过程中要注意什么?

答:

步骤5:加指示剂　使用刻度吸管向碘量瓶中加入1 ml淀粉指示剂,并混匀。

引导问题6　为何在接近终点时再加指示剂?

答:

步骤6:终点判断 继续滴定,并强烈振摇至溶液蓝色消失为终点。

步骤7:读数及记录 从滴定管架上取下滴定管,读取试样滴定所消耗的标准滴定溶液的体积数 V。读数完毕立刻将原始数据记录至数据表中。

步骤8:平行测定 使用同样的样品测定方法称取的 2 份试样,在相同的操作条件下进行两次平行测定。

步骤9:空白实验 不加入试样的情况下,按与测定试样相同的步骤和条件进行空白试验。记录空白试验消耗标准滴定溶液的毫升数 V_0 为空白值。

◆ 数据记录

引导问题7 过氧化值测定数据记录表应如何设计?小组讨论后,在下面的空白处完成数据记录表设计(样表见表4-6-1)。

表4-6-1 过氧化值测定数据记录表

测定次数	取样量 m/g	试样滴定消耗硫代硫酸钠标准溶液的体积 V/ml	空白试验消耗硫代硫酸钠标准溶液的体积 V_0/ml	过氧化值 /(mg/g)	过氧化值平均值 /(mg/g)	相对极差 /%	标准滴定溶液的浓度 $c_{(NaOH)}$/(mol/L)
1							
2							

◆ 结果计算

引导问题8 怎样依据实验测得原始数据计算出过氧化值测定值?有效数字位数如何保留?写出你的代入公式计算过程,并将计算结果填入数据记录表中。

① 计算试样1的过氧化值:

② 计算试样2的过氧化值:

③ 计算两次测定的算术平均值:

④ 计算两次测定的极差：

⑤ 计算相对极差：

用过氧化物相当于碘的质量分数表示过氧化值时，按下式计算：

$$X = \frac{(V - V_0) \times c \times 0.1269}{m} \times 100,$$

式中，X 为过氧化值，g/100 g；V 为试样消耗的硫代硫酸钠标准溶液体积，ml；V_0 为空白试验消耗的硫代硫酸钠标准溶液体积，ml；c 为硫代硫酸钠标准溶液的浓度，mol/L；0.1269 为与 1.00 ml 硫代硫酸钠标准滴定溶液[c(Na$_2$S$_2$O$_3$) = 1.000 mol/L]相当的碘的质量；m 为试样质量，g；100 为换算系数。在重复性条件下，获得的两次独立测定结果的绝对差值不得超过算术平均值的 10%，求其平均数，即为测定结果。测定结果取小数点后一位。

◆ 注意事项

引导问题 9 请分析描述测定过程的 HSE 注意事项。（技能大赛考核要求）
答：

① 当天未检测完毕的样品冷藏(2~10℃)避光保存，回温后立即检测；样品开封后 2 h 内称取样品；称取样品后 30 min 内检测完毕。
② 应避免在阳光直射下检测。
③ 禁止明火作业。

引导问题 10 请分析实验操作的注意事项，原因是什么？与油脂酸价测定有何异同之处？
答：

◆ 结果判定与报告

引导问题 11 请你设计检验报告，对本次样品过氧化值测定结果进行判定与报告（样表见表 4-6-2）。

表 4-6-2 过氧化值测定检验报告

样品名称	检测项目	检验方法	测定结果/(mg/g)	标准要求/(mg/g)	单项结果判定	检验员签名	检验日期
	过氧化值	GB 5009.227-2016					

 任务评价

序号	任务内容	考核内容	考核标准	分值	得分
1	制订工作方案	查阅相关标准,制订测定的方案	1. 正确选用标准(5分); 2. 方案制订合理(5分)	10	
2	仪器和试剂准备	根据需要准备	1. 准备齐全(2分); 2. 清洗干净(3分); 3. 溶液配制(5分)	10	
3	试样制备	试样称量溶解	1. 按规定正确取样(5分); 2. 正确称量溶解(5分)	10	
4	试样滴定	操作规范,读数准确	1. 滴定操作(5分); 2. 读数(5分); 3. 空白实验(3分); 4. 平行对照(2分)	15	
5	数据记录计算	规范记录,正确计算	1. 原始数据记录正确(5分); 2. 能正确计算结果(5分); 3. 正确保留有效数字(5分)	15	
6	结果及判定	精密度符合要求,判定正确	1. 相对极差符合要求(5分); 2. 能正确判定过氧化值是否合格(5分)	10	
7	文明操作	数据记录、处理及有效数字的保留	1. 规范操作(3分); 2. 安全操作(5分); 3. 清洁整理(2分)	10	
8		操作熟练,准时完成		5	
9		知识过关题		5	
10		沟通协作		5	
11		学习积极主动		5	
		合计			

 拓展学习

0.01 mol/L 硫代硫酸钠标准溶液的配制和标定

(1)配制 称取 26 g 五水合硫代硫酸钠(或 16 g 无水硫代硫酸钠),加 0.2 g 无水碳酸钠,溶于 1000 ml 水中。缓缓煮沸 10 min,冷却。放置 2 周后用 4 号玻璃滤锅过滤。

(2)标定 称取 0.18 g 已于 120±2℃ 干燥至恒量的工作基准试剂重铬酸钾,置于碘量瓶中,溶于 25 ml 水,加 2 g 碘化钾及 20 ml 硫酸溶液(20%),摇匀,于暗处放置 10 min。加 150 ml 水(15~20℃),用配制的硫代硫酸钠溶液滴定,近终点时加 2 ml 淀粉指示液(10 g/

项目四 一般品质指标检验

L)。继续滴定至溶液由蓝色变为亮绿色。同时做空白试验。

硫代硫酸钠标准滴定溶液的浓度计算：

$$c(\mathrm{Na_2S_2O_3}) = \frac{m \times 1000}{(V-V_0) \times 49.031},$$

式中，m 为重铬酸钾质量，g；V_1 为硫代硫酸钠溶液体积，ml；V_0 为空白试验消耗硫代硫酸钠溶液体积，ml；49.031 为重铬酸钾的摩尔质量，g/mol；$M(1/6\mathrm{K_2Cr_2O_7}) = 49.031$。

巩固练习

1. 在油脂过氧化值测定时，选用的指示剂为（　　）。
   A．酚酞指示剂　　　　　　B．淀粉指示剂
   C．溴甲酚绿-甲基红指示剂　　D．铬黑 T 指示剂
2. 使用硫代硫酸钠标准溶液滴定油脂中的过氧化值时，溶液的颜色变为（　　）才开始加入指示剂。
   A．淡黄色　　　B．红色　　　C．绿色　　　D．蓝色
3. 简述空白实验的操作步骤。

学习心得

总结本任务所学内容，和老师同学交流讨论，撰写学习心得。

班级：_____　　姓名：_____　　组名\组号：_____
学号\工位号：_____　　日期：_____年___月___日

任务7　食品固形物含量的测定

1. 能说出食品固形物含量测定的意义和方法。
2. 能说出折光法测定可溶性固形物的原理；能使用阿贝折光仪测定软饮料中可溶性固形物含量。
3. 能准确读取原始数据，进行数据记录和换算，正确评价软饮料的可溶性固形物含量是否符合标准，爱护仪器设施设备。

情景导入

饮料是热门的创新创业项目，其固形物含量是生产工艺控制的检测指标之一，固形物含量的高低可以指示饮料产品纯净程度及品质。

1. 食品固形物含量及其测定

食品固形物含量有可溶性、不可溶性固形物含量及总固形物含量。可溶性固形物是指液体或流体食品中所有溶解于水的化合物的总称，主要指溶解性糖类物质或者其他可溶性物质。

引导问题1　请你解释什么是可溶性固形物，其测定意义如何？
答：

固形物测定主要有密度法、折光法和干燥法。干燥法通过加热蒸发水，最终烘干至恒重，来测定食品总固形物含量。密度法采用密度计或密度瓶测量，并以密度表示固形物浓度。折光法测得可溶性固形物含量，对于番茄酱、果酱等个别食品，通过实验编制了总固形物与可溶性固形物关系表，通过折光法测定可溶性固形物含量，即可查关系表得总固形物的含量。

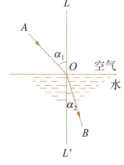

图 4-7-1　光的折射示意图

2. 折光法测定饮料中可溶性固形物的含量

（1）认识光的折射、折光率　光线从一种介质进入另一种介质时会产生折射现象，如图 4-7-1 所示，且入射角正弦与折射角正弦值之比为定值，称为折光率：

$$\eta = \frac{\sin\alpha_1}{\sin\alpha_2}$$

通过测定液态物质的折光率，可以鉴别其组

成,确定其浓度,判断其纯净程度及品质。如蔗糖溶液的折光率会随着浓度的增大而升高,通过测定折光率可以确定糖液的浓度及饮料、糖水罐头等糖度,还可以测定以糖为主成分的果汁、蜂蜜等食品中可溶性固形物的含量。

折光法测定可溶性固形物的含量是食品检验员职业的必备技能。

引导问题 2 折光法测定饮料中可溶性固形物的原理是什么?
答:

(2) 认识测定折光率的仪器——折光仪 测定折光率的仪器是阿贝折光仪,有 WZS-1 型和 2WAJ 型两种。其构造包括棱镜组、温度计、目镜、色散调节手轮、折光率调节手轮等,如图 4-7-2 所示。

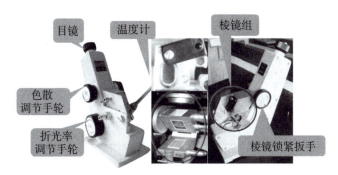

图 4-7-2 阿贝折光仪的组成

(3) 饮料中可溶性固形物的指标 各种饮料中的可溶性固形物含量是不同的。其中可口可乐、加多宝之类的饮料中固形物的含量很低。而果汁类的就要高一些。在 GB15266-2009《运动饮料》中可查找到运动饮料中可溶性固形物含量在 3%~8%。

引导问题 3 请查阅相关资料,找到果汁饮料和牛奶中可溶性固形物含量指标。
答:

◆ 知识过关题
1. 通过测定饮料折光率换算可知其_____的含量。
2. 光的折射现象是由于_____种介质不同造成的。
3. 食品固形物的含量可以用_____法、_____法、_____法测定。
4. 测定_____固形物含量,所使用仪器为_____。

任务实施

食品固形物含量测定任务案例

——折光法测定饮料中可溶性固形物的含量(1+x 食品检验管理证书考核项目)

◆ 任务描述
你公司自主研发了一款新型复合果蔬饮料,你作为公司的食品检验员,负责该果汁可溶性固形物含量的测定项目,并评判新品的该项指标。你将按照:实验准备→样品制备→样品测定→数据记录→报送结果的工作流程完成任务。

◆ **仪器、试剂准备清单**

准备表4-7-1中的仪器和试剂。

表4-7-1 饮料中可溶性固形物含量的测定仪器、试剂清单

序号	名称	型号与规格	单位	数量/人	备注	检查确认
1	阿贝折光仪	精确度±0.0001	台	1	折光率的范围为1.300~1.700	
2	胶头滴管	/	支	2		
3	烧杯	50 ml	个	2		
4	脱脂棉	/		适量	用于擦洗棱镜组	
5	镊子	/	个	1		
6	废液缸	500 ml	个	1		
7	校准剂或者蒸馏水	/	/	适量	用于校准仪器	
8	乙醇	无水	/	50 ml	用于清洗阿贝折光仪棱镜	

◆ **样品制备**

(1) 透明液体制品　将试样充分混匀,直接测定。

(2) 半黏稠制品(果浆、菜浆类)　将试样充分混匀,用4层纱布挤出滤液,弃去最初几滴,收集滤液供测试用。

(3) 含悬浮物制品(果粒、果汁类饮料)　将待测样品置于组织捣碎机中捣碎,用4层纱布挤出滤液,弃去最初几滴,集滤液供测试用。

◆ **样品测定**

引导问题4 请你画出阿贝折光仪测定的操作流程思维导图。

步骤1:阿贝折光仪校准

① 用脱脂棉蘸取乙醇擦净棱镜表面并挥干乙醇。

② 在下棱镜滴加2滴蒸馏水。

③ 闭合两块棱镜,转动棱镜调节旋钮,使目镜中读数框显示上行刻度数值为0。

④ 观察黑白分界线是否在十字线中间,如有偏差,则调节分界线调节旋钮。

步骤2：清洁棱镜　用脱脂棉球蘸取乙醇（丙酮、乙醚）擦净棱镜表面，挥干乙醇。

引导问题5　乙醇的作用是？可以用其他试剂替换吗？

答：

步骤3：加样　胶头滴管滴加1~2滴样液于下棱镜中央。迅速闭合两块棱镜。

步骤4：调节折光率　通过目镜观察，调节折光率调节手轮，使视野出现明暗两部分。

步骤5：调节色散手轮　若有虹彩则转动色散调节手轮（色散补偿器）使彩色渐渐消失，仅剩明暗清晰的分界线。

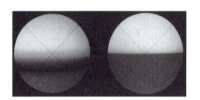

步骤6：读数及记录　从读数镜筒中读取折光率或质量百分浓度。

引导问题6　如何正确读数？保留几位有效数字？

答：

步骤7：平行测定　使用同样的样品测定方法再测定2份，即进行3次平行测定。

步骤8：清洁　重复操作步骤2，清洁棱镜。

◆ **数据记录**

数据记录于表4-7-2中。

折光法测定饮料中固形物含量

表 4-7-2 饮料折光率的测定数据记录

样品		检测方法		检测项目		
	样品编号		1	2	3	
	测定温度	t				
	样品折光率读数	η^t				
	样品折光率校正值	η^{20}				
	样品折光率校正的平均值	$\overline{\eta^{20}}$				
	极差					
	相对极差/%					

◆ **结果计算**

样品折光率校正值的计算：

$$\eta^{20} = \eta^t + 0.00035 \times (t - 20),$$

式中，η^{20} 为样品折光率校正值(即样品 20℃时的折光率)；η^t 为样品折光率读数；t 为测定温度，℃。

引导问题 7 写出计算过程，并将计算结果填入数据记录表中。

① 计算样品 1 的折光率校正值：

② 计算样品 2 的折光率校正值：

③ 计算样品 3 的折光率校正值：

④ 计算 3 次校正值的算术平均值：

⑤ 计算极差：

⑥ 计算相对极差：

允许差，即同一样品测定值之差，不应大于 0.5%。取测定的算术平均值作为结果，精确到小数点后一位。

◆ 注意事项

① 折光仪使用前,必须用重蒸馏水或标准折光玻璃块校正。每次测定前、后都必须用1~2滴丙酮或乙醇滴于棱镜面上,合上棱镜,使上下镜面全部被丙酮润湿再打开棱镜。然后,用擦镜纸擦干丙酮。

② 严禁腐蚀性液体、强酸、强碱、氟化物等的使用。

③ 阿贝折射仪的关键部位是棱镜,必须注意保护。滴加液体时,滴管的末端切不可触及棱镜。擦洗棱镜时要单向擦,不要来回擦,以免在镜面上造成痕迹。在每次滴加样品前应洗净镜面,测完样品后也要用丙酮或95%乙醇擦洗镜面,待晾干后再关闭棱镜。

◆ 结果报告

依据折光率测定值,查表4-7-3换算为可溶性固形物含量(%)。按要求对本次饮料中可溶性固形物含量测定结果进行判定与报告,见表4-7-4。

引导问题8　折光率和可溶性固形物含量值之间如何换算?

答:

表4-7-3　20℃时折光率与可溶性固形物含量换算表

折光率	可溶性固形物/%	折光率	可溶性固形物/%	折光率	可溶性固形物/%	折光率	可溶性固形物/%	折光率	可溶性固形物/%	折光率	可溶性固形物/%
1.3330	0.0	1.3456	8.5	1.3590	17.0	1.3731	25.5	1.3883	34.0	1.4046	42.5
1.3337	0.5	1.3464	9.0	1.3598	17.5	1.3740	26.0	1.3893	34.5	1.4056	43.0
1.3344	1.0	1.3471	9.5	1.3606	18.0	1.3749	26.5	1.3902	35.0	1.4066	43.5
1.3351	1.5	1.3479	10.0	1.3614	18.5	1.3758	27.0	1.3911	35.5	1.4076	44.0
1.3359	2.0	1.3487	10.5	1.3622	19.0	1.3767	27.5	1.3920	36.0	1.4086	44.5
1.3367	2.5	1.3494	11.0	1.3631	19.5	1.3775	28.0	1.3929	36.5	1.4096	45.0
1.3373	3.0	1.3502	11.5	1.3639	20.0	1.3781	28.5	1.3939	37.0	1.4107	45.5
1.3381	3.5	1.3510	12.0	1.3647	20.5	1.3793	29.0	1.3949	37.5	1.4117	46.0
1.3388	4.0	1.3518	12.5	1.3655	21.0	1.3802	29.5	1.3958	38.0	1.4127	46.5
1.3395	4.5	1.3526	13.0	1.3663	21.5	1.3811	30.0	1.3968	38.5	1.4137	47.0
1.3403	5.0	1.3533	13.5	1.3672	22.0	1.3820	30.5	1.3978	39.0	1.4147	47.5
1.3411	5.5	1.3541	14.0	1.3681	22.5	1.3829	31.0	1.3987	39.5	1.4158	48.0
1.3418	6.0	1.3549	14.5	1.3689	23.0	1.3838	31.5	1.3997	40.0	1.4169	48.5
1.3425	6.5	1.3557	15.0	1.3698	23.5	1.3847	32.0	1.4007	40.5	1.4179	49.0
1.3433	7.0	1.3565	15.5	1.3706	24.0	1.3856	32.5	1.4016	41.0	1.4189	49.5
1.3441	7.5	1.3573	16.0	1.3715	24.5	1.3865	33.0	1.4026	41.5	1.4200	50.0
1.3448	8.0	1.3582	16.5	1.3723	25.0	1.3874	33.5	1.4036	42.0	1.4211	50.5

（续表）

折光率	可溶性固形物/%	折光率	可溶性固形物/%	折光率	可溶性固形物/%	折光率	可溶性固形物/%	折光率	可溶性固形物/%	折光率	可溶性固形物/%
1.4221	51.0	1.4351	57.0	1.4486	63.0	1.4628	69.0	1.4774	75.0	1.4927	81.0
1.4231	51.5	1.4362	57.5	1.4497	63.5	1.4639	69.5	1.4787	75.5	1.4941	81.5
1.4242	52.0	1.4373	58.0	1.4509	64.0	1.4651	70.0	1.4799	76.0	1.4954	82.0
1.4253	52.5	1.4385	58.5	1.4521	64.5	1.4663	70.5	1.4812	76.5	1.4967	82.5
1.4264	53.0	1.4396	59.0	1.4532	65.0	1.4676	71.0	1.4825	77.0	1.4980	83.0
1.4275	53.5	1.4407	59.5	1.4544	65.5	1.4688	71.5	1.4838	77.5	1.4993	83.5
1.4285	54.0	1.4418	60.0	1.4555	66.0	1.4700	72.0	1.4850	78.0	1.5007	84.0
1.4296	54.5	1.4429	60.5	1.4570	66.5	1.4713	72.5	1.4863	78.5	1.5020	84.5
1.4307	55.0	1.4441	61.0	1.4581	67.0	1.4737	73.0	1.4876	79.0	1.5033	85.0
1.4318	55.5	1.4453	61.5	1.4593	67.5	1.4725	73.5	1.4888	79.5		
1.4329	56.0	1.4464	62.0	1.4605	68.0	1.4749	74.0	1.4901	80.0		
1.4340	56.5	1.4475	62.5	1.4616	68.5	1.4762	74.5	1.4914	80.5		

表4-7-4　饮料中可溶性固形物含量测定检验报告

样品名称	检测项目	检验方法	测定结果	标准要求	单项结果判定	检验员签名	检验日期
	可溶性固形物含量	GB/T12143-2008					

任务评价

序号	评价内容	配分	评价要求	分值	评价记录	得分
1	实验准备	10	知识过关,答案正确	2		
			能说出可溶性检测原理	2		
			正确查找和解读国标	2		
			准备实验试剂准确	2		
			仪器准备正确	2		
2	样品预处理	10	正确制定样品处理流程	10		
3	样品折光率测定	30	正确校正阿贝折光仪	5		
			正确清洁阿贝折光仪	3		
			胶头滴管使用正确	2		
			正确使用阿贝折光仪调节色散视野	5		
			找到明暗分界线在十字线交叉点	5		
			读数动作规范,读数准确	5		
			正确进行平行测定	5		
4	数据处理	25	及时记录原始数据	2		
			记录规范、整洁,正确划改数据	5		
			记录齐全	5		
			计算公式正确,数据代入正确	3		
			有效数字正确	5		
			计算结果正确	5		
5	检测结果	10	精密度符合要求	5		
			正确判断样品是否合格	5		
6	职业素养	15	清洁操作台面,器材清洁干净并摆放整齐	2		
			废液、废弃物处理合理	2		
			遵守实验室规定,操作文明、安全	3		
			操作熟练,按时完成	3		
			沟通协作	3		
			积极主动学习	2		
			总评			

拓展学习

1. 可溶性固形物含量测定中样品制备

（1）液态　若为澄清液态则直接测定，浑浊或悬浮液态需要过滤（纱布或双层擦镜纸）备用。

（2）半黏稠食品（果酱、果冻）　称重→加水→加热微沸 2~3 min→冷却→再称量→滤纸或布氏漏斗过滤→滤液。

（3）新鲜果蔬、罐藏和冷冻食品　切碎、混匀→称重→捣碎→过滤→滤液。

（4）干制品　切碎、混匀→称重→加水→沸水浴提取 30 min→冷却→再称量→过滤→滤液。

（5）色深的样品　稀释→过滤→滤液。

2. 手持式折光仪的应用

（1）手持式折光仪　如图 4-7-3 所示，操作简单，便于携带，常用于生产现场检验。测量温度不是 20℃时需校正温度。

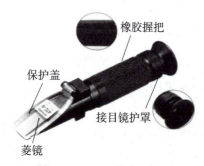

图 4-7-3　手持式折光仪

（2）手持式折光仪的使用步骤

① 打开手持式折光仪盖板，用擦镜纸小心擦干棱镜玻璃面。在棱镜玻璃面上滴 2 滴蒸馏水，盖上盖板。

② 于水平状态，从接眼部处观察，检查视野中明暗交界线是否处在刻度的零线上。若与零线不重合，则旋动刻度调节螺旋，使分界线面刚好落在零线上。

③ 打开盖板，用擦镜纸将水擦干，然后如上法在棱镜玻璃面上滴 2 滴果蔬汁，进行观测，读取视野中明暗交界线上的刻度，即为果蔬汁中可溶性固形物含量（%）。重复 3 次。

④ 实验完毕后，打开盖板，在棱镜玻璃棉上滴 2 滴乙醇清洗棱镜玻璃面和盖板，然后用擦镜纸擦干净。

（3）注意事项

① 不得任意松动仪器各连接部分，不得跌落、碰撞，严禁发生剧烈震动。

② 使用时，光学表面不应碰伤、划伤。

③ 使用完毕后，严禁直接放入水中清洗，应用干净软布擦拭。

④ 避免零备件丢失。

⑤ 仪器应放于干燥、无腐蚀气体的地方保管。

3. 拓展训练

使用手持式折光仪完成植物油中固形物含量的测定,绘制相关操作流程并制作测定视频和检测报告。

1. 阿贝折光仪说法不正确的是(　　)。
A．不能测量带有酸性、碱性或腐蚀性的液体
B．必须置于有日光直射和干燥的房间
C．量程为 1.300 0～1.700 0,精密度为 ±0.000 1,通常用 4 位有效数字记录
D．棱镜表面不应碰伤、划伤

2. 判断正误:可溶性固形物检测原理是,在 25 ℃用折光计测量待测样液的折光率,从折光计上直接读出可溶性固形物含量。(　　)

3. 阿贝折光仪测定的是(　　)℃时饮料的可溶性固形物的含量。
A．20　　　　　　B．25　　　　　　C．4　　　　　　D．0

学习心得

总结本任务所学内容,和老师同学交流讨论,撰写学习心得。

班级:_____　　姓名:_____　　组名\组号:_____
学号\工位号:_____　　日期:____年____月____日

任务8　食品中氨基酸态氮的测定

学习目标

1. 能正确准备氨基酸态氮测定所需的仪器、试剂并进行样品预处理。
2. 能熟练操作酸度计,规范记录实验数据并正确计算氨基酸态氮的含量。

情景导入

酱油是用豆、麦、麸皮酿造的液体调味品。3千多年前,中国人的祖先就会酿造酱油了。氨基酸态氮是酱油的营养指标和质量指标,是酱油中氨基酸含量的特征指标。氨基酸含量越高,酱油的鲜味越强,质量越好。

学习内容

1. 认识氨基酸态氮

氨基酸态氮指的是以氨基酸形式存在的氮元素的含量,是判定发酵产品发酵程度的特性指标。用天然食物酿造的酱油,都会含有氨基酸态氮,通过氨基酸态氮含量可区别其等级。每百毫升酱油的氨基酸态氮所含克数越高,品质越好。依据 GB 18186-2000《酿造酱油》规定,酿造酱油依据氨基酸态氮含量要求不同分为特级、一级、二级、三级,见表 4-8-1。

表 4-8-1　氨基酸态氮含量指标

项目	指标							
	高盐稀态发酵酱油(含固稀发酵酱油)				低盐固态发酵酱油			
	特级	一级	二级	三级	特级	一级	二级	三级
氨基酸态氮(以氮计),g/100 ml≥	0.80	0.70	0.55	0.40	0.80	0.70	0.60	0.40

引导问题1　食品中氨基酸态氮测定国家标准是什么?有几种测定方法?
答:

2. 食品中氨基酸态氮的测定原理

氨基酸具有酸性的羧基(—COOH)和碱性的氨基(—NH$_2$),它们相互作用使氨基酸成为中性的内盐。加入甲醛以固定氨基的碱性,使羧基显示出酸性。将酸度计电极插入被测液中构成电池,用氢氧化钠标准溶液滴定,根据酸度计指示 pH 判断和控制滴定终点。

◆ 知识过关题

1. 氨基酸态氮是指以_____形式存在的_____的含量。

2. 简述酸度计法测定氨基酸态氮的原理。

任务实施

食品中氨基酸态氮测定任务案例
——酱油中氨基酸态氮的测定（1＋x 食品检验管理证书考核项目）

你是某检测公司的检验员，今天收到一份酱油样品，要求按照国标方法检测酱油中氨基酸态氮含量并出具检测报告。你该如何完成任务？依据检验工作一般流程，你制订了图 4-8-1 所示工作计划。

图 4-8-1　氨基酸态氮测定工作流程

◆ **仪器与试剂准备**

引导问题 2　食品中氨基酸态氮测定（酸度计法）需要准备哪些仪器设备？请根据国家标准列出氨基酸态氮测定所需仪器设备及试剂，填入表 4-8-2。

表 4-8-2　氨基酸态氮测定仪器、试剂清单

序号	仪器/试剂名称	型号规格	数量/人	检查确认
1				
2				
3				
4				
5				
6				
7				

◆ **酱油样品预处理**

（1）液体样品　吸取酱油样品 5.00 ml 于 100 ml 容量瓶中，定容混匀。

（2）酱及黄豆酱样品（5～10 g）　放入研钵中，研磨至无肉眼可见颗粒，装入磨口瓶。称取搅拌均匀的样品 5.0 g，用 50 ml 80 ℃ 的蒸馏水转移至容量瓶，冷却后定容，混匀后过滤。

◆ **样品测定**

引导问题 3　请根据国标中的分析步骤，画出酱油中氨基酸态氮含量测定的实验步骤思维导图。

酱油中氨基酸态氮
含量测定酸度计
的校正与使用

(1) pHS-25 型酸度计校正

① 按要求连接电源、电极,打开电源开关,仪器进入 pH 测量状态。

② 按"温度"键,使仪器进入溶液温度调节状态(此时温度单位℃指示灯闪亮)。按△键或▽键调节温度显示数值,使温度显示值和溶液温度一致。然后,按"确定"键,仪器确定溶液温度值后回到 pH 测量状态。

③ 把电极插入 pH = 6.86 的标准缓冲溶液中,按"标定"键。此时显示实测的电压(mV)值。待读数稳定后按"确认"键。此时显示实测的电压(mV)值对应的该温度下标准缓冲溶液的标称值。然后,再按"确定"键,仪器转入"斜率"标定状态。

④ 在"斜率"标定状态下,把电极插入 pH = 4.00 的标准缓冲溶液中。此时显示实测的电压值。待读数稳定后按"确定"键。此时显示实测的电压值对应的该温度下标准缓冲溶液的标称值。然后,再按"确定"键,仪器自动进入 pH 测量状态。

(2) 取样 吸取 25.00 ml 酱油置于 200 ml 烧杯中,加 60 ml 水。开动磁力搅拌器,将校正后的酸度计复合电极插入溶液中。应使电极头球泡完全浸入溶液。

(3) 样品中氨基酸态氮的测定 用 0.05 mol/L 氢氧化钠标准溶液滴定至酸度计显示 pH 为 8.2,加入甲醛溶液 10 ml,继续滴定至 pH 为 9.2,平行测定两次。

(4) 空白测定 取 80 ml 水,用 0.05 mol/L 氢氧化钠标准溶液滴定至 pH 为 8.2,加入甲醛溶液 10 ml,继续滴定至 pH 为 9.2。

◆ 数据记录与处理

数据记录于表 4-8-3 中。

表 4-8-3 氨基酸态氮测定原始记录单

编号	样品		空白		NaOH 标准溶液的浓度/(mol/L)	样品中氨基酸态氮含量/(g/100 ml)	平均值/(g/100 ml)
	加甲醛前耗 NaOH 的量/ml	加甲醛后耗 NaOH 的量/ml	加甲醛前耗 NaOH 的量/ml	加甲醛后耗 NaOH 的量/ml			
1							
2							

$$X = \frac{(V_1 - V_2) \times c \times 0.014}{V \times (V_3/V_4)} \times 100,$$

式中,X 为样品中氨基酸态氮的含量,g/100 ml;V_1 为测定用的样品稀释液加入甲醛后消耗氢氧化钠标准溶液的体积,ml;V_2 为试剂空白试验加入甲醛后消耗氢氧化钠标准溶液的体积,ml;V_3 为样品稀释液取用量,ml;V_4 为样品稀释液的定容体积,ml;V 为吸取试样的体积,ml;c 为 NaOH 标准溶液的浓度,mol/L;0.014 为 1 ml 1.000 mol/L 氢氧化钠标准溶液相当氮的克数。

在重复性条件下获得的两次独立测定结果的绝对差值不得超过算术平均值的 10%。

◆ 结果判定与报告

结果判定填入表 4-8-4。

表 4-8-4 氨基酸态氮测定检验报告

样品名称	检测项目	检验方法	测定结果/%	标准要求/%	单项结果判定	检验员签名	检验日期
	氨基酸态氮	GB 2717-2018					

任务评价

序号	评价要求	分值	评价记录	得分
1	正确穿戴实验服、手套、口罩等防护用品	3		
2	正确选择实验仪器	5		
3	正确配制实验所需试剂	5		
4	知识过关题	3		
5	正确处理样品	3		
6	正确移液	3		
7	实验方案设计正确	5		
8	能正确进行 pH 计校正	5		
9	能正确测量溶液 pH	5		
10	正确加入甲醛	3		
11	能正确使用磁力搅拌器并调节搅拌速度	2		
12	滴定操作熟练	5		
13	按照规范完成空白试验	5		
14	及时、规范、整洁、正确记录原始数据	5		
15	计算公式正确,数据代入正确	5		
16	有效数字正确	3		
17	计算结果正确	5		
18	精密度符合要求	5		
19	按照 7S 标准进行实训室清洁清扫	5		
20	实验完毕,废液、废弃物处理合理	5		
21	操作熟练,按时完成	5		
22	学习积极主动	5		
23	沟通协作	5		
总评				

比色法测定氨基酸态氮

在 pH 为 4.8 的乙酸钠-乙酸缓冲液中,氨基酸态氮与乙酰丙酮和甲醛反应生成黄色的 3,5-二乙酸-2,6-二甲基-1,4 二氢化吡啶氨基酸衍生物。利用分光光度计在波长 400 nm 处测定吸光度,与氨氮标准溶液比较定量。

1. 试剂与仪器

(1) 试剂

① 乙酸钠-乙酸缓冲液:量取 60 ml(1 mol/L)乙酸钠溶液与 40 ml 乙酸溶液(1 mol/L)混合,该溶液 pH 为 4.8。

② 显色剂:15 ml 37% 甲醇与 7.8 ml 乙酰丙酮混合,加水稀释至 100 ml,剧烈摇晃混匀。

③ 0.1 g/L 氨氮标准溶液配制:精密量取 105 ℃ 干燥 2 h 的硫酸铵 0.472 0 g 于小烧杯

中,加水溶解后转移至 100 ml 容量瓶中,并稀释至刻度,混匀。用移液管移取 10 ml 上述溶液于 100 ml 容量瓶内,加水稀释至刻度,混匀。此溶液即为 100 μg/ml 氨氮标准溶液。

(2) 仪器　分光光度计、电热恒温水浴锅、10 ml 具塞比色管。

2. 分析步骤

步骤 1:试样预处理　吸取 1.0 ml 试样于 50 ml 容量瓶中,加水稀释至刻度,混匀。

步骤 2:标准曲线的制作

① 分别吸取氨氮标准使用液 0.00、0.05、0.10、0.20、0.40、0.60、0.80、1.00 ml(相当于 NH_3-N 0.0、5.0、10.0、20.0、40.0、60.0、80.0、100.0 μg)于 10 ml 比色管中。

② 向比色管中分别加入 4 ml 乙酸钠-乙酸缓冲液及 4 ml 显色剂,用水稀释至刻度,混匀。

③ 将比色管置于 100 ℃水浴中加热 15 min,取出,水浴冷却至室温。

④ 以零号管作为参比,依次用 1 cm 比色皿于 400 nm 处测定吸光度,绘制标准曲线。

步骤 3:试样的测定　精密吸取 2 ml 试样稀释溶液于 10 ml 比色管中。加入 4 ml 乙酸钠-乙酸缓冲溶液(pH 为 4.8)及 4 ml 显色剂,用水稀释至刻度,混匀。置于 100 ℃水浴中加热 15 min,取出。水浴冷却至室温后,移入 1 cm 比色皿内。以零管为参比,于波长 400 nm 处测量吸光度。试样吸光度与标准曲线比较定量或代入线性回归方程,计算试样含量。

步骤 4:数据记录与处理

$$X = \frac{m}{V \times 1\,000 \times 1\,000 \times V_1/V_2} \times 100,$$

式中:X 为试样中氨基酸态氮含量,单位为克每百毫升(g/100 ml);V 为吸取试样的体积,ml;V_1 为测定用试样溶液体积,ml;V_2 为试样前处理中的定容体积,ml;m 为试样测定液中氮的质量,μg;1 000 为单位换算系数。

1. 用酸度计法测定氨基酸态氮含量时,加入甲醛的目的是(　　)。
   A. 固定氨基　　　B. 固定羟基　　　C. 固定氨基和羟基　　D. 以上都不是
2. 食品中氨基酸态氮含量的测定方法有(　　)
   A. 酸度计法　　　　　　　　　B. 双指示剂甲醛滴定法
   C. 比色法　　　　　　　　　　D. 以上都是

学习心得

总结本任务所学内容,和老师同学交流讨论,撰写学习心得。

班级:_____　　姓名:_____　　组名\组号:_____
学号\工位号:_____　　日期:___年___月___日

任务9　食品中氯化物的测定

学习目标

1. 掌握银量法测定食品中氯化物的原理。
2. 能独立完成银量法测定食品中氯化物的含量。
3. 能准确判定滴定终点,独立完成实验数据处理。

氯是人体必需的一种元素,在自然界中以氯化物的形式存在,最普通的形式是食盐。氯和钠、钾形成化合物在体内维持着血液的酸碱平衡。对食品中氯化物的分析检测,可以了解食品中氯化物含量,对食品制作工艺以及质量控制具有重要意义。

1. 认识氯对人体的作用

氯元素以氯化钠的形式广泛存在于人体,一般成年人体内大约含有 75~80 g 氯化钠。氯元素主要以氯离子形式广泛存在于组织与体液中,氯离子是细胞外液数量最多的阴离子。氯离子(Cl^-)是生物化学性质最稳定的离子,能与阳离子保持电荷平衡,维持细胞内的渗透压,对调节人体内的水分、渗透压与酸碱平衡等都有重要作用。

2. 认识氯在食品中的状态

氯化物存在于肉禽制品、水产制品、蔬菜制品、腌制品、调味品、方便面和味精等食品中,主要为氯化钠。

3. 如何测定食品中的氯离子?

引导问题1　查国标,找出测定食品中的氯化物的方法。

答：

银量法(直接滴定法)原理：样品经处理后,以铬酸钾为指示剂,用硝酸银标准滴定溶液滴定试液中的氯化物。根据硝酸银标准滴定溶液的消耗量,计算食品中氯的含量。化学反应方程式：

滴定过程中：$Ag^+ + Cl^- =\!=\!= AgCl\downarrow$（白色沉淀）

滴定终点：$Ag^+ + CrO_4^{2-} =\!=\!= Ag_2CrO_4\downarrow$（砖红色沉淀）

◆ **知识过关题**

1. 银量法属于_____滴定法。
2. 用硝酸银标准溶液滴定食品中的氯化物,滴定终点颜色为_____。

项目四 一般品质指标检验

食品中氯化物的测定任务案例
——方便面中氯化物的测定

◆ **任务描述**

你是某检测技术公司的食品检验员,今天接到任务,要完成公司的一批方便面检测订单中氯化物项目的测定。依据检验工作一般流程,你制订了如图 4-9-1 所示的工作计划。

图 4-9-1 氯化物测定工作流程

◆ **仪器、试剂准备**

请你按照表 4-9-1 的清单,准备好实验所需试剂及用具,并填写检查确认情况。

表 4-9-1 方便面中氯化物的测定仪器、试剂清单

序号	名称	型号与规格	单位	数量/人	检查确认
1	研钵	瓷质 60 mm	套	1	
2	天平	感量 0.1 mg	台	1	
3	超声波清洗器	2 L	台	1	
4	比色管	具塞 100 ml	支	3	
5	移液管	50 ml	支	1	
6	量筒	2 ml	个	2	
7	量筒	100 ml	个	1	
8	酸碱两用滴定管	50 ml	支	1	
9	锥形瓶	250 ml	个	4	
10	胶头滴管	/	支	1	
11	烧杯	100 ml	个	3	
12	漏斗	60 mm	个	1	
13	滤纸	60 mm	张	1	
14	废液杯	500 ml	个	1	
15	洗瓶	500 ml	个	1	
16	蒸馏水	/	/	若干	

(续表)

序号	名称	型号与规格	单位	数量/人	检查确认
17	铬酸钾溶液	5%(5 g/100 ml)	/	100 ml	
18	铬酸钾溶液	10%(10 g/100 ml)	/	10 ml	
19	沉淀剂Ⅰ	亚铁氰化钾 106 g/L	/	10 ml	
20	沉淀剂Ⅱ	乙酸锌 220 g,冰乙酸 30 ml 定容至 1 L	/	10 ml	

试剂配制：

(1) 实验所用水为三级水　三级水是蒸馏水和去离子水的评价标准之一,用来划定水质纯度的指标,所以三级水不能和蒸馏水、去离子水横向比较。实验室用水检验标准(25℃)：三级水电导率小于等于 0.50 mS/m(蒸馏水)；二级水电导率小于等于 0.10 mS/m(纯水)；一级水电导率小于等于 0.01 mS/m(高纯水)。

(2) 铬酸钾溶液(5%)　称取 5 g 铬酸钾,加水溶解,定容到 100 ml。

(3) 铬酸钾溶液(10%)　称取 10 g 铬酸钾,加水溶解,定容到 100 ml。

(4) 沉淀剂Ⅰ　称取 106 g 亚铁氰化钾,加水溶解并定容到 1 L,混匀。

(5) 沉淀剂Ⅱ　称取 220 g 乙酸锌,溶于少量水中,加入 30 ml 冰乙酸,加水定容到 1 L,混匀。硝酸银标准溶液按照 GB/T601-2016 标准要求配制和标定。

◆ **试样制备**

步骤1：试样制备　取有代表性的样品至少 200 g,用研钵研细,置于密闭的玻璃容器内。

步骤2：试样溶液制备　称取约 5 g 试样(精确至 1 mg)于 100 ml 具塞比色管中,加适量水分散,振摇 5 min。称取 3 份。

将装有试样的具塞比色管,放入超声波清洗器中,超声处理 20 min。

依次加入 2 ml 沉淀剂Ⅰ和 2 ml 沉淀剂Ⅱ,每次加后摇匀,用水稀释至刻度,摇匀,在室温静置 30 min。

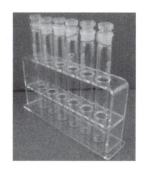

用漏斗及滤纸过滤,弃去最初滤液,过滤至烧杯中,取部分滤液测定。

◆ 样品检测

引导问题 2　请你画出食品中氯化物测定步骤的思维导图。

步骤 1:测试试液 pH　用 pH 试纸测试试液 pH 值,一般情况下。方便面试样试液 pH 值在 6.5～10.5 之间。

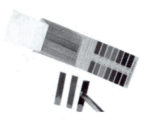

步骤 2:移取试液　用移液管移取 50.00 ml 试液于 250 ml 锥形瓶中,用量筒加入 50 ml 水。移取 3 份。

步骤3：加指示剂　用量筒加入1 ml铬酸钾溶液(5%)。滴加1~2滴硝酸银标准滴定溶液。此时，滴定液应变为棕红色。如不出现这一现象，应补加1 ml铬酸钾溶液(10%)。

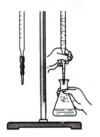

步骤4：试样滴定　取一支酸碱两用滴定管，装入0.1 mol/L的硝酸银标准滴定溶液，边摇动边滴定。

引导问题3　为什么要边摇动边滴定？

答：

步骤5：滴定终点判断　滴定时仔细观察锥形瓶中颜色变化。颜色由黄色变为橙黄色，保持1 min不褪色，为滴定的终点。此时，停止滴定。通常当滴定快接近终点，至只需要再滴入半滴就可以到达终点，为了使滴定的结果更加准确，就需要采用半滴操作。

引导问题4　仔细观察，多加练习，找出开始半滴操作的现象。

答：

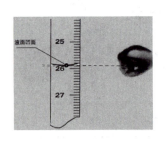

步骤6：读数及记录　从滴定管架上取下滴定管，读取试样滴定所消耗的标准滴定溶液的体积数V。读数时手持滴定管要垂直，眼睛平视液面，读取弯月面最下缘与刻度线相切处。读数完毕立刻将原始数据记录至数据表中。

步骤7：平行测定　使用同样的样品测定方法，称取3份试样，在相同的操作条件下进行3次平行测定。

步骤8：空白实验　不加入试样的情况下，按与测定试样相同的步骤和条件进行空白试验。记录空白试验消耗标准滴定溶液的毫升数V_0为空白值。

◆ **数据记录**

数据记录于表 4-9-2。

氯离子含量测定

表 4-9-2 方便面中氯化物的测定实验数据记录表

项目	1	2	3
试样质量 m/g			
硝酸银标准滴定溶液浓度 c/(mol/L)			
比色管试样定容体积 V/ml			
移取试液体积 V'/ml			
滴定消耗 $AgNO_3$ 体积 V_1/ml			
空白试验消耗 $AgNO_3$ 体积 V_0/ml			
食品中氯化物含量(以氯计)X/%			
平均值/%			
平行测定结果的极差/%			
极差与平均值之比/%			

◆ **结果计算**

$$X = \frac{0.0355 \times c \times (V_1 - V_0) \times V}{m \times V'} \times 100,$$

式中,X 为试样中氧化物的含量(以 Cl^- 计),%;0.0355 为与 1.00 ml 硝酸银标准滴定溶液 $[c(AgNO_3) = 1.000 \text{ mol/L}]$ 相当的氯的质量,g;c 为硝酸银标准滴定溶液浓度,mol/L;V_0 为空白试验时消耗的硝酸银标准滴定溶液体积,ml;V' 为用于滴定的试液体积,ml;V_1 为滴定试液时消耗的硝酸银标准滴定溶液体积,ml;V 为样品定容体积,ml;m 为试样质量,g。

当氯化物含量大于等于 1% 时,结果保留三位有效数字;当氯化物含量小于 1% 时,结果保留两位有效数字。在重复性条件下,获得的 3 次独立测定结果的绝对差值不得超过算术平均值的 5%。

引导问题 5 写出你的代入公式计算过程,并将计算结果填入数据记录表中。

① 计算试样 1 的氯化物含量:

② 计算试样 2 的氯化物含量:

③ 计算试样 3 的氯化物含量:

④ 计算3次测定的算术平均值：

⑤ 计算3次测定的极差：

⑥ 计算相对极差：

◆ 结果判定与报告

引导问题6 请你设计检验报告，对本次样品中氯化物测定结果进行判定与报告（样表见表4-9-3）。

表4-9-3 方便面中氯化物的测定检验报告

试样名称								
采样日期		检验日期		报告日期				
检测依据								
检验项目	单位	测定值	检测限	标准限量	结论
判定依据								
检验结果								
检验员			复核员					

任务评价

序号	评价要求	分值	评价记录	得分
1	说出银量法测定食品中氯化物的原理	5		
2	查阅国标熟练	5		
3	知识过关题	3		
4	实验准备正确	5		
5	样品制备正确	5		
6	滴定操作规范正确	5		
7	终点判断、控制准确	5		
8	读数动作规范,读数准确	5		
9	正确进行平行测定	3		
10	正确进行空白试验	3		
11	数据记录及时、规范、整洁、正确	3		
12	计算公式正确,数据代入正确	5		
13	有效数字正确	5		
14	结果计算正确	5		
15	精密度符合要求	5		
16	结果报告正确	3		
17	清洁操作台面,器材清洁并摆放整齐	5		
18	废液、废弃物处理合理	5		
19	遵守实验室规定,操作文明、安全	5		
20	操作熟练,按时完成	5		
21	学习主动性	5		
22	沟通协作	5		
	总评			

拓展学习

0.1 mol/L 硝酸银标准溶液的配制和标定

（1）配制　称取 17 g 硝酸银,溶于少量硝酸溶液中,转移到 1 000 ml 棕色容量瓶中,用水稀释至刻度,摇匀,转移到棕色试剂瓶中储存。

（2）标定　称取经 500～600 ℃灼烧至恒重的基准试剂氯化钠 0.05～0.10 g(精确至 0.1 mg)于 250 ml 锥形瓶中。用约 70 ml 水溶解,加入 1 ml 5% 铬酸钾溶液,边摇动边用硝酸银标准滴定溶液滴定。颜色由黄色变为橙黄色(保持 1 min 不褪色)。

数据记录于表 4-9-4。

硝酸银标准溶液的配制及标定

表 4-9-4 硝酸银标准溶液标定数据记录单

测定次数	1	2	3
称量瓶和基准物的质量 m_1/g			
称量瓶和基准物的质量 m_2/g			
基准物(NaCl)的质量 m/g			
试样试验滴定消耗 $AgNO_3$ 标准溶液的体积 V_1/ml			
空白试验滴定消耗 $AgNO_3$ 标准溶液的体积 V_0/ml			
实际滴定消耗 $AgNO_3$ 标准溶液的体积 V/ml			
$AgNO_3$ 标准溶液的浓度 c(mol/L)			
平均值 $c(AgNO_3)$/(mol/L)			
平行测定结果的极差/(mol/L)			
极差与平均值之比/%			

$$c = \frac{m}{0.058\,5 \times V},$$

式中,c 为硝酸银标准滴定溶液的浓度,mol/L;m 为氯化钠的质量,g;0.058 5 为与 1.00 ml 硝酸银标准滴定溶液[$c(AgNO_3)$ = 1.000 mol/L]相当的氯化钠的质量,g;V 为实际滴定试液时消耗的硝酸银标准滴定溶液体积,ml。

1. 测定食品中氯化物含量时,(　　)是标准溶液。
   A. 氯化钠　　　　　　B. 硝酸银　　　　　　C. 碳酸纳
2. 硝酸银滴定法测定水中氯化物的关键条件是(　　)。
   A. 酸度　　　　　　　B. 温度
3. 硝酸银滴定法测定水中氯化物的酸度范围是(　　)。
   A. pH 值为 6.5～10.5　B. pH 值为 3～5　C. pH 值为 12

学习心得

总结本任务所学内容,和老师同学交流讨论,撰写学习心得。

班级:_____　　姓名:_____　　组名\组号:_____
学号\工位号:_____　　日期:_____年___月___日

项目四 一般品质指标检验

任务10 饮用水总硬度的测定

学习目标

1. 能正确准备饮用水总硬度的测定所需的试剂、仪器,正确配制所需试剂,做到安全操作、节约试剂。
2. 能在规定时间内,规范完成测定,终点控制准确,准确读取原始数据,爱护仪器设施设备。
3. 能规范填写原始数据、正确计算数据,正确进行结果分析判断。

情景导入

水硬度是水质监测的一个重要指标。硬度高的水可使肥皂沉淀,使洗涤剂的效用大大降低;纺织工业上硬度过大的水使纺织物粗糙且难以染色;烧锅炉易堵塞管道,引起锅炉爆炸事故;过高硬度的水,难喝、有苦涩味;在烹调上,钙、镁与蛋白质结合,使肉类和豆类不易煮烂。我国规定饮用水的总硬度不超过450 mg/L,世界卫生组织推荐最佳饮用水硬度是170 mg/L。

学习内容

1. 水的硬度

硬度是指水中钙、镁离子的含量。硬度分为碳酸盐硬度及非碳酸盐硬度。碳酸盐硬度主要是由钙、镁的重碳酸盐所形成,也可能含有少量的碳酸盐,经过加热煮沸可以沉淀除去,也称为暂时性硬度。非碳酸盐硬度是由钙、镁的硫酸盐或氯化物所形成,用加热煮沸的方法不能除去,也称为永久性硬度。碳酸盐硬度和非碳酸盐硬度的总和称为总硬度。以等量的碳酸钙量(mg/L)表示。

引导问题1 什么是水的总硬度?
答:

2. 测定水总硬度的方法

◆ 技能应用
1. 查阅《食品安全国家标准 饮用天然矿泉水检验方法》国家标准。
2. 解读配位滴定法。

引导问题2 简述水总硬度测定的原理。
答:

当水样中有铬黑T指示剂存在时,指示剂与水中的钙、镁离子形成紫红色螯合物。在pH = 10时,乙二胺四乙酸(EDTA)二钠先与钙离子,再与镁离子形成螯合物。滴定终点时,溶液呈现出铬黑 T 指示剂(EBT)的纯蓝色,如图 4-10-1 所示。

滴定前:Mg^{2+} + EBT = Mg - EBT(酒红色)少量

滴定时:Ca^{2+} + EDTA = Ca - EDTA

Mg^{2+} + EDTA = Mg - EDTA

终点时:Mg - EBT + EDTA = Mg - EDTA + EBT(纯蓝色)

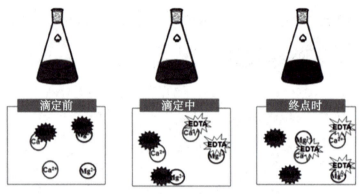

图 4-10-1 铬黑 T 指示剂滴定

因为钙离子与铬黑 T 指示剂在滴定到达等当点时的反应不能呈现出明显的颜色转变,所以当水样中镁含量很小时,需要加入已知量的镁盐,以使终点颜色转变清晰。在计算结果时,再减去加入的镁盐量,或者在缓冲溶液中加入少量络合性乙二胺四乙酸镁盐,以保证明显的终点。

◆ 知识过关题

1. 水的总硬度是描述水中_____的含量。
2. 在适当的 pH 条件下,水中的 Ca^{2+}、Mg^{2+} 可与 EDTA 发生_____反应。
3. 铬黑 T 指示剂与水中 Mg^{2+} 反应生成_____颜色的物质,滴定终点颜色为_____。

任务实施

饮用水总硬度的测定任务案例

◆ 任务描述

某饮用水公司要对生产的饮用水质量进行评价,你作为该公司的产品检验员,负责对总硬度指标进行测定。按测定准备→水样测定→结果分析与评价→出具报告的工作流程完成任务。

◆ 仪器、试剂准备清单

按表 4-10-1 准备仪器和试剂。

项目四 一般品质指标检验

表 4－10－1 饮用水的总硬度测定仪器、试剂清单

序号	名称	型号与规格	单位	数量/人	备注	检查确认
1	天平	感量 0.01 g	台	1		
2	滴定管	50 ml	支	1	酸碱通用	
3	锥形瓶	250 ml	个	4		
4	胶头滴管	/	支	2		
5	烧杯	100 ml	个	1		
6	移液管	50 ml	个	1		
7	废液缸	500 ml	个	1		
8	洗瓶	500 ml	个	1	装满蒸馏水	
9	缓冲溶液(pH = 10)	AR	/	150 ml		
10	乙二胺四乙酸二钠标准溶液（EDTA - 2Na）	0.01 mol/L	/	150 ml	按 GB8538－2016 配制和标定	
11	锌标准溶液	0.01 mol/L	/	150 ml		
12	铬黑 T 指示剂	5 g/L	/	30 ml		
13	饮用水	/	/	200 ml		

试剂配制

(1) 锌标准溶液　准确称取 0.6～0.7 g 纯金属锌粒,溶于盐酸溶液(1+1)中。置于水浴上温热至完全溶解,移入容量瓶中,定容至 1 000 ml。

(2) 乙二胺四乙酸二钠标准溶液　浓度为 0.01 mol/L,按照 GB 8538－2016 标准要求配制和标定,也可购买市售商品化试剂。

(3) 缓冲溶液(pH = 10)　将 67.5 氯化铵(NH$_4$Cl))溶于 300 ml 蒸馏水中,加 570 ml 氢氧化铵(ρ_{20} = 0.9 g/ml),用水稀释至 1 000 ml。

(4) 铬黑 T 指示剂　称取 0.5 g 的铬黑 T,溶于 100 ml 三乙醇胺中。

◆ 水样的采集

引导问题3　请你根据样品采样原则,写出水样采集方法和步骤流程。

◆ 样品测定

引导问题4　请你画出饮用水中总硬度测定步骤的思维导图。

步骤1:移取水样　用移液管(25或50 ml)吸取水样 $V = 50.00$ ml,于250 ml锥形瓶。

步骤2:加入缓冲溶液　用量筒量或者刻度吸管移取约2 ml缓冲溶液(pH = 10)至锥形瓶中。

引导问题5　为什么要用pH = 10的缓冲溶液?

答:

步骤3:加铬黑T指示剂　使用胶头滴管滴加5滴铬黑T指示剂至锥形瓶中,并混匀,此时溶液呈紫红色颜色。

步骤4:试样的滴定　取一支酸碱两用滴定管,装入0.01 mol/L EDTA－2Na标准溶液,滴定。

引导问题6　举例说明哪些不规范的滴定操作将会影响到测定结果的准确。

答:

步骤5:滴定终点判断　滴定时仔细观察锥形瓶中的颜色变化,采用慢滴快摇的方式,使配位反应充分,直至锥形瓶溶液颜色恰好变成纯蓝色,且15 s内无明显褪色时,为滴定的终点。此时停止滴定。

引导问题7　有哪些经验和技巧可以帮助你准确判断滴定终点?

答:

步骤 6：读数及记录　读取试样滴定所消耗的标准滴定溶液的体积数 V_1。读数时手持滴定管要垂直，眼睛平视液面，读取弯月面最下缘与刻度线相切处。读数完毕立刻将原始数据记录至数据表中。

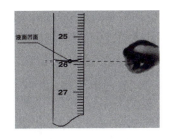

步骤 7：平行测定　使用同样的样品测定方法再测定 2 份水样，进行 3 次平行测定。

步骤 8：空白实验　不加入水样的情况下，按与测定试样相同的步骤和条件进行空白试验。记录空白试验消耗标准滴定溶液的毫升数 V_0 为空白值。

◆ 数据记录

数据记录于表 4-10-2。

水硬度的测定

表 4-10-2　水硬度测定数据记录表

记录项目	测定次数		
	1	2	3
标准滴定溶液的浓度 $c(\text{EDTA-2Na})(\text{mol/L})$			
取水样量/ml			
试样滴定消耗 EDTA 标准溶液体积 V_1/ml			
空白试验消耗 EDTA 标准溶液的体积 V_0/ml			
水样总硬度/(mg/L)			
水样总硬度平均值/(mg/L)			
极差/(mg/L)			
相对极差/%			

◆ 结果计算

$$\rho_{\text{CaCO}_3} = \frac{(V_1 - V_0) \times c(\text{EDTA-2Na}) \times 100.09}{V} \times 1000,$$

式中，ρ_{CaCO_3} 为总硬度（以 CaCO_3 计），mg/L；V_1 为滴定中消耗 EDTA-2Na 标准溶液体积；V_0 为空白试验消耗 EDTA-2Na 标准溶液体积；$c(\text{EDTA-2Na})$ 为 EDTA-2Na 标准溶液的浓度；100.09 为与 1.00 ml EDTA-2Na 标准溶液[$c(\text{EDTA-2Na}) = 1.000$ mol/L]相当的以克表示的碳酸钙的质量；V 为水样体积，ml。

在重复性条件下,获得的 3 次独立测定结果的极差值不得超过算术平均值的 10%,求其平均数,即为测定结果。测定结果取小数点后一位。

引导问题 8 写出计算过程,并将计算结果填入数据记录表中。

① 计算水样 1 的总硬度:

② 计算水样 2 的总硬度:

③ 计算水样 3 的总硬度:

④ 计算 3 次测定的算术平均值:

⑤ 计算水总硬度的极差:

⑥ 计算相对极差:

◆ **注意事项**

① 若水样中含有金属干扰离子,使滴定终点延迟或颜色发暗。可另取水样,加入 0.5 ml 盐酸羟胺及 1 ml 硫化钠溶液或 0.5 ml 氰化钾溶液再滴定。

② 水样中钙、镁含量较大时,要预先酸化水样,并加热除去二氧化碳,以防碱化后生成碳酸盐沉淀,滴定时不易转化。

③ 若硬度过大,可少取水样,用水稀释至 50 ml,若硬度过低,改用 100 ml。

④ 当试液温度低于 10℃时,滴定到终点时的颜色变化缓慢,易使滴定过头,可先将溶液微热至 30℃左右后再滴定。

⑤ 近终点时颜色判断和操作:近终点紫蓝色,慢滴快摇,控制半滴操作。

⑥ 缓冲溶液味道较大,注意戴好防护口罩,在通风橱中检测。

◆ **结果判定与报告**

判定结果填入表 4 - 10 - 3。

表 4 - 10 - 3 水总硬度的测定检验报告

样品名称	检测项目	检验方法	测定结果/(mg/g)	标准要求/(mg/g)	单项结果判定	检验员签名	检验日期
	水总硬度(以 $CaCO_3$ 计)	GB 8538 - 2016					

《生活饮用水的水质标准》中规定总硬度(以碳酸钙计)小于 450 mg/L 为合格饮用水,反之不合格。

任务评价

序号	评价要求	分值	评价记录	得分
1	按规定着装	3		
2	知识过关题	4		
3	实验仪器的准备和检查	5		
4	正确准备试剂	5		
5	正确采集水样	5		
6	正确制订实验方案	5		
7	正确使用移液管移取体积	3		
8	滴定操作正确,手法规范	5		
9	终点控制准确	5		
10	读数动作规范,读数准确	3		
11	正确进行平行测定	3		
12	正确进行空白试验	3		
13	及时、规范、整洁、正确记录原始数据	3		
14	计算公式正确,数据代入正确	3		
15	有效数字正确	5		
16	计算结果正确	5		
17	精密度符合要求	5		
18	清洁操作台面,器材干净并摆放整齐	5		
19	废液、废弃物处理合理	5		
20	遵守实验室规定,操作文明、安全	5		
21	操作熟练,按时完成	5		
22	学习积极主动	5		
23	沟通协作	5		
	总评			

拓展学习

1. 0.01 mol/L EDTA-2Na 标准溶液的配制和标定

(1) 配制 称取 3.72 g 乙二胺四乙酸二钠(EDTA-2Na),溶解于 1 000 ml 蒸馏水中。

(2) 标定 吸取 25.0 ml 锌标准溶液于 250 ml 锥形瓶中。加入 25 ml 蒸馏水,加入几滴氨水至有微弱氨味,再加 5 ml 缓冲溶液和 4 滴铬黑 T 指示剂。不断振荡下,用 EDTA-2Na 标准溶液滴定至蓝色。同时做空白试验。

EDTA 标准溶液
的配制和标定

$$c(\text{EDTA}-2\text{Na}) = \frac{c(\text{Zn}) \times V_2}{V_1 - V_0},$$

式中，$c(\text{EDTA}-2\text{Na})$ 为 EDTA-2Na 标准溶液的浓度，mol/L；$c(\text{Zn})$ 为锌标准溶液的浓度，mol/L；V_1 为消耗 EDTA-2Na 标准溶液的体积，ml；V_2 为锌标准溶液的体积，ml；V_0 为空白试验消耗 EDTA-2Na 标准溶液的体积，ml。

2. 水硬度的其他表示方法

水硬度常用的表示方法有：

① 将水中所含钙、镁离子的总量以 CaO 毫摩尔/升计。

② 以每升水中 $CaCO_3$ 毫克数来表示（$CaCO_3$ mg/L），即以 $CaCO_3$ ppm 值表示硬度。

③ 以度（°）计。1 L 水中含有 10 mg CaO（或相当于 10 mg CaO 的物质）称为 1 度，表示为 1°，生活用水的总硬度不得超过 25°，见表 4-10-4。

表 4-10-4 水质分类表

0°~4°	4°~8°	8°~16°	16°~30°	>30°
很软水	软水	中硬水	硬水	很硬水

巩固练习

1. 总硬度是_____的总浓度。碳酸盐硬度又称_____，是总硬度的一部分。

2. 用 EDTA 滴定法测定总硬度的原理是：在 pH = 10 的条件下，用_____络合滴定钙和镁离子，以_____为指示剂，滴定中，游离的_____和_____首先与_____反应，形成_____溶液，到达终点时溶液的颜色由_____色变为_____色。

3. 判断正误：EDTA 具有广泛的络合性能，几乎能与所有的金属离子形成络合物，其组成比几乎均为 1∶1 的螯合物。（　　）

4. 简述用 EDTA 滴定法测定水中总硬度操作时，主要注意哪些问题。

学习心得

总结本任务所学内容，和老师同学交流讨论，撰写学习心得。

班级：_____ 姓名：_____ 组名\组号：_____
学号\工位号：_____ 日期：____年____月____日

项目五
常见营养成分的检验

- 任务1　食品中脂肪的测定
- 任务2　食品中蛋白质的测定
- 任务3　食品中碳水化合物的测定

项目五　常见营养成分的检验

- 任务4　食品中维生素C的测定
- 任务5　食品中膳食纤维的测定
- 任务6　食品中钠的测定

知识要求

1. 熟悉食品样品中常见营养成分检验的方法标准和操作规范。
2. 熟悉相关成分指标概念及检验仪器操作方法。
3. 能完成简单样品的采集、处理、成分的测定，及仪器维护。
4. 能对测定的结果进行处理并填写检验报告单。
5. 具备良好的独立解决问题的能力和心理素质。

任务1　食品中脂肪的测定

 学习目标

1. 能正确领用和准备食品中粗脂肪测定所需的试剂、仪器、设备，合理进行样品预处理，做到安全操作、节约试剂、沟通协作。
2. 能在规定时间内，按照正确步骤进行规范的回流操作，完全提取粗脂肪，并准确称量，爱护仪器设施设备。
3. 能规范正确计算样品中粗脂肪含量，并进行合理的自我及小组评价。

情景导入

脂肪是食品中重要的营养成分之一,可为人体提供必需脂肪酸。脂肪是食品质量管理中的一项重要检测指标。脂肪含量的多少可用作评价食品的质量好坏,是否掺假,是否脱脂等。在食品加工生产过程中,原料、半成品、成品的脂类含量对产品的风味、组织结构、品质、外观、口感等都有直接影响。测定食品的脂肪含量,可以用来评价食品的品质,衡量食品的营养价值,而且对工艺监督、生产过程的质量管理、研究食品的储藏方式是否恰当等方面,都有重要的意义。

学习内容

1. 认识脂肪

脂肪由 C、H、O 3 种元素组成,由 3 个脂肪酸酯化甘油而成,即甘油三酯,结构如图 5-1-1 所示。脂肪易溶于有机溶剂,如石油醚、乙醚等。食品中的脂肪分为游离态脂肪和结合态脂肪。游离态脂肪能直接溶于有机溶剂,结合态脂肪跟其他物质(如蛋白质)结合在一起,要先用强酸或强碱解离成游离态脂肪后才能溶解于有机溶剂。

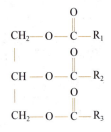

图 5-1-1 脂肪分子结构

2. 测定食品中脂肪含量

引导问题 1 说出索氏抽提法测定食品中脂肪的原理。

答:

◆ 技能应用

1. 查阅食品中脂肪测定的国家标准。
2. 解读第一法:索氏抽提法。

食品中脂肪测定的国家标准共有 4 种方法,即索氏抽提法、酸水解法、碱水解法及盖勃法。索氏抽提法的测定原理是:食品试样用无水乙醚或石油醚等溶剂抽提后,蒸去溶剂,干燥,所得的物质称为粗脂肪(除脂肪外,还含色素及挥发油、蜡、树脂等物)。抽提法所测得的脂肪为游离脂肪。

◆ 知识过关题

1. 测定食品中脂类时,常用的提取剂中,_____ 和 _____ 只能直接提取游离的脂肪。
2. 索氏提取法测定脂肪含量要求样品水分含量 _____。
3. 实验室做脂肪提取试验时,应选用 _____、_____、_____ 为实验仪器。
4. 索氏提取法使用的提取仪器是 _____。

任务实施

食品中脂肪测定任务案例
——索氏提取法测定饼干粗脂肪

◆ 任务描述

你是某检测技术公司的食品检验员,今天接到任务,要完成公司接到的一批市售饼干中粗脂肪含量的测定。依据检测工作流程，你制定了图 5-1-2 所示的工作计划。

图 5-1-2　粗脂肪测定工作流程

◆ **仪器、试剂准备**

请你按照表 5-1-1 的清单准备好实验所需试剂及用具，并填写检查确认情况。

表 5-1-1　食用植物油酸价测定仪器、试剂清单

序号	名称	型号与规格	单位	数量/人	检查确认
1	石油醚	分析纯，沸程 30～60℃	瓶	1	
2	无水乙醚	分析纯，不含过氧化物	瓶	1	
3	索氏提取器	含脂肪瓶 2 只	套	1	
4	分析天平	感量为 0.000 1 g	台	1	
5	电热鼓风干燥箱	可控温度	台	1	
6	干燥器	内装硅胶	个	1	
7	称量皿	铝质或玻璃质	个	2	
8	脱脂棉花			适量	
9	脱脂滤纸		包	1	
10	水浴锅	可调温	台	1	
11	饼干样品	市售		若干	

◆ **脂肪瓶恒重**

步骤 1：将脂肪瓶清洗干净。

步骤 2：启动电热鼓风干燥箱电源开关，把已洗净的脂肪瓶置于其中。关好电热鼓风干燥箱，温度设置到 103±2℃ 进行干燥恒重。恒重时，前后两次质量相差不超过 2 mg。两次恒重值在最后计算中，取最后一次称量值。

◆ **样品处理**

步骤 1：用洁净的称量皿称取研细的固体样品约 5 g（精确至 0.001 g），折好滤纸筒。

步骤 2：将称量好的样品全部移入滤纸筒内，用蘸有无水乙醚或石油醚的脱脂棉擦净称量皿和玻璃棒，一并放入滤纸筒内。滤纸筒上方塞添少量脱脂棉。

步骤 3：将盛有样品的滤纸筒移入电热鼓风干燥箱内，在 103＋2℃ 温度下烘干 2 h。

◆ 脂肪提取及称量

引导问题 2 请你参考图 5-1-3,说出如何安装索氏提取法回流装置。

答：

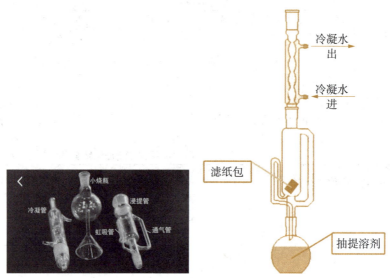

图 5-1-3 索氏提取装置安装

步骤 1:加样　将干燥后盛有样品的滤纸筒样品包放入索氏提取筒内。

引导问题 3 样品包的高度有何要求？为什么？

答：

步骤 2:安装仪器　连接已干燥至恒重的脂肪瓶,安装好提取设备。

步骤3：加溶剂　注入无水乙醚或石油醚至虹吸管高度以上，待提取液流净后，再加提取液至虹吸管高度的1/3处。

步骤4：回流　连接回流冷凝管，将脂肪瓶放在水浴锅上加热，用少量脱脂棉塞入冷凝管上口。水浴温度应控制在提取液每6～8 min回流一次。提取6～12 h，结束时，用磨砂玻璃接取一滴提取液，磨砂玻璃上无油斑表明提取完毕。

引导问题4　回流速度如何影响实验结果？如何控制？

答：

步骤5：烘干　提取完毕后，回收提取液，取下脂肪瓶，在水浴上蒸干并除尽残余的无水乙醚或石油醚。用脱脂滤纸擦净脂肪瓶外部，在103±2℃的电热鼓风干燥箱内干燥1 h，取出。

引导问题5　如何回收溶剂？原因是什么？

答：

步骤6：称量、恒重　置于干燥器内冷却至室温，称重。然后，把脂肪瓶继续放在103±2℃的电热鼓风干燥箱内干燥0.5 h，置于干燥器内冷却至室温，称重。重复以上操作直至前后两次称重相差不超过0.002 g。

引导问题6　若反复加热出现增重如何处理？其原因是什么？

答：

步骤 7：平行实验　使用同样的方法，称取第 2 份试样，在相同的操作条件下进行脂肪抽提及称量。

索氏提取法测定饼干粗脂肪

◆ 数据记录

引导问题 7　索氏抽提法测定饼干脂肪的数据记录表应如何设计？小组讨论后，完成数据记录表设计(样表见表 5-1-2)。

表 5-1-2　饼干粗脂肪测定数据记录表

记录项目	1	2
脂肪瓶质量 m_0/g		
脂肪瓶 + 粗脂肪质量 m_1/g		
样品质量 m_2/g		
粗脂肪含量/(g/100 g)		
粗脂肪含量平均值/(g/100 g)		
两次测定的极差/(g/100 g)		
极差与平均值之比/％		

◆ 结果计算

引导问题 8　怎样依据实验测得的原始数据计算出饼干样品的粗脂肪含量？有效数字位数如何保留？写出你的代入公式计算过程，并将计算结果填入数据记录表中。

① 计算试样 1 的粗脂肪含量：

② 计算试样 2 的粗脂肪含量：

③ 计算两次测定粗脂肪含量的算术平均值：

④ 计算两次测定的极差：

⑤ 计算相对极差：

样品的粗脂肪含量计算：

$$X = \frac{m_1 - m_0}{m_2} \times 100,$$

式中，X 为样品中粗脂肪的含量，%；m_1 为脂肪瓶和粗脂肪的质量，g；m_0 为脂肪瓶的质量，g；m_2 为样品的质量，g。

在重复性条件下，获得的两次独立测定结果的绝对差值不得超过算术平均值的 10%，求其平均数，即为测定结果。测定结果取小数点后一位。

◆ 注意事项

① 抽提剂乙醚是易燃、易爆物质，应注意通风，并且不能有火源。

② 样品滤纸筒的高度不能超过虹吸管，否则上部脂肪不能提尽，会造成误差。

③ 样品和醚浸出物在烘箱中干燥时，时间不能过长，以防止不饱和的脂肪酸受热氧化而增加质量。

④ 脂肪瓶在烘箱中干燥时，瓶口侧放，以利空气流通。而且先不要关上烘箱门，于 90℃ 以下鼓风干燥 10~20 min，驱尽残余溶剂后再将烘箱门关紧，升至所需温度。

⑤ 乙醚若放置时间过长，会产生过氧化物。过氧化物不稳定，当蒸馏或干燥时会发生爆炸，故使用前应严格检查，并除去过氧化物。

检查方法：取 5 ml 乙醚于试管中，加 KI(100 g/L)溶液 1 ml，充分振摇 1 min，静置分层。若有过氧化物则放出游离碘，水层是黄色(或加 4 滴 5 g/L 淀粉指示剂显蓝色)，则该乙醚需处理后使用。

去除过氧化物的方法：将乙醚倒入蒸馏瓶中加一段无锈铁丝或铝丝，收集重蒸馏乙醚。

⑥ 反复加热可能会因脂类氧化而增重，质量增加时，以增重前的质量为恒重。

◆ 结果判定与报告

引导问题 9　请你设计检验报告，对本次样品中粗脂肪含量测定结果进行判定与报告（样表见表 5-1-3）。

表 5-1-3　粗脂肪测定检验报告

样品名称	检测项目	检验方法	测定结果/(g/100 g)	标准要求/(g/100 g)	单项结果判定	检验员签名	检验日期
	粗脂肪	GB 5009.6-2016 索氏提取法					

任务评价

序号	评价项目	分值	评价记录	得分
1	资料查阅解读	5		
2	知识过关题	5		
3	测定方案制订	5		
4	仪器的准备	5		
5	试剂的准备	5		
6	脂肪瓶恒重	10		
7	样品处理	10		
8	索氏提取器的组装	10		
9	样品测定	10		
10	乙醚回收	5		
11	原始数据记录	5		
12	结果计算与报告	10		
13	安全文明操作	5		
14	积极协作	5		
15	完成时间	5		

拓展学习

全自动索氏提取器

如图 5-1-4 所示,全自动索氏提取器(全自动脂肪测定仪)是利用索氏提取技术研制而成的用于实验室测定脂肪含量的一款设备,集控温、抽提(索氏抽提、热抽提、索氏热抽提、连续流动、索氏标准热萃取)、冲洗、溶剂回收、预干燥、计算及打印于一体。能快速安全地测定食品、饲料、谷物、种子中的脂肪,也可测定食品、饲料等物质中的可溶性有机化合物,也可以快速地从固体混合物或半固体物质中分离一种或一类物质。

图 5-1-4 全自动脂肪提取器

巩固练习

1. 称取大米样品 10.0 g。抽提前的抽提瓶重 113.123 0 g,抽提后的抽提瓶重 113.280 8 g,残留物重 0.157 8 g,则样品中脂肪含量为_____。

2. 索氏提取法提取脂肪主要是依据脂肪的_____特性。用该法检验样品的脂肪含量前一定要对样品进行_____处理,才能得到较好的结果。

3. 用索氏提取法测定脂肪含量时,如果有水或醇存在,会使测定结果偏_____("高""低""不变"),这是因为_____。

4. 某检验员对花生仁样品中的脂肪含量进行检测,操作如下:

① 准确称取已干燥恒重的接收瓶质量为 45.385 7 g。

② 称取粉碎均匀的花生仁 3.265 6 g,用滤纸严密包裹好后,放入抽提筒内。

③ 在已干燥恒重的接收瓶中注入 2/3 的无水乙醚,并安装装置,在 45～50℃的水浴中抽提 5 h,检查证明抽提完全。

④ 冷却后,将接收瓶取下,并与蒸馏装置连接,水浴蒸馏回收至无乙醚滴出后,取下接收瓶充分挥干乙醚,置于 105℃烘箱内干燥 2 h。取出冷却至室温称量为 46.758 8 g。第二次同样干燥后称量为 46.702 0 g。第三次同样干燥后称量为 46.701 0 g。第四次同样干燥后称量为 46.701 8 g。

请根据该检验员的数据计算被检花生仁的脂肪含量。

总结本任务所学内容,和老师同学交流讨论,撰写学习心得。

班级:_____ 姓名:_____ 组名\组号:_____
学号\工位号:_____ 日期:_____ 年___月___日

任务2　食品中蛋白质的测定

学习目标

1. 能正确领用食品中蛋白质测定所需的试剂、仪器、设备，合理进行样品预处理及正确配制测定所需试剂，做到安全操作、节约试剂。

2. 能在规定时间内，按照正确步骤进行规范严谨的测定操作，终点控制准确，并准确读取原始数据，爱护仪器设施设备。

3. 能规范记录填写原始数据并正确运算和修约计算数据，能对测定结果进行误差计算和判定。

情景导入

蛋白质是生命的物质基础，没有蛋白质就没有生命。机体中的每一个细胞和所有重要组成部分都有蛋白质参与。人体内蛋白质的种类很多且性质、功能各异，但都是由20多种氨基酸按不同比例组合而成的。需要每天不断补充蛋白质才能达到人体蛋白质动态平衡。常见的食物，包括牛奶、鸡蛋、豆类等等，都含有丰富的蛋白质，我们要合理摄取。测定食品中蛋白质含量，可以判定其营养价值。

学习内容

1. 如何测定食品中蛋白质？

检测食品中蛋白质，往往测定总氮量（即粗蛋白质含量），然后乘以蛋白质折算系数，即可得到蛋白质含量。

引导问题1　查资料，找出常见食物中的氮折算成蛋白质的折算系数。

答：

◆ **技能应用**

1. 查阅食品蛋白质测定的国家标准。
2. 解读第一法：凯氏定氮法。
3. 凯氏定氮法测定蛋白质。

引导问题2　说出凯氏定氮法原理。

食品中的蛋白质在催化加热条件下分解，产生的氨与硫酸结合生成硫酸铵。碱化蒸馏使氨游离，硼酸吸收后以硫酸或盐酸标准滴定溶液滴定。根据酸的消耗量计算氮含量，再乘以折算系数，即为蛋白质的含量。反应方程式：

$$CH_3NH_2COOH + 3H_2SO_4 \longrightarrow 2CO_2 + 3SO_2 + 4H_2O + NH_3$$

$$2NH_3 + H_2SO_4 \longrightarrow (NH_4)_2SO_4$$

$$(NH_4)_2SO_4 + 2NaOH \longrightarrow Na_2SO_4 + 2NH_4OH$$
$$NH_4OH \longrightarrow NH_3 + H_2O$$
$$3NH_3 + H_3BO_3 \longrightarrow 3NH_4^+ + BO_3^{3-}$$
$$BO_3^{3-} + 3H^+ \longrightarrow H_3BO_3$$

引导问题 3 画出凯式定氮法测定蛋白质含量的流程图。

◆ **知识过关题**

1. 凯氏定氮法测定试样中蛋白质含量需要 3 个步骤,即_____、_____、_____。
2. 凯氏定氮法测定中的滴定属于四大滴定中的_____法。

食品中蛋白质测定任务案例
——乳粉中蛋白质的测定

◆ **任务描述**

你是某检测技术公司的食品检验员,今天接到任务,要完成公司一批乳粉检测订单中蛋白质项目的测定。依据检验工作一般流程,你制定了图 5-2-1 所示的工作计划。

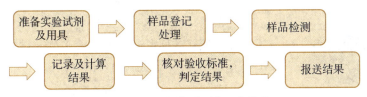

图 5-2-1 蛋白质测定工作流程

◆ **仪器、试剂准备**

请你按照表 5-2-1 的清单准备好实验所需试剂及用具,并填写检查确认情况。

表 5-2-1 乳粉中蛋白质测定仪器、试剂清单

序号	名称	型号与规格	单位	数量/人	检查确认
1	天平	感量 0.01 g	台	1	
2	酸碱两用滴定管	25 ml	支	1	
3	锥形瓶	250 ml	个	3	
4	胶头滴管	/	支	2	
5	烧杯	100 ml	个	1	
6	量筒	50 ml	个	1	
7	定氮瓶	250 ml	个	2	
8	废液杯	500 ml	个	1	

（续表）

序号	名称	型号与规格	单位	数量/人	检查确认
9	洗瓶(装满蒸馏水)	500 ml	个	1	
10	定氮蒸馏装置	/	套	1	
11	硫酸铜	AR	g	0.8	
12	硫酸钾	AR	g	12	
13	硫酸	AR	ml	50	
14	玻璃珠	/	粒	若干	
15	甲基红乙醇溶液	/	ml	若干	
16	硼酸溶液	20 g/L	瓶	1	
17	甲基红-溴甲基酚绿混合指示剂	按比例混合	瓶	1	
18	氢氧化钠溶液	400 g/L	瓶	1	
19	硫酸标准滴定溶液	0.050 0 mol/L	瓶	1	

◆ **乳粉样品制备**

乳粉取样时需用匙多次搅拌,确保样品均匀,具有代表性。部分乳粉可能会出现少量结块等现象,应先用匙捣碎并多次混匀后方可以取样。若客户送检或抽检样品为多个独立包装时,应对每个独立包装称取相同比例的样品,在充分混匀后方可取样。

◆ **样品检测**

引导问题3 请你画出乳粉中蛋白质测定步骤的思维导图。

步骤1:试样的称量　用电子天平称取试样约1.0 g(精确至0.01 g)于250 ml定氮瓶中,称两份。

步骤2:试样的消解　用电子天平分别称取0.4 g硫酸铜、6 g硫酸钾,用量筒量取20 ml硫酸,分别放入已称好样品的定氮瓶中,轻摇后在定氮瓶口加入一个小漏斗,置于石棉网上小心加热,直到全部炭化且泡沫完全停止为止。加强火力,并保持瓶内液体微沸,至液体呈蓝绿色并澄清透明后,再继续加热0.5～1 h。取下放冷,小心加入20 ml水。放冷后,移入100 ml容量瓶中,并用少量水洗定氮瓶,洗液并入容量瓶中,再加水至刻度,混匀备用。

引导问题4 在实验中加入硫酸钾-硫酸铜混合物的作用是什么?

答:

引导问题5 小漏斗的作用是什么?

答:

步骤 3：试样的蒸馏　装好定氮蒸馏装置。向水蒸气发生器内装水至 2/3 处。加入数粒玻璃珠，加甲基红乙醇溶液数滴及数毫升硫酸，以保持水呈酸性。加热煮沸水蒸气发生器内的水并保持沸腾。向接受瓶内加入 10.0 ml 硼酸溶液及 1～2 滴 A 混合指示剂或 B 混合指示剂。将冷凝管的下端插入液面下，根据试样中氮含量，准确吸取 2.0～10.0 ml 试样处理液由小玻杯注入反应室。以 10 ml 水洗涤小玻杯并使之流入反应室内，随后塞紧棒状玻塞。将 10.0 ml 氢氧化钠溶液倒入小玻杯，提起玻塞使其缓缓流入反应室，立即将玻塞盖紧，并水封。夹紧螺旋夹，开始蒸馏。蒸馏 10 min 后移动蒸馏液接收瓶，液面离开冷凝管下端，再蒸馏 1 min。然后，用少量水冲洗冷凝管下端外部，取下蒸馏液接收瓶。

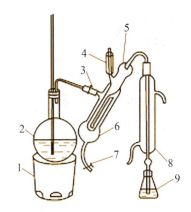

引导问题 6　在实验中加入玻璃珠作用是什么？
答：

引导问题 7　加甲基红乙醇溶液数滴及数毫升硫酸作用是什么？
答：

引导问题 8　加入 NaOH 一定要过量。如何判断 NaOH 是否过量？
答：

步骤 4：试样的滴定　取一支酸碱两用滴定管，装入 0.050 0 mol/L 的硫酸标准滴定溶液，滴定。滴定至终点，终点颜色呈浅灰红色。

步骤 5：滴定终点判断　滴定时仔细观察锥形瓶中颜色变化，至试样溶液初现微红色，且 15 s 内无明显褪色时，为滴定的终点，停止滴定。通常，滴定接近终点，至只需要再滴入半滴就可以到达终点，为了使滴定的结果更加准确，采用半滴技术。

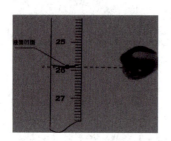

步骤6：读数及记录　从滴定管架上取下滴定管，读取试样滴定所消耗的标准滴定溶液的体积数 V。

步骤7：平行测定　使用同样的样品测定方法，称取 2 份试样，在相同的操作条件下进行两次平行测定。

步骤8：空白实验　不加入试样的情况下，按与测定试样相同的步骤和条件进行空白试验。记录空白试验消耗标准滴定溶液的体积数 V_0 为空白值。

◆ 数据记录

凯氏定氮法测定食品中的蛋白质

引导问题 9　数据记录表应在实验前准备好，以便在实验的过程中及时、清晰、规范地记录原始数据。在实验完成后正确填写计算结果数据。蛋白质测定数据记录表应如何设计？小组讨论后，在下面的空白处完成数据记录表设计（样表见表 5-2-2）。

表 5-2-2　蛋白质测定数据记录表

测定次数	取样量 m/g	试样消耗硫酸标准溶液的体积 V/ml	空白消耗硫酸标准溶液的体积 V_0/ml	蛋白质 $/(g/100\ g)$	蛋白质平均值 $/(g/100\ g)$	相对极差 $/\%$	标准滴定溶液的浓度 $c_{(H_2SO_4)}/(mol/L)$
1							
2							

◆ 结果计算

引导问题 10　怎样依据实验测得的原始数据计算出蛋白质测定值？有效数字位数如何保留？写出你的计算过程，并将计算结果填入数据记录表中。

① 计算试样 1 的蛋白质：

② 计算试样 2 的蛋白质：

③ 计算两次测定的算术平均值：

④ 计算两次测定的极差：

⑤ 计算相对极差：

试样中蛋白质的含量计算：

$$X = \frac{(V_1 - V_2) \times c \times 0.0140}{m \times V_3/100} \times F \times 100,$$

式中：X 为试样中蛋白质的含量，%；V_1 为试液消耗硫酸或盐酸标准滴定溶液的体积，ml；V_2 为试剂空白消耗硫酸或盐酸标准滴定液的体积，mol/L；c 为硫酸或盐酸标准滴定溶液浓度，mol/L；0.0140 为 1.0 ml 硫酸 $\left[c\left(\frac{1}{2}H_2SO_4\right) = 1.000 \text{ mol/L}\right]$ 或盐酸 $[c(HCl) = 1.000 \text{ mol/L}]$ 标准滴定溶液相当的氮的质量，g；m 为试样的质量，g；V_3 为吸取消化液的体积，ml；F 为氮折算为蛋白质的系数；100 为换算系数。

蛋白质含量大于等于 1 g/100 g 时，结果保留三位有效数字；蛋白质含量小于 1 g/100 g 时，结果保留两位有效数字。当只检测氮含量时，不需要乘蛋白质换算系数 F。

◆ 注意事项

引导问题 11　请分析描述测定过程的 HSE 注意事项。（技能大赛考核要求）

答：

◆ 结果判定与报告

引导问题 12　请你设计检验报告，对本次样品蛋白质测定结果进行判定与报告（样表见表 5-2-3）。

表 5-2-3　蛋白质测定检验报告

样品名称	检测项目	检验方法	测定结果/(mg/g)	标准要求/(mg/g)	单项结果判定	检验员签名	检验日期
	蛋白质	GB 5009.5-2016					

任务评价

序号	评价要求	分值	评价记录	得分
1	按规定着装	3		
2	知识过关题	5		
3	实验物品的准备和检查	5		
4	样品的正确登记和处理	2		
5	正确称样	3		
6	正确消解	8		
7	正确蒸馏操作	8		
8	滴定操作正确,手法规范	3		
9	终点控制准确	5		
10	读数动作规范,读数准确	3		
11	正确进行平行测定	3		
12	正确进行空白试验	3		
13	及时、规范、整洁、正确记录原始数据	3		
14	计算公式正确,数据代入正确	3		
15	有效数字正确	3		
16	计算结果正确	5		
17	精密度符合要求	5		
18	清洁操作台面,器材干净并摆放整齐	5		
19	废液、废弃物处理合理	5		
20	遵守实验室规定,操作文明、安全	5		
21	操作熟练,按时完成	5		
22	学习积极主动	5		
23	沟通协作	5		
总评				

巩固练习

1. 画出凯氏定氮法的蒸馏装置图,并标明各部分的名称。
2. 蛋白质测定中,样品消化过程所必须注意的事项有哪些?

学习心得

总结本任务所学内容,和老师同学交流讨论,撰写学习心得。

班级:_____   姓名:_____   组名\组号:_____
学号\工位号:_____   日期:____年___月___日

项目五 常见营养成分的检验

任务3 食品中碳水化合物的测定

学习目标

1. 说出食品中还原糖测定的原理;能按要求准备还原糖测定所需的试剂、仪器,正确配制所需试剂,做到安全操作、节约试剂。
2. 能在规定时间内规范完成测定,终点控制准确,准确读取原始数据,爱护仪器设施设备。
3. 能规范填写原始数据、正确计算数据,能对测定结果正确分析和判断。

情景导入

碳水化合物统称为糖类,是由C、H、O 3种元素组成的一大类化合物,是人与动物所需热量的重要来源。食品中的碳水化合物不仅能提供热量,而且还是改善食品品质、组织结构,增加食品风味的食品加工辅助材料。变形淀粉、环糊精、果胶在食品工业中的应用越来越广泛,具有特别重要的意义。食品中碳水化合物含量的测定是食品营养价值评价指标之一,其含量的高低,可以指示食品营养价值的高低。

学习内容

1. 测量食品中的碳水化合物

引导问题1 请你写出碳水化合物在食品中的作用。

答:

食品中碳水化合物的测定方法很多,单糖和低聚糖的测定采用的方法有物理法、化学法、色谱法和酶解法等。物理法包括相对密度法、折光法和旋光法等,这些方法比较简单。一些特定的样品,或生产过程监控,采用物理法较为方便。化学法是一种广泛采用的常规分析法,包括还原糖法(斐林试剂法)、碘量法、缩合反应法等。化学法测得多为总糖含量,不能确定糖的种类及每种糖的含量。利用色谱法可以对样品中的各种糖类进行分离定量。目前,利用气相色谱和高效液相色谱分离和定量食品中各种糖类已得到广泛应用。近年来,离子交换色谱具有灵敏度高、选择性好等优点,也已成为一种卓有成效的碳水化合物测定法。

2. 还原糖

还原糖是指具有还原性的糖类。葡萄糖分子中含有游离醛基,果糖分子中含有游离酮基,乳糖和麦芽糖分子中含有游离的半缩醛羟基。因而,以上糖都具有还原性,是还原糖。其他的糖类都属于非还原糖,如蔗糖、糖精、淀粉。其本身不具有还原性,但可以通过水解而生成具有还原性的单糖,再测定,然后,换算成样品中相应的糖类含量。所以,碳水化合物的测定是以还原糖的测定为基础。

3. 还原糖的测定

还原糖测定的方法很多,最常用的方法为直接滴定法。此方法具有试剂用量少,操作简单、快速,滴定终点明显等特点,适用于各类食品中还原糖的测定,是国家标准分析方法。

引导问题 2　什么是还原糖?说出还原糖测定(直接滴定法)的原理。

答:

◆ **技能应用**

1. 查阅《食品安全国家标准 食品中还原糖的测定》。
2. 解读直接滴定法。

在加热条件下以次甲基蓝为指示剂,将已除去蛋白质的被测样品溶液直接滴定已标定过的斐林氏液。样品的还原糖与斐林试剂的酒石酸钾钠铜络合物反应,生成可溶性化合物。到达终点时,稍过量的还原糖立即将次甲基蓝还原。再根据样品消耗体积计算还原糖量。

◆ **知识过关题**

1. 碳水化合物分为＿＿＿＿、＿＿＿＿、＿＿＿＿。
2. 直接滴定法测定还原糖是最终至＿＿＿＿颜色褪去。
3. (判断题)直接滴定法适用于各类食品中还原糖的测定,不宜测定酱油、深色果汁等深色样品。(　　)

食品中碳水化合物测定任务案例
——硬质糖果中还原糖的测定(1+x食品检验管理证书考核项目)

◆ **任务描述**

在硬质糖果中,还原糖含量是衡量糖果品质的一项重要指标。某糖果公司要对一款硬质糖果质量进行评价,你作为该公司检验部门检验员,负责还原糖含量测定。按(测定准备→样品处理→还原糖测定→结果计算与评价→出具报告)的工作流程完成任务。

◆ **仪器、试剂准备清单**

准备仪器和试剂,见表5-3-1。

表5-3-1　硬质糖果中还原糖的测定仪器、试剂清单

序号	名称	型号与规格	单位	数量/人	备注	检查确认
1	天平	感量0.01 g	台	1		
2	滴定管	50 ml	支	1	酸碱通用	
3	锥形瓶	250 ml	个	4		
4	电炉	/	台	1		
5	吸量管	5 ml	支	2		
6	量筒	10 ml	个	1		

(续表)

序号	名称	型号与规格	单位	数量/人	备注	检查确认
7	废液缸	500 ml	个	1		
8	洗瓶	500 ml	个	1	装满蒸馏水	
9	碱性酒石酸铜甲液	/	瓶	50 ml		
10	碱性酒石酸铜乙液	/	瓶	50 ml	按 GB 5009.7-2016 配制和标定	
11	乙酸锌溶液	/	瓶	10 ml		
12	亚铁氰化钾溶液	106 g/L	/	10 ml		
13	葡萄糖标准溶液	1 g/L	/	200 ml		

试剂配制：

步骤1：碱性酒石酸铜甲液　称取 15 g 硫酸铜($CuSO_4 \cdot 5H_2O$)及 0.05 g 亚甲基蓝,溶于水中,稀释至 1000 ml。

步骤2：碱性酒石酸铜乙液　称取 50 g 酒石酸钾钠及 75 g 氢氧化钠,溶于水中,再加入 4 g 亚铁氰化钾,完成溶解后,用水稀释至 1000 ml,储存于橡胶塞玻璃瓶内。

步骤3：乙酸锌溶液　称取 21.9 g 乙酸锌[$Zn(CH_3COO)_2 \cdot 2H_2O$],加 3 ml 冰醋酸,加水溶解并稀释至 1000 ml。

步骤4：106 g/L 亚铁氰化钾溶液　称取 10.6 g 亚铁氰化钾[$K_4Fe(CN)_6 \cdot 3H_2O$]溶于水中,稀释至 100 ml。

步骤5：1 g/L 葡萄糖标准溶液　准确称取 1.000 g 于 98～100 ℃烘干至恒重的无水葡萄糖,加水溶解后,加入 5 ml 盐酸(防止微生物生长)。转移入 1000 ml 容量瓶中,并用水定容。

◆ 样品处理

引导问题3　这次实验使用的是硬质糖果,在实验测定前需要进行样品预处理。请你根据国标,写出样品处理过程。

答：

◆ 样品测定

引导问题4　请画出硬质糖果中还原糖测定步骤的思维导图。

糖果中还原糖的测定

步骤1：样品处理　称取 2.5～5 g 糖果样品,捣碎,加适量水溶解后转移至 250 ml 容量瓶中。摇匀后慢慢加入乙酸锌溶液 5 ml 及亚铁氰化钾溶液 5 ml,加水至容量瓶刻度线,混匀。静置 30 min,用干燥的滤纸过滤,滤液备用。

步骤2:样品溶液预测

① 滴定准备:用吸量管取 5.0 ml 碱性酒石酸甲液及 5.0 ml 碱性酒石酸铜乙液,至于 150 ml 锥形瓶中,加水 10 ml,加入玻璃珠 2 颗。

② 加热:将装好溶液的锥形瓶置于电炉加热,控制 2 min 内溶液沸腾。

③ 滴定:取一支酸碱两用滴定管,装入待测样品溶液,锥形瓶内溶液沸腾后,趁沸以先快后慢的速度,从滴定管中滴加样品溶液,并保持沸腾状态。

④ 滴定终点:待溶液颜色变浅时,以 1 滴/2 s 的滴定速度,直至溶液蓝色刚好褪去为终点,记录样液消耗体积 $V_{预}$。

引导问题5　为什么要进行样品溶液的预测?

答:

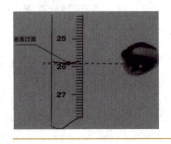

步骤3:样品溶液测定　用吸量管取 5.0 ml 碱性酒石酸甲液及 5.0 ml 乙液,至于 150 ml 锥形瓶中。加水 10 ml,加入玻璃珠 2 颗,从滴定管里滴加比预测体积少 1 ml 的样液。操作步骤与样品溶液预测一致(加热滴定至终点)。记录消耗样品溶液体积 V。

步骤 4：平行测定　使用同样的样品测定方法，再取 2 份水样，进行 3 次平行测定。

◆ 数据记录

数据记录于表 5-3-2。

表 5-3-2　糖果中还原糖含量的测定数据记录表

记录项目	测定次数		
	1	2	3
10 ml 碱性酒石酸铜溶液（甲、乙液分别 5 ml）相当于还原糖的质量 m_1/mg			
糖果样品的质量 m_2/g			
预测消耗样液体积 $V_预$/ml			
($V_预$ - 1)/ml			
滴定消耗样液的体积 V/ml			
糖果中还原糖的含量/(g/100 g)			
平均含量/(mg/L)			
极差			
相对极差			

◆ 结果计算

样品中还原糖的含量计算：

$$X = \frac{m_1}{m_2 \times \dfrac{V}{250} \times 1\,000} \times 100,$$

式中：X 为样品中还原糖的含量（以葡萄糖计），g/100 g；m_1 为 10 ml 碱性酒石酸铜溶液（甲、乙液分别 5 ml）相当于还原糖的质量，mg；m_2 为糖果样品的质量，g；V 为测定时消耗样品溶液的体积，ml。同一样品平行测定值相对极差不得超过 15%。

引导问题 6　写出你的计算过程，并将计算结果填入数据记录表中。

① 计算平行 1 的还原糖含量：

② 计算平行 2 的还原糖含量：

③ 计算平行 3 的还原糖含量：

④ 计算 3 次测定的算术平均值：

⑤ 计算还原糖含量的极差：

⑥ 计算相对极差：

◆ **注意事项**

① 实验中的加热温度、时间及滴定时间力求一致。
② 加热温度应使溶液在 2 min 内沸腾，若煮沸的时间过长会导致耗糖量增加。
③ 滴定过程中滴定装置不能离开热源，不能摇瓶子。
④ 滴定速度应尽量控制在每 2 s 滴加 1 滴。
⑤ 乙液中加入少量亚铁氰化钾的目的是，使生成的红色氧化亚铜配位形成可溶性配合物，消除红色沉淀对滴定终点的干扰，使终点变色更明显。

◆ **结果判定与报告**

判定结果填入表 5-3-3 中。

表 5-3-3 还原糖含量的检验报告

样品名称	检测项目	检验方法	测定结果 /(g/100 g)	标准要求 /(g/100 g)	单项结果判定	检验员签名	检验日期
	还原糖的含量测定						

提示：查找糖果对应的品质指标，确定还原糖含量的合格范围，从而判断检验结果。

任务评价

序号	评价要求	分值	评价记录	得分
1	按规定着装	5		
2	知识过关题	5		
3	实验物品的检查	5		
4	样品预处理	5		
5	按要求进行样液的预测	5		
6	滴定操作正确,手法规范	5		
7	终点控制准确	5		
8	读数动作规范,读数准确	5		
9	正确进行平行测定	5		
10	记录原始数据规范、整洁、正确、及时	5		
11	计算公式正确,数据代入正确	5		
12	有效数字正确	5		
13	计算结果正确	5		
14	精密度符合要求	5		
15	清洁操作台面,器材干净并摆放整齐	5		
16	废液、废弃物处理合理	5		
17	遵守实验室规定,操作文明、安全	5		
18	操作熟练,按时完成	5		
19	学习积极主动	5		
20	沟通协作	5		
总评				

拓展学习

碱性酒石酸铜溶液的标定

用吸量管吸取碱性酒石酸铜甲液 5.0 ml 和碱性酒石酸铜乙液 5.0 ml,于 150 ml 锥形瓶中。加水 10 ml,加入玻璃珠 2～4 粒。从滴定管中加葡萄糖标准溶液(1.0 mg/ml)约 9 ml。控制在 2 min 中内加热锥形瓶中溶液至沸,趁热以每 2 s 滴 1 滴的速度继续滴加葡萄糖标准溶液,直至溶液蓝色刚好褪去为终点。记录消耗葡萄糖标准溶液的总体积。平行操作 3 份,取其平均值,计算每 10 ml(碱性酒石酸甲、乙液各 5 ml)碱性酒石酸铜溶液相当于葡萄糖(或其他还原糖)的质量(mg)。

$$m_1 = c \times V,$$

式中,c 为葡萄糖标准溶液的浓度,mg/ml;V 为消耗葡萄糖标准溶液的体积,ml。

提示:也可以按上述方法标定 4～20 ml 碱性酒石酸铜溶液(甲、乙液各半),来适应试样中还原糖的浓度变化。

巩固练习

1. （　　）测定是糖类定量的基础。
   A．还原糖　　　B．非还原糖　　　C．葡萄糖　　　D．淀粉

2. 直接滴定法在测定还原糖含量时用（　　）作指示剂。
   A．亚铁氰化钾　　　B．Cu^{2+} 的颜色　　　C．硼酸　　　D．次甲基蓝

3. 用直接滴定法测定食品还原糖含量时，所用的斐林标准溶液由两种溶液组成，A（甲）液是_____，B（乙）液是_____。

4. 测定还原糖任务在样品处理时，样品中加入乙酸锌和亚铁氰化钾溶液的目的是什么？

学习心得

总结本任务所学内容，和老师同学交流讨论，撰写学习心得。

班级：_____　　姓名：_____　　组名\组号：_____

学号\工位号：_____　　日期：_____年____月____日

项目五 常见营养成分的检验

任务4 食品中维生素C的测定

学习目标

1. 能正确领用食品中维生素C测定所需的试剂、仪器、设备,合理进行样品预处理及正确配制测定所需试剂,做到安全操作、节约试剂。

2. 能在规定时间内,按照正确步骤进行规范严谨的测定操作,终点控制准确,并准确读取原始数据,爱护仪器设施设备。

3. 能规范记录填写原始数据并正确运算和修约计算数据,能对测定结果进行误差计算和判定。

情景导入

维生素是维持人体正常生命活动所必须的一类有机化合物,在体内含量极微,但在体内的代谢、生长发育等过程中起重要作用。

维生素C能促进骨胶原的生物合成,作用于组织损伤,使伤口更快愈合,促进胶原蛋白的合成,防止牙龈出血,促进牙齿和骨骼的生长;维生素C也能促进氨基酸中酪氨酸和色氨酸的代谢,延长体质寿命,增强机体对外界环境的抗应激能力和免疫力。人体缺乏维生素C时则可能出现坏血病。因而,维生素C的含量是蔬菜、水果等食品质量的重要指标。

学习内容

1. 认识维生素C

在日常生活中常见的食物,包括蔬菜、水果、肉类等,都含有丰富的维生素C,应合理摄取。

引导问题1 查阅中国食物成分表(2020年版),了解生活中常见食品的维生素C含量。绘制常见食物的维生素C含量排行榜。

答:

人体不能合成维生素C,只能通过食物摄取。中国营养学会建议:维生素C参考摄入量(RNI)成年人为每日100 mg,可耐受最高摄入量(UL)每日1 000 mg。

食物中的维生素C主要存在于新鲜的蔬菜、水果中,是人体维生素C的主要来源。水果中新枣、酸枣、橘子、山楂、柠檬、猕猴桃、沙棘和刺梨含有丰富的维生素C;蔬菜中绿叶蔬菜、青椒、番茄、大白菜等含量较高。不同栽培条件、不同成熟度和不同的加工贮藏方法,都可以影响水果、蔬菜的维生素C含量。

2. 如何测出食品中维生素C含量

引导问题2 食品中维生素C检测方法有哪些?滴定法检测原理是什么?

答:

◆ **技能应用**

1. 查阅食品中维生素 C 检测国家标准。
2. 解读第三法:2,6-二氯靛酚滴定法。

2,6-二氯靛酚(DCPIP)是一种染料,在中性或碱性溶液中呈蓝色,在酸性溶液中呈红色。维生素 C 具有的强还原性,能使 2,6-二氯靛酚还原褪色。

用蓝色的碱性染料 2,6-二氯靛酚标准溶液对含维生素 C 的试样酸性浸出液进行氧化还原滴定,2,6-二氯靛酚被还原为无色,当到达滴定终点时,多余的 2,6-二氯靛酚在酸性介质中显浅红色。由 2,6-二氯靛酚的消耗量计算样品中维生素 C 的含量。

◆ **知识过关题**

1. 维生素 C 的测定原理为:2,6-二氯靛酚在酸性溶液中_____,在中性或碱性溶液中_____。用 2,6-二氯靛酚滴定含有维生素 C 的酸性溶液时,在维生素 C 全部被氧化后,再滴下的 2,6-二氯靛酚将立即使溶液呈_____,从而显示到达滴定终点。
2. 滴定法测定食品中维生素 C 发生_____反应,属于四大滴定中的_____法。

食品中维生素 C 测定任务案例
——新鲜西红柿中维生素 C 的测定

◆ **任务描述**

你是某检测技术公司的食品检验员,今天接到任务,要完成市场监督管理局委托抽检的一批农产品检测任务,你负责其中新鲜西红柿中维生素 C 项目的测定。依据检验工作一般流程,你制定了图 5-4-1 所示的工作计划。

图 5-4-1　维生素 C 测定工作流程

◆ **仪器、试剂准备**

请你按照表 5-4-1 的清单准备好实验所需试剂及用具,并填写检查确认情况。

表 5-4-1　食品中维生素 C 测定(滴定法)仪器、试剂清单

序号	名称	型号与规格	单位	数量/人	检查确认
1	天平	感量 0.01 g	台	1	
2	微量滴定管	3 ml	支	1	
3	锥形瓶	250 ml	个	3	
4	胶头滴管	/	支	2	

（续表）

序号	名称	型号与规格	单位	数量/人	检查确认
5	烧杯	100 ml	个	1	
6	量筒	50 ml	个	1	
7	废液杯	500 ml	个	1	
8	洗瓶(装满蒸馏水)	500 ml	个	1	
9	研钵	/	个	2	
10	滤纸	/	盒	1	
11	漏斗	/	个	2	
12	脱脂纱布	/	卷	1	
13	白陶土(或高岭土)	对维生素C无吸附性	/	若干	
14	偏磷酸(HPO_3)(≥38%)	/	瓶	1	
15	草酸($C_2H_2O_4$)	AR500 g	瓶	1	
16	碳酸氢钠($NaHCO_3$)	AR500 g	瓶	1	
17	2,6-二氯靛酚(2,6-二氯靛酚钠盐,$C_{12}H_6Cl_2NNaO_2$)	250 mg	瓶	1	
18	L(+)-维生素C标准品 $C_6H_8O_6$	纯度≥99%	瓶	1	

试剂配制：

步骤1：偏磷酸溶液(20 g/L)　称取20 g偏磷酸，用水溶解并定容至1 L。

步骤2：草酸溶液(20 g/L)　称取20 g草酸，用水溶解并定容至1 L。

步骤3：2,6-二氯靛酚(2,6-二氯靛酚钠盐)溶液　称取碳酸氢钠52 mg，溶解在200 ml热蒸馏水中。然后称取2,6-二氯靛酚50 mg，溶解在上述碳酸氢钠溶液中。冷却并用水定容至250 ml，过滤至棕瓶内，于4～8℃环境中保存。每次使用前，用标准维生素C溶液标定其滴定度。

标定方法：准确吸取1 ml维生素C标准溶液于50 ml锥形瓶中，加入10 ml偏磷酸溶液或草酸溶液，摇匀，用2,6-二氯靛酚溶液滴定至粉红色，保持15 s不褪色为止。另取10 ml偏磷酸溶液或草酸溶液做空白试验。2,6-二氯靛酚溶液的滴定度计算：

$$T = \frac{c \times V}{V_1 - V_0},$$

式中，T为2,6-二氯靛酚溶液的滴定度，即每毫升2,6-二氯靛酚溶液相当于维生素C的毫克数，mg/ml；c为维生素C标准溶液的质量浓度，mg/ml；V为吸取维生素C标准溶液的体积，ml；V_1为滴定维生素C标准溶液所消耗2,6-二氯靛酚溶液的体积，ml；V_0为空白试验所消耗2,6-二氯靛酚溶液的体积，ml。

步骤4：L(+)-维生素C标准溶液(1.000 mg/ml)　称取100 mg(精确至0.1 mg)L(+)-维生素C标准品，溶于偏磷酸溶液或草酸溶液并定容至100 ml。该贮备液在2～8℃

避光条件下可保存一周。

◆ 西红柿试样制备

用四分法取若干个西红柿,水洗干净,用纱布或吸水纸吸干表面水分。取全果(去柄)并用刀具切成小块混匀。再称取具有代表性样品的可食部分 100 g,放入粉碎机中,加入 100 g 偏磷酸溶液或草酸溶液,迅速捣成匀浆。

引导问题 3 偏磷酸溶液(或草酸溶液)的作用是什么?

答:

准确称取 10～40 g 匀浆样品(精确至 0.01 g)于烧杯中,用偏磷酸溶液或草酸溶液将样品转移 100 ml 容量瓶,并稀释至刻度,摇匀后过滤。若滤液有颜色,可按每克样品加 0.4 g 白陶土脱色后再过滤。

引导问题 4 加入白陶土的作用是什么?对于白陶土的规格/要求是什么?

◆ 样品检测

引导问题 5 请你画出西红柿中维生素 C 测定步骤的思维导图。

步骤 1:滴定准备 取一支酸碱两用微量滴定管(3 ml),并用标准滴定液润洗,排气。整个检测过程应在避光条件下进行。

引导问题 6 为什么选择微量滴定管而不用常规滴定管?微量滴定管和常量滴定管有什么不同?

答:

步骤 2:试样的滴定 准确吸取 10 ml 样品滤液于 50 ml 锥形瓶中。微量滴定管装入已标定过的 2,6-二氯靛酚溶液,滴定。

引导问题 7 为什么强调避光操作?

答:

步骤 3:滴定终点判断 滴定速度应缓慢便于观察。滴定时仔细观察锥形瓶中颜色变化,至试样溶液初现微红色,且 15 s 内无明显褪色时,为滴定的终点,停止滴定。接近终点,采用半滴技术。

步骤 4：读数及记录　从滴定管架上取下滴定管，读取试样滴定所消耗的标准滴定溶液的体积数 V。读数完毕立刻将原始数据记录至数据表中。

步骤 5：平行测定　使用同样的样品测定方法，称取 2 份试样，在相同的操作条件下进行两次平行测定。

步骤 6：空白实验　不加入试样的情况下，与测定试样相同的步骤和条件进行空白试验。记录空白试验消耗标准滴定溶液的体积数 V_0 为空白值。

◆ 数据记录

引导问题 8　数据记录表应在实验前准备好，以便在实验的过程中及时、清晰、规范地记录原始数据，在实验完成后正确填写计算结果数据。维生素 C 测定数据记录表应如何设计？小组讨论后，在下面的空白处完成数据记录表设计（样表见表 5-4-2）。

表 5-4-2　维生素 C 测定数据记录表

测定次数	取样量 m/g	试样试验消耗 2,6-二氯靛酚溶液的体积 V/ml	空白试验消耗 2,6-二氯靛酚溶液的体积 V_0/ml	维生素 C 含量 /(mg/g)	维生素 C 含量平均值 /(mg/g)	相对极差 /%	2,6-二氯靛酚溶液的滴定度 T/(mg/ml)
1							
2							

◆ 结果计算

引导问题 9　怎样依据实验测得的原始数据计算出维生素 C 测定值？有效数字位数如何保留？写出计算过程，并将计算结果填入数据记录表中。

① 计算试样 1 的维生素 C 含量：

② 计算试样 2 的维生素 C 含量：

③ 计算两次测定的算术平均值：

④ 计算两次测定的极差：

⑤ 计算相对极差：

维生素 C 含量计算：

$$X = \frac{(V-V_0) \times T \times A}{m} \times 100,$$

式中：X 为试样中维生素 C 含量，mg/100 g；V 为滴定试样试验所消耗的 2,6-二氯靛酚溶液的体积；V_0 为滴定空白试验所消耗的 2,6-二氯靛酚溶液的体积；T 为 2,6-二氯靛酚溶液的滴定度，即每毫升 2,6-二氯靛酚溶液相当于维生素 C 的质量；A 为稀释倍数；m 为试样质量，g。

计算结果以重复性条件下获得的两次独立测定结果的算术平均值表示，结果保留 3 位有效数字。

◆ 注意事项

引导问题 10　请分析描述测定过程的 HSE 注意事项。（技能大赛考核要求）

答：

◆ 结果判定与报告

引导问题 11　请你设计检验报告，对本次样品维生素 C 测定结果进行判定与报告（样表见表 5-4-3）。

表 5-4-3　维生素 C 测定检验报告

样品名称	检测项目	检验方法	测定结果/(mg/g)	标准要求/(mg/g)	单项结果判定	检验员签名	检验日期
	维生素 C	GB 5009.86-2016					

任务评价

序号	评价要求	分值	评价记录	得分
1	知识过关题	3		
2	按规定着装	2		
3	实验物品的准备和检查	5		
4	正确制订试验方案,绘制思维导图	5		
5	样品的正确制备	5		
6	滴定操作正确,手法规范	5		
7	终点控制准确	5		
8	读数动作规范,读数准确	5		
9	正确进行平行测定	5		
10	正确进行空白试验	5		
11	规范、整洁、正确、及时记录原始数据	5		
12	计算公式正确,数据代入正确	5		
13	有效数字正确	5		
14	计算结果正确,结果判定正确	5		
15	精密度符合要求	5		
16	清洁操作台面,器材干净并摆放整齐	5		
17	废液、废弃物处理合理	5		
18	遵守实验室规定,操作文明、安全	5		
19	操作熟练,按时完成	5		
20	学习积极主动	5		
21	沟通协作	5		
	总评			

巩固练习

1. 维生素 C 滴定操作要尽可能快,不要超过 2 min,并防止与铁铜器具接触,以_____。

2. 滴定法测定维生素 C 含量,要使结果准确,滴下的 2,6-二氯靛酚溶液应在_____之间。

总结本任务所学内容,和老师同学交流讨论,撰写学习心得。

班级:_____ 姓名:_____ 组名\组号:_____
学号\工位号:_____ 日期:____年____月____日

任务 5　食品中膳食纤维的测定

1. 能按要求准备膳食纤维测定所需的试剂、仪器、设备,正确配制测定所需试剂,做到安全操作、节约试剂。

2. 能在规定时间内,按照任务步骤规范完成测定,爱护仪器设施设备。

3. 能规范填写原始数据、正确计算数据,能对测定结果进行分析和判断。

情景导入

膳食纤维被称为"没有营养的营养素"。随着肉类食物和高脂肪食物摄入量的增加,"三高"、糖尿病等"富贵病"的发病比例逐渐增多。膳食纤维"肠道清道夫"的神奇作用引起了大众的兴趣,一时间"回归粗粮"、"多吃纤维"的饮食观念也逐渐盛行起来。膳食纤维量是食品的重要评价指标。

1. 认识膳食纤维

膳食纤维(DF)是一种不能被人体消化的碳水化合物。按其能否溶于水分为两类:可溶性膳食纤维(SDF)与不溶性膳食纤维(IDF)。可溶性膳食纤维与不溶性膳食纤维之和称为总膳食纤维(TDF)。纤维素、半纤维素和木质素是 3 种常见的不溶性膳食纤维,存在于植物细胞壁中;而果胶和树胶等属于可溶性膳食纤维,存在于自然界的非纤维性物质中。

膳食纤维是一类特殊的碳水化合物,虽然不能被人体消化道酶分解,但因为有着重要的生理功能,也成为人体不可缺少的物质,被称为人类的"第七大营养素"。适宜的膳食纤维摄入量能帮助肠胃蠕动,促进食物的消化吸收。膳食纤维具有强大吸水性,有利于粪便的排泄,防止便秘。由于其庞大的吸附基团,能将众多有害、有毒的因子带出体外。经常补充膳食纤维,不仅能保持健康的体质,还能有效预防冠心病、糖尿病等多种疾病。中国营养学会提出:我国成年人膳食纤维的适宜摄入量为每天 30 g 左右。

引导问题 1　请你写出生活中常见的富含膳食纤维的食品。

答:

豆类、大麦、胡萝卜、亚麻、燕麦和燕麦糠等食物都含有丰富的膳食纤维。其中大豆含有大量的大豆膳食纤维,具有营养丰富、风味独特、食用安全方便等特点,是膳食纤维中的佼佼者。

2. 食品中膳食纤维的测定

◆ 技能应用

1. 查阅《食品安全国家标准 食品中膳食纤维的测定》国家标准。

2. 解读酶重量法。

干燥试样经热稳定 α-淀粉酶、蛋白酶和葡萄糖苷酶酶解消化去除蛋白质和淀粉后,经乙醇沉淀、抽滤,残渣用乙醇和丙酮洗涤,干燥称量,即为总膳食纤维残渣。另取试样同样酶解,直接抽滤并用热水洗涤,残渣干燥称量,即得不溶性膳食纤维残渣;滤液用 4 倍体积的乙醇沉淀、抽滤、干燥称量,得可溶性膳食纤维残渣。扣除各类膳食纤维残渣中相应的蛋白质、灰分和试剂空白含量,即可计算出试样中总的、不溶性和可溶性膳食纤维含量。

引导问题 2 说出测定食品中总膳食、可溶性和不可溶性膳食纤维的原理。

答:

该方法测定的总膳食纤维为不能被 α-淀粉酶、蛋白酶和葡萄糖苷酶酶解的碳水化合物聚合物,包括不溶性膳食纤维和能被乙醇沉淀的高分子质量可溶性膳食纤维,如纤维素、半纤维素、木质素、果胶、部分回生淀粉,及其他非淀粉多糖和美拉德反应产物等;不包括低分子质量(聚合度 3~12)的可溶性膳食纤维,如低聚果糖、低聚半乳糖、聚葡萄糖、抗性麦芽糊精,以及抗性淀粉等。

◆ **知识过关题**

1. 膳食纤维是一种_____的碳水化合物,包括_____和_____两种基本类型。
2. 使用酶重量法测定膳食纤维含量,不包括_____、_____、_____、_____、_____等可溶性膳食纤维。
3. 样品经 α-淀粉酶、蛋白酶和葡萄糖苷酶酶解消化可以去除_____和_____。

任务实施

食品膳食纤维的测定任务案例
——酶重量法测定豆浆中总膳食纤维含量

◆ **任务描述**

某豆浆公司要对生产的大豆豆浆粉进行产品性能评价。你作为该公司检验部门检验员,负责膳总食纤维含量的测定项目,按测定准备→样品总膳食纤维含量测定→结果分析与评价→出具报告的工作流程完成任务。

◆ **仪器、试剂准备清单**

准备表 5-5-1 中的仪器和试剂。

表 5-5-1 豆浆中总膳食纤维含量测定仪器清单

序号	名称	型号与规格	单位	数量/人	检查确认
1	分析天平	感量 0.01 g	台	1	
2	坩埚	使用前按 GB 5009.88-2014 进行处理	个	1	
3	真空抽滤装置	/	台	1	
4	恒温振荡水浴箱	/	台	1	

(续表)

序号	名称	型号与规格	单位	数量/人	检查确认
5	高型无导流口烧杯	400 或 600 ml	个	1	
6	马弗炉	525±5℃	台	1	
7	烘箱	130±3℃	台	1	
8	干燥器	二氧化硅或同等的干燥剂	个	1	
9	pH 计	经 pH4.0、7.0 和 10.0 标准缓冲液校正	/	1	
10	真空干燥箱	70±1℃	/	1	
11	筛	板孔径 0.3～0.5 mm	/	1	
12	乙醇	95％	ml	30	
13	丙酮	/	ml	200	

(1) 试剂　95％乙醇、丙酮、石油醚、氢氧化钠、重铬酸钾、三羟甲基氨基甲烷、2-(N-吗啉代)乙烷磺酸、冰乙酸、盐酸、硫酸、热稳定 α-淀粉酶液、蛋白酶液、淀粉葡萄糖苷酶液、硅藻土。

(2) 试剂配制

步骤 1:乙醇溶液(85％,体积分数)　取 895 ml 95％乙醇,用水稀释并定容至 1 L,混匀。

步骤 2:乙醇溶液(78％,体积分数)　取 821 ml 95％乙醇,用水稀释并定容至 1 L,混匀。

步骤 3:氢氧化钠溶液(6 mol/L)　称取 24 g 氢氧化钠,用水溶解至 100 ml,混匀。

步骤 4:氢氧化钠溶液(1 mol/L)　称取 4 g 氢氧化钠,用水溶解至 100 ml,混匀。

步骤 5:盐酸溶液(1 mol/L)　取 8.33 ml 盐酸,用水稀释至 100 ml,混匀。

步骤 6:盐酸溶液(2 mol/L)　取 167 ml 盐酸,用水稀释至 1 L,混匀。

步骤 7:MES-TRIS 缓冲液(0.05 mol/L)　称取 19.52 g 2-(N-吗啉代)乙烷磺酸和 12.2 g 三羟甲基氨基甲烷,用 1.7 L 水溶解,根据室温用 6 mol/L 氢氧化钠溶液调 pH 值。20℃时,调 pH 为 8.3;24℃时,调 pH 为 8.2;28℃时,调 pH 为 8.1;20～28℃之间,用插入法校正 pH 值。加水稀释至 2 L。

步骤 8:蛋白酶溶液　用 0.05 mol/L MES-TRIS 缓冲液配成浓度为 50 mg/ml 的蛋白酶溶液,使用前现配并于 0～5℃暂存。

步骤 9:酸洗硅藻土　取 200 g 硅藻土于 600 ml 的 2 mol/L 盐酸溶液中,浸泡过夜,过滤。用水洗至滤液为中性,置于 525±5℃ 马弗炉中灼烧灰分后备用。

步骤 10:重铬酸钾洗液　称取 100 g 重铬酸钾,用 200 ml 水溶解,加入 1 800 ml 浓硫酸混合。

步骤 11:乙酸溶液(3 mol/L)　取 172 ml 乙酸,加入 700 ml 水,混匀后用水定容至 1 L。

◆ **试样制备**

根据水分含量、脂肪含量和糖含量,适当处理和干燥,粉碎,混匀过筛。

◆ **样品测定**

引导问题3 请你画出豆浆总膳食纤维含量的测定步骤的思维导图。

步骤1:称量　用分析天平准确称取双份试样1 g(精确至0.1 mg),双份试样质量差小于等于0.005 g。将试样转置于400～600 ml高脚烧杯中,加入0.05 mol/L MES-TRIS缓冲液40 ml。用磁力搅拌,直至试样完全分散在缓冲液中。制备两个空白样液与试样液进行同步操作,用于校正试剂对测定的影响。

步骤2:热稳定α-淀粉酶酶解　试样中分别加入50 μl热稳定α-淀粉酶液,缓慢搅拌,加盖铝箔。置于95～100℃恒温振荡水浴箱中持续振摇。当温度升至95℃开始计时,通常反应35 min。将烧杯取出,冷却至60℃,打开铝箔盖。用刮勺轻轻将附着于烧杯内壁的环状物以及烧杯底部的胶状物刮下,用10 ml水冲洗烧杯壁和刮勺。

引导问题4 使用α-淀粉酶酶解处理的目的是什么?
答:

步骤3:蛋白酶酶解　将试样液置于60±1℃水浴锅中水浴加热。向每个高脚烧杯加入100 μl蛋白酶溶液,盖上铝箔。开始计时,持续振摇,反应30 min。打开铝箔盖,边搅拌边加入5 ml 3 mol/L乙酸溶液,控制试样温度保持在60±1℃。用1 mol/L氢氧化钠溶液或1 mol/L盐酸溶液调节试样液pH值至4.5±0.2(pH计测定)。

步骤4:淀粉葡糖苷酶酶解　试样边搅拌边加入100 μl淀粉葡萄糖苷酶液,盖上铝箔。继续于60±1℃水浴中持续振摇,反应30 min。

步骤5:总膳食纤维测定　① 沉淀:向每份试样酶解液中,按乙醇与试样液体积比4∶1的比例,加入预热至60±1℃的95%乙醇(预热后体积约为225 ml)。取出烧杯,盖上铝箔,于室温条件下沉淀1 h。

② 抽滤:取已加入硅藻土并干燥称量的坩埚,用15 ml 78%乙醇润湿硅藻土并展平。接上真空抽滤装置,抽去乙醇使坩埚中硅藻土平铺于滤板上。将试样乙醇沉淀液转移入坩埚中抽滤,用刮勺和78%乙醇将高脚烧杯中所有残渣转至坩埚中。

③ 洗涤:分别用78%乙醇15 ml洗涤残渣2次,用95%乙醇15 ml洗涤残渣2次,丙酮

15 ml 洗涤残渣 2 次。抽滤去除洗涤液后,将坩埚连同残渣在 105℃烘干过夜。将坩埚置干燥器中冷却 1 h,称量(m_{GR})包括处理后坩埚质量及残渣质量,精确至 0.1 mg。减去处理后坩埚质量,计算试样残渣质量(m_R)。

④ 蛋白质和灰分的测定:取 2 份试样残渣中的 1 份按 GB5009.5 测定氮(N)含量。以 6.25 为换算系数,计算蛋白质质量(m_P)。另 1 份试样测定灰分,即在 525℃灰化 5 h,于干燥器中冷却,精确称量坩埚总质量(精确至 0.1 mg),减去处理后坩埚质量,计算灰分质量(m_A)。

步骤 6:平行测定 1～5 操作,采用双份试样。

步骤 7:空白实验 不加入试样的情况下,按与测定试样相同的步骤和条件进行空白试验。记录试剂空白质量(m_B),双份试剂空白残渣质量均值($\overline{m}_{BR}$),试剂空白残渣中蛋白质质量(m_{BP}),试剂空白残渣中灰分质量(m_{BA})。

◆ 数据记录

引导问题 5 请你根据实施过程,设计一个合理的数据记录表格。

◆ 结果计算

试剂空白质量计算:

$$m_B = \overline{m}_{BR} - m_{BP} - m_{BA},$$

式中,m_B 为试剂空白质量,g;$\overline{m}_{BR}$ 为双份试剂空白残渣质量均值,g;m_{BP} 为试剂空白残渣中蛋白质质量,g;m_{BA} 为试剂空白残渣中灰分质量,g。

试样中总膳食纤维的含量计算:

$$m_R = m_{GR} - m_G,$$

$$X = \frac{\overline{m}_R - m_P - m_A - m_B}{\overline{m} \times f} \times 100,$$

$$f = \frac{m_C}{m_D},$$

式中,m_R 为试样残渣质量,g;m_{GR} 为处理后坩埚质量及残渣质量,g;m_G 为处理后坩埚质量,g;X 为试样中总膳食纤维的含量,g/100 g;$\overline{m}_R$ 为双份试样残渣质量均值,g;m_P 为试样残渣中蛋白质质量,g;m_A 为试样残渣中灰分质量,g;m_B 为试剂空白质量,g;$\overline{m}$ 为双份试样取样质量均值,g;f 为试样制备时因干燥、脱脂、脱糖导致质量变化的校正因子;100 为换算系数;m_C 为试样制备前质量,g;m_D 为试样制备后质量,g。

最终结果以重复性条件下获得的两次独立测定结果的算术平均值表示,结果保留 3 位有效数字,绝对差值不得超过算术平均值的 10%。

◆ 注意事项

① ES-TRIS 缓冲液与试样搅拌均匀,避免试样结成团块,以防止试样酶解过程中不能与酶充分接触。

② 如试样中抗性淀粉含量较高(>40%),可延长热稳定 α-淀粉酶酶解时间至 90 min。如必要也可另加入 10 ml 二甲基亚砜帮助淀粉分散。

③ 蛋白酶酶解时,应在 60±1℃时调节 pH 值,因为温度降低会使 pH 升高。注意空白样液的 pH 测定,保证空白样液和试样液的 pH 一致。

◆ 结果判定与报告

引导问题 6　请你设计检验报告,对测定结果进行判定与报告(样表见表 5-5-2)。

表 5-5-2　豆浆中总膳食纤维测定的检验报告

样品名称	检测项目	检验方法	测定结果/(mg/g)	标准要求/(mg/g)	单项结果判定	检验员签名	检验日期

任务评价

序号	评价要求	分值	评价记录	得分
1	知识过关题	3		
2	查阅标准、制订实验方案	5		
3	按规定着装	2		
4	实验物品的准备和检查	5		
5	正确处理样品	5		
6	正确使用水浴锅进行试样酶解	5		
7	正确进行沉淀	5		
8	正确使用抽滤装置进行抽滤	5		
9	正确的顺序洗涤	5		
10	蛋白质测定操作正确	5		
11	灰分测定操作正确	5		
12	规范、整洁、正确、及时记录原始数据	2		
13	计算公式正确,数据代入正确	3		
14	有效数字正确	5		
15	计算结果正确	5		
16	精密度符合要求	5		
17	结果判定正确	2		
18	清洁操作台面,器材干净并摆放整齐	3		
19	废液、废弃物处理合理	5		
20	遵守实验室规定,操作文明、安全	5		
21	操作熟练,按时完成	5		
22	学习积极主动	5		
23	沟通协作	5		
总评				

巩固练习

1. 简述膳食纤维的生理功能有哪些。

2. 简述酶重量法测定食品中膳食纤维的优缺点。

学习心得

总结本任务所学内容,和老师同学交流讨论,撰写学习心得。

班级:_____   姓名:_____   组名\组号:_____

学号\工位号:_____   日期:_____年___月___日

项目五　常见营养成分的检验

任务6　食品中钠的测定

1. 能正确领用榨菜中钠的测定所需的试剂、仪器、设备,合理进行样品预处理,正确配制测定所需试剂,做到安全操作、节约试剂。

2. 能在规定时间内,按照正确步骤进行规范严谨的测定操作,并准确读取原始数据,爱护仪器设施设备。

3. 能规范记录填写原始数据并正确运算和修约计算数据,能对测定结果进行误差计算和判定。

情景导入

钠作为一种人体必需的营养成分存在于绝大多数食品中,在人体内有助于调节血压、神经、肌肉的正常运作。

2011年中华人民共和国卫生部发布了 GB 28050-2011《食品安全国家标准　预包装食品营养成分标签通则》,将钠与人体的三大营养物质——蛋白质、脂肪、碳水化合物并列,作为必须标识指标,引导消费者合理选择食品,促进膳食营养平衡,为人民的身体健康提供保障。准确测定食品中钠的含量,对食品安全有着重大意义。

1. 认识食品中的钠

钠元素是细胞外液中带正电的主要离子,参与水的代谢,对保证体内水的平衡起着至关重要的作用。钠可以维持体内酸碱平衡。它是人体中胰汁、胆汁、汗和泪水的组成成分。缺乏钠会导致生长缓慢、食欲不振、头晕嗜睡、低血糖及心悸等症状。但是,钠含量过高又会对人体产生危害,婴幼儿因肾功能及各种代谢系统尚未发育完善,如摄入大量钠盐,会引起肾功能问题,甚至危害生命;成年人或老人如果长期摄入高盐物质也会损伤肾功能,引起高血压等心脑血管疾病。

引导问题1　钠在人体中有什么作用?

答:

2. 如何测定食品中钠含量

引导问题2　说出测定食品中钠含量的原理。

答:

◆ **技能应用**

1. 查阅食品中钠含量的国家标准。
2. 解读第一法：火焰原子吸收光谱法。

按照国家标准，钠含量小于等于 120 mg/100 g 的食品属于低钠食品。食品标签中钠营养素参考值是 2 000 mg，建议钠每天摄入不要超过 6 g。

◆ **知识过关题**

1. 按照国家标准，钠含量小于等于 120 mg/100 g 的食品，(　　)。
   A. 属于高钠食品　B. 属于低钠食品　C. 属于过度钠食品　D. 属于适宜钠食品

2. 钠是人体中(　　)的组成成分，缺乏钠会导致生长缓慢、食欲不振、头晕嗜睡、低血糖及心悸等症状。
   A. 胆汁、汗和胃液　　　　　　　　B. 汗、泪水和唾液
   C. 胰汁、胆汁、汗和泪水　　　　　D. 胰汁和胆汁

食品中钠的测定任务案例
——榨菜中钠的测定

◆ **任务描述**

你是某检测技术公司的食品检验员，今天接到任务，要完成公司的一批榨菜中钠含量的测定。依据检验工作一般流程，你制定了图 5-6-1 所示的工作计划。

图 5-6-1　榨菜中钠测定工作流程

◆ **仪器、试剂准备**

请你按照表 5-6-1 的清单准备好实验所需试剂及用具，并填写检查确认情况。

表 5-6-1　榨菜中钠测定仪器、试剂清单

序号	名称	型号与规格	单位	数量/人	检查确认
1	原子吸收光谱仪（燃烧头尺寸为 100 mm，配钠空心阴极灯、乙炔、空气压缩机）	自选	台	1	
2	马弗炉（配 50 ml 坩埚）	最高使用温度≥850℃	台	1	
3	电炉	/	个	1	
4	超纯水机	阻率为 18.2 MΩ·cm	个	1	
5	电子天平	感量 0.000 1 g	台	1	

（续表）

序号	名称	型号与规格	单位	数量/人	检查确认
6	榨菜	已知钠含量为35.65 mg/kg	包	1	
7	0.5%硝酸	（优级纯）/500 ml	个	1	
8	钠元素标准溶液（1 g/L，介质为1%的盐酸）	500 ml	个	1	
9	氯化铯溶液				

◆ **仪器参考条件**

（1）火焰类型　空气-乙炔，测定波长为330.3 nm。
（2）燃气流量　1.1 L/min。
（3）灯电流　75%。
（4）燃烧器高度　7.0 mm。
（5）通带　1.0；燃烧头角度0°。

引导问题3　如何正确选择仪器测定条件？
答：

◆ **试样的制备（干式消解法）**

步骤1：称取榨菜样品1 g（精确到0.001 mg），于50 ml坩埚中。

步骤2：在电炉上微火碳化至无烟。然后，移入马弗炉中，于525±25 ℃下灰化约5～8 h。

步骤3：灰化后的样品置于干燥器中冷却至室温。如果有黑色碳粒，则冷却后滴加少许50%的硝酸溶液湿润。在电热板上干燥后，再移入490 ℃的高温炉中继续灰化成白色灰烬。冷却至室温后取出，用0.5%的硝酸溶液，使灰烬充分溶解。用0.5%的硝酸溶液定容至100 ml。处理至少2个空白试样。

引导问题4　坩埚放入马弗炉或从炉中取出时，应注意什么？
答：

◆ **钠标准系列溶液的制备**

步骤1：钠标准储备液（1000 mg/L）　将氯化钠于烘箱中110～120 ℃干燥2 h。精确称取2.5421 g氯化钠，溶于水中。移入1000 ml容量瓶中，稀释至刻度，混匀，贮存于聚乙烯瓶内放在4 ℃环境保存。或使用经国家认证并授予标准物质证书的标准溶液。

步骤2：钠标准工作液（100 mg/L）　准确吸取10.0 ml钠标准储备溶液于100 ml容量瓶中，用水稀释至刻度，贮存于聚乙烯瓶中放在4 ℃环境保存。

步骤3：钠标准系列工作液　准确吸取0、0.5、1.0、2.0、5.0、10.0 ml钠标准储备液于100 ml容量瓶中。配制成钠标准溶液系列，钠浓度分别为0、5、10、20、50、100 mg/L。

◆ **标准曲线的制作**

分别将钠标准系列工作液注入原子吸收光谱仪中,测定吸光度值,以标准工作液的浓度为横坐标、吸光度值为纵坐标,绘制标准曲线。

◆ **样品检测**

引导问题 5 绘制榨菜中钠的测定步骤思维导图。

将试样溶液用水稀释至适当浓度,并在空白溶液和试样最终测定液中加入一定量的氯化铯溶液,使氯化铯浓度达到 0.2%。于测定标准工作液曲线相同的实验条件下,将空白溶液和测定液注入原子吸收光谱仪中,测定钠的吸光值。根据标准曲线得到待测液中钠的浓度。

◆ **结果记录表**

检测结果记录于表 5-6-2。

表 5-6-2 榨菜中钠测定数据记录表

	1	2	3	备注
试样的质量或体积 m(g 或 ml)				
试样消化液的总体积 v/ml				
测试溶液中钠的质量浓度 ρ/(mg/L)				
空白溶液中钠的质量浓度 ρ_0/(mg/L)				
试样中被测钠元素含量 X/(mg/100 g)				
平均值				

◆ **结果计算**

试样中钠含量计算:

$$X = \frac{(\rho - \rho_0) \times V \times f \times 100}{m \times 1000},$$

式中,X 为试样中被测元素含量,mg/100 g 或 mg/100 ml;ρ 为测定液中元素的质量浓度,mg/L;ρ_0 为测定空白试液中元素的质量浓度,mg/L;V 为样液体积;f 为样液稀释倍数;100、1000 为换算系数;m 为试样的质量或体积。

样品测定结果填入表 5-6-3。

表 5-6-3 测定结果

样品	1	2	3	算术平均偏差
结果/(mg/L)				

计算结果保留 3 位有效数字。在重复性条件下获得的两次独立测定结果的绝对差值不得超过算术平均值的 10%。

◆ 结果判定与报告

引导问题 6　请你设计检验报告,对本次样品榨菜中钠测定结果进行判定与报告(样表见表 5-6-4)。

表 5-6-4　榨菜中钠测定检验报告

样品名称	检测项目	检验方法	测定结果/%	标准要求/%	单项结果判定	检验员签名	检验日期
榨菜	榨菜中钠的测定	GB 5009.229-2016					

任务评价

序号	评价要求	每项分值	评价记录	得分
1	知识过关题	5		
2	查阅相关标准	5		
3	制订测定的方案	5		
4	实验用品准备	5		
5	储备液的制备和正确稀释	10		
6	样品接收与处理	10		
7	样品上机测定	15		
8	设计检验记录表格	5		
9	数据记录与计算	10		
10	实验结果报告	5		
11	关机维护	5		
12	安全、文明操作	5		
13	三废处理	5		
14	学习积极主动	5		
15	沟通协作	5		
	总评			

巩固练习

1. 食品中钠的测定可以采用_____法、_____法、_____法和_____法4种测定方法。

2. 试样经_____处理后，注入原子吸收光谱仪中，火焰原子化后钠吸收_____nm共振线，在一定浓度范围内，其吸收值与_____含量成正比，与_____比较定量。

学习心得

总结本任务所学内容，和老师同学交流讨论，撰写学习心得。

班级：_____   姓名：_____   组名\组号：_____
学号\工位号：_____   日期：____年____月____日

项目六
添加剂的检验

```
                        ┌── 任务1  食品中谷氨酸钠的测定
项目六  添加剂的检验 ───┼── 任务2  食品中二氧化硫的测定
                        └── 任务3  食品中亚硝酸盐的测定
```

1. 熟悉食品样品添加剂检验的方法标准和操作规范。
2. 熟悉相关添加剂概念及检验仪器操作方法。
3. 能按照作业指导书完成简单样品的采集、处理、添加剂的测定，及仪器维护。
4. 能对测定的结果进行处理并正确填写检验报告单。
5. 具备良好的独立解决问题的能力和心理素质。

任务1 食品中谷氨酸钠的测定

1. 能正确查找相关资讯，获取测定食品样品中谷氨酸钠的检验方法。
2. 能正确操作旋光仪，测定味精样品旋光度；能准确读取、规范记录原始数据及正确计算样品中谷氨酸钠的含量。
3. 能依据测定结果正确评价味精产品品质。

情景导入

味精是一种食品添加剂,其主要成分为谷氨酸钠(又名麸氨酸钠),成品为白色柱状结晶体或结晶性粉末,是日常生活离不开的一种增鲜调味剂,在中国菜里用的最多。味精可以增进人们的食欲,提高人体对其他各种食物的吸收能力。谷氨酸钠进入肠胃以后,很快分解出谷氨酸。谷氨酸是蛋白质分解的产物,是氨基酸的一种,可以被人体直接吸收,在人体内能起到改善和保持大脑机能的作用。一般来说,谷氨酸钠含量越高则味精质量越好。

学习内容

引导问题1 如何测定谷氨酸钠的含量?

答:

味精中谷氨酸钠测定方法有高氯酸非水溶液滴定法、旋光法和酸度计法3种。

◆ 技能应用

1. 查阅谷氨酸钠测定国家标准。
2. 解读第二法:旋光法。

引导问题2 说出旋光法测定谷氨酸钠的原理。

答:

1. 旋光法测定谷氨酸钠原理

谷氨酸钠分子结构中含有一个不对称碳原子,具有光学活性,能使偏振光面旋转一定角度。因此,可用旋光仪测定旋光度,根据旋光度换算谷氨酸钠的含量。

小贴士 　　　　　旋光现象和旋光度

一般光源发出的光,其光波在垂直于传播方向的所有方向上振动,这种光称为自然光,或称非偏振光;而只在一个方向上有振动的光称为平面偏振光。当一束平面偏振光通过某些物质时,其振动方向会发生改变,此时光的振动面旋转一定的角度,这种现象称为物质的旋光现象,这种物质称为旋光物质。旋光物质使偏振光振动面旋转的角度称为旋光度。

2. WXG-4圆盘旋光仪的使用

(1) WXG-4圆盘旋光仪的构造　如图6-1-1所示,旋光仪由钠光灯、起偏棱镜、半荫片、检偏棱镜、圆形标尺、目镜等构成。通过检偏镜,用肉眼判断偏振光通过旋光物质前后的旋转是十分困难的,为此设计了一种在视野中分出三分视界的装置,如图6-1-2所示。

图6-1-1　圆盘旋光仪

从目镜中可观察到的几种情况:中间明亮,两旁较暗;中间较暗,两旁明亮;视场明暗相等的均一视场。测定旋光度时,旋转手轮,调整检偏镜刻度盘,调节视场成明暗相等的单一的视场,读取刻度盘上所示的刻度值。

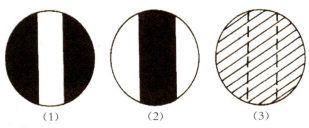

图 6-1-2　旋光仪三分视场

（2）WXG-4 圆盘旋光仪的使用方法

步骤 1：预热仪器　接通电源，打开旋光仪开关，预热 10 min。待钠光灯光源稳定后，从目镜中观察视野，调节目镜焦距手轮使视野清晰。

步骤 2：调节仪器零点　选用合适的旋光管并用蒸馏水洗净。装满蒸馏水（应无气泡），放入旋光仪的管槽中。调节刻度盘手轮使三分视野消失，读出此时刻度盘上的刻度，即为旋光仪的零点。

① 注意：旋光管中若有气泡，让气泡浮在凸颈处；通光面两端的雾状水滴，应用软布揩干；旋光管螺帽不宜旋得过紧，不漏水即可；旋光管安放时应注意凸颈的一端向上。

步骤 3：测量旋光度　将样品管中蒸馏水换为待测溶液，按同样方法测定。此时刻度盘上的读数与零点时读数之差，即为该样品的旋光度。

② 读数方法：主尺是刻度圆盘外围刻度尺。游标尺是刻度圆盘内圈刻度尺。游标尺的零位对准主尺的位置为整数值，游标尺与主尺的刻度线相重合的位置，游标尺上的示数值的 1/10 为小数值，结果保留两位小数，如图 6-1-3 所示。

步骤 4：旋光管保养维护　旋光管使用完毕，应先用自来水洗涤，再用蒸馏水洗净，擦干存放。注意镜片应用软绒布揩擦，勿用手触摸。

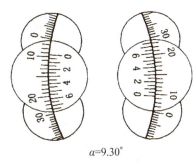

$\alpha = 9.30°$

图 6-1-3　旋光仪读数盘

◆ 知识过关题

1. 光学活性物质是指分子结构中有（　　），能把偏振光的偏振面旋转一定角度的物质。

　　A．饱和碳原子　　　　B．对称碳原子
　　C．不对称碳原子　　　D．不饱和碳原子

2. 在旋光仪调节零点及测量旋光度时，应调节视野至＿＿＿＿＿＿视场。

任务实施

食品中谷氨酸钠测定任务案例
——旋光法测定味精中的谷氨酸钠

◆ **任务描述**

你是某检测技术公司的食品检验员,今天接到任务,要完成公司一批味精检测订单中谷氨酸钠含量项目的测定。依据检验工作一般流程,你制订了图6-1-4所示的工作计划。

图6-1-4 酸价测定工作流程

◆ **仪器、试剂准备**

请你按照表6-1-1的清单准备好实验所需试剂及用具,并填写检查确认情况。

表6-1-1 味精中谷氨酸钠含量测定仪器、试剂清单

序号	名称	型号与规格	单位	数量/人	检查确认
1	旋光仪		台	1	
2	电子天平	精度±0.0001 g	台	1	
3	容量瓶	50 ml	个	1	
4	烧杯	250 ml、50 ml	个	各1	
5	胶头滴管	/	支	1	
6	量筒	50 ml	个	1	
7	玻璃棒	/	根	1	
8	洗瓶(装满蒸馏水)	500 ml	个	1	
9	温度计	100 ℃	支	1	
10	药匙		支	1	
11	软布	/	块	1	
12	盐酸溶液	1+1	/	100 ml	
13	味精样品	固体			

试剂配制:

1+1盐酸溶液 1体积的浓盐酸与1体积的水混合。

◆ **味精样液制备**

准确称取5.0 g(精确到0.0001 g)充分混匀的味精固体试样,置于烧杯中,加20~30 ml

水,再加 16 ml(1+1)盐酸溶液溶解,冷却至 20℃。移入 50 ml 容量瓶中加蒸馏水至刻度,定容并摇匀。

◆ 样品测定

引导问题 3 请你绘制味精中谷氨酸按测定操作步骤的思维导图。

步骤 1:开机预热 接通电源,静待钠光源稳定(约 10 min);调节焦距手轮,使透过目镜可见清晰视场。

步骤 2:装填旋光管 清洗旋光管内外及螺帽,并用蒸馏水检漏;装入蒸馏水,使管口液面呈凸面;沿管口边缘平推盖好护片玻璃,尽量使管内无气泡;拧好螺帽至不漏水(勿拧过紧);用软布擦干旋光管外壁及通光面;将气泡赶至管凸颈处。

引导问题 4 管内有气泡对测定有何影响?如何处理?
答:

步骤 3:调零 将旋光管放入旋光仪管槽中,凸颈的一端朝上;调节目镜焦距手轮,使视野清晰;旋转刻度盘手轮,使刻度盘两尺刻度处于 0 对 0;此时透过目镜可见三分视场明暗一致。

步骤 4:样品旋光度测定 倒出旋光管中蒸馏水,用待测样液润洗管 3 次;用装入蒸馏水同样方法换盛待测样液;将装满样液的旋光管放入旋光仪;调节焦距手轮使视野清晰;调节刻度盘手轮使出现同零点相一致的视场;读取并记录刻度盘测量值。

引导问题 5 描述调节刻度盘手轮时视场的变化过程,并绘图表达。
答:

步骤5：读数及记录　先读游标尺的零位对准主尺的位置为整数值。找到游标尺与主尺的刻度线相重合的位置；读取游标尺上的示数值的1/10为小数值。结果保留两位小数。测定及记录样品溶液温度。

步骤6：平行测定　使用同样的方法进行两次平行测定；结果取其平均值。

步骤7：关机维护　测定完毕，旋光管及时洗净并擦干存放；旋光仪关闭电源，盖好保护罩。

味精纯度测定

◆ 数据记录

引导问题6　数据记录表应在实验前准备好，以便在实验的过程中及时、清晰、规范地记录原始数据，在实验完成后正确填写计算结果数据。味精中谷氨酸钠测定数据记录表应如何设计？小组讨论后，在下面的空白处完成数据记录表设计（样表见表6-1-2）。

表6-1-2　味精中谷氨酸钠测定数据记录表

测定次数	1	2
温度 t/℃		
每毫升样品中含谷氨酸钠的质量 m/(g/ml)		
旋光管长度 L/dm		
实测样品旋光度 α/(°)		
样品中谷氨酸钠的含量 X/(g/100 g)		
平均值 $\overline{X}$/(g/100 g)		
两次测定的绝对差值/%		
极差与平均值之比/%		

◆ 结果计算

引导问题7　怎样依据实测样品旋光度计算出谷氨酸钠含量？有效位数如何保留？写

出你的数据处理过程。

① 计算试样 1 的谷氨酸钠含量：

② 计算试样 2 的谷氨酸钠含量：

③ 计算两次测定的算术平均值：

④ 计算两次测定的极差：

⑤ 计算相对极差：

样品中谷氨酸钠含量的计算：

$$X = \frac{a/ml}{25.16 + 0.047(20-t)} \times 100,$$

式中，X 为样品中谷氨酸钠含量(含 1 分子结晶水)，%；a 为实测样品的旋光度；L 为旋光管长度(液层厚度)，dm；m 为 1 ml 样品中含谷氨酸钠的质量，g；25.16 为谷氨酸钠的比旋光度；t 为测定样品的温度，℃；0.047 为温度校正系数；100 为换算系数。

在重复性条件下，获得的两次独立测定结果的绝对差值不得超过算术平均值的 10%，求其平均数，即为测定结果。测定结果保留 3 位有效数字。

◆ 注意事项

引导问题 8 请分析描述测定过程的 HSE 注意事项。(技能大赛考核要求)

答：

◆ 结果判定与报告

引导问题 9 请你设计检验报告表，对本次味精样品中谷氨酸钠测定结果进行判定与报告(样表见表 6-1-3)。

表 6-1-3 味精中谷氨酸钠测定检验报告

样品名称及编号	检测项目	检验方法	测定结果/%	标准要求/%	味精是否掺假	检验员签名	检验日期
	谷氨酸钠含量						

市售味精的谷氨酸钠含量常见的有 99%、98%、95%、90%、80% 等。若测定结果小于其表示值，可能是商家为降低成本，加入了食盐等其他物质。

序号	评价内容	配分	评价要求	每项分值	评价记录	得分
1	实验准备	10	知识过关题答案正确	2		
			能说出旋光度测定原理	2		
			查找和解读国标正确	2		
			正确配制试剂	2		
			正确准备仪器	2		
2	样品预处理	8	正确制备味精样液	8		
3	样品旋光度测定	34	正确绘制操作步骤思维导图	5		
			正确进行旋光仪的开机预热	2		
			正确进行旋光仪的校正	5		
			正确进行旋光管清洁、安装	4		
			正确调节旋光仪进行测定	8		
			正确读数	6		
			正确进行平行测定	4		
4	数据处理	22	记录规范、整洁、正确、齐全、及时	6		
			计算公式正确,数据代入正确	8		
			计算结果正确,有效数字正确	8		
5	检测结果	10	精密度符合要求	8		
			正确判断样品是否掺假	2		
6	工作素养	16	清洁操作台面,器材干净并摆放整齐	4		
			废液、废弃物处理合理	2		
			遵守实验室规定,操作文明、安全	3		
			操作熟练,按时完成	3		
			学习积极主动	2		
			沟通协作	2		
			总评			

新型旋光仪

(1) 半自动旋光仪　新型半自动旋光仪克服了现有技术中圆盘旋光仪读数精度不高的

缺陷,又比自动旋光仪经济性高,如图6-1-5所示。

(2) 全自动旋光仪　主要由单色光源、两个起偏镜、旋光管和目镜组成。单色光经起偏镜(固定的尼科尔棱镜)产生平面偏振光,检偏镜(可以旋转的起偏镜)用来测定偏振面的改变角度。仪器测量旋光性化合物的旋光性能时,采用 20 W 钠光灯做光源(钠黄光 λ = 589.6 mm)。光线经过检偏镜投射到光电倍增管上,产生交变的电信号。仪器可以直接显示被测溶液的旋光度数值。

图 6-1-5　半自动旋光仪

图 6-1-6　全自动旋光仪

巩固练习

1. 旋光度的大小与(　　)有关。
   A. 溶液的浓度　　　　　　　　B. 光源的波长和温度
   C. 旋光性物质的种类　　　　　D. 液层的厚度
2. 相同条件下液层厚度对旋光度有何影响?

3. 图 6-1-7 所示是测量旋光度的结果,读数为_____。

图 6-1-7　旋光度读数

学习心得

总结本任务所学内容,和老师同学交流讨论,撰写学习心得。

班级:_____　　姓名:_____　　组名\组号:_____
学号\工位号:_____　　日期:____年____月____日

任务2 食品中二氧化硫的测定

1. 能正确领用食品中二氧化硫测定所需的试剂、仪器、设备,能正确配制标准溶液,做到安全操作、节约试剂。

2. 能在规定时间内,按照正确步骤进行规范严谨的直接碘量法测定操作,爱护仪器设施设备。

3. 能规范记录原始数据并正确运算和修约数据,能对测定结果进行误差计算和判定。

情景导入

中国的酒文化源远流长,在漫长的历史中,形成了中国自己独具一格的葡萄酒文化,显示着自己的魅力和自身的竞争力。观察葡萄酒的标签就会发现,标注含有二氧化硫成分。二氧化硫是有害气体,为何会存在于红酒当中?饮用含有二氧化硫的红酒会对人体健康产生影响吗?

1. 认识食品添加剂——二氧化硫

引导问题1 查阅我国《食品安全国家标准 食品添加剂使用标准》(GB2760-2014),了解可以使用二氧化硫的食品类别及相应的使用限量和残留量。

答:

二氧化硫在葡萄酒中是合法的添加剂。不仅是葡萄酒,二氧化硫还可以用作许多食物和干果的防腐剂。但必须严格按照国家有关范围和标准使用。葡萄酒中添加二氧化硫的主要作用:

(1)杀菌 二氧化硫具有优秀的杀菌能力,能消灭细菌、杂菌和部分不良酵母菌等,防止酒质被破坏。

(2)终止发酵 要想终止发酵,就要杀死酵母菌,而二氧化硫恰恰具有这个能力。

(3)抗氧化 作为一种强抗氧化剂,二氧化硫能避免氧化破败病、乙醛的氧化味、氧化变色等其他变质情况的发生,便宜而又高效。

(4)澄清酒液 二氧化硫可以抑制微生物活动,延缓发酵开始时间,给足了发酵基质时间来沉淀悬浮物。

(5)增酸 二氧化硫可以提高发酵基质的酸度,抑制苹果酸乳酸发酵,从而增加酸度。

(6)提高色素和酚类物质含量 通过促进浸渍阶段,可以提高葡萄酒色素和酚类物质的萃取。

(7)保持稳定性 装瓶前加入二氧化硫可以避免二次发酵的可能,这样可以增加葡萄酒的稳定性。

2. 如何测定食品中二氧化硫含量

引导问题 2 说出直接碘量法测定二氧化硫含量的原理。

答：

参考 GB 5009.34-2016《食品安全国家标准 食品中二氧化硫的测定》及 GB/T 15038-2006《葡萄酒、果酒通用分析方法》，用直接碘量法测定食品中二氧化硫的含量。利用碘可以与二氧化硫发生氧化还原反应的性质，用碘标准滴定溶液滴定，得到样品中二氧化硫的含量。直接碘量法可用淀粉指示剂指示终点，到达化学计量点后，溶液由无色变为蓝色。

$$SO_2 + I_2 + 2H_2O = SO_4^{2-} + 2I^- + 4H^+$$

◆ **知识过关题**

1. 食品中二氧化硫测定依据的标准是_____。
2. 添加二氧化硫在葡萄酒中的作用主要有_____、_____、_____、_____及_____。

食品中二氧化硫测定任务案例
——葡萄酒中总二氧化硫的测定（1+x 食品检验管理证书考核项目）

◆ **任务描述**

你是某检测技术公司的食品检验员，今天接到任务，要完成公司接到的一批葡萄酒检测订单中总二氧化硫含量的测定。依据检验工作一般流程，你制订了图 6-2-1 所示的工作计划。

图 6-2-1 总二氧化硫含量测定工作流程

◆ **仪器、试剂准备**

请你按照表 6-2-1 的清单准备好实验所需试剂及用具，并填写检查确认情况。

表 6-2-1 葡萄酒总二氧化硫测定仪器、试剂清单

序号	名称	型号与规格	单位	数量/人	检查确认
1	碘量瓶	250 ml	个	3	
2	移液管	25 ml	根	2	
3	量筒	10 ml	支	2	
4	滴定管	25 ml	根	1	

（续表）

序号	名称	型号与规格	单位	数量/人	检查确认
5	洗耳球	/	个	1	
6	铁架台（带蝴蝶夹）	/	个	1	
7	洗瓶（装满蒸馏水）	500 ml	个	1	
8	硫酸溶液	1+3	ml	50	
9	氢氧化钠溶液	100 g/L	ml	100	
10	葡萄酒样品	AR	ml	150	
11	碘标准滴定溶液	0.02 mol/L	ml	1 000	
12	淀粉指示剂	10 g/L	ml	10	

试剂配制：

(1) (1+3)硫酸溶液　取 1 体积浓硫酸缓慢注入 3 体积水中。

(2) 0.02 mol/L 碘标准滴定溶液　称取 13 g 碘及 35 g 碘化钾，溶于 100 ml 水中，稀释至 1 000 ml，摇匀，贮存于棕色瓶中。再取 200 ml 此溶液稀释至 1 000 ml，标定，记录标定浓度。

(3) 10 g/L 淀粉指示剂　称取 1 g 淀粉，加 5 ml 水使其成糊状。在搅拌下将糊状物加到 90 ml 沸腾的水中，煮沸 1～2 min，冷却。稀释至 100 ml 再加入 40 g 氯化钠。

(4) 100 g/L 氢氧化钠溶液　准确称取 10 g 氢氧化钠，定容至 100 ml。

◆ 样品检测

引导问题 3　请你画出葡萄酒中总二氧化硫含量测定步骤的思维导图。

步骤 1：移取氢氧化钠　用移液管吸取 25.00 ml 氢氧化钠溶液于 250 ml 碘量瓶中。

引导问题 4　测定选用碘量瓶的原因是什么？

答：

步骤 2：移取样品　准确吸取 25.00 ml 样品（液温 20℃），以吸管尖插入氢氧化钠溶液的方式，加入到碘量瓶中。

引导问题 5　加入氢氧化钠溶液的作用是什么？

答：

步骤 3：解离二氧化硫　摇匀，盖塞，暗处静置反应 15 min，待结合态二氧化硫完全解离。

步骤4:加指示剂,硫酸酸化 加入少量碎冰块、1 ml 淀粉指示液、10 ml 硫酸溶液,摇匀。

引导问题6 硫酸的作用是什么?
答:

步骤5:试样的滴定 用碘标准滴定溶液迅速速滴定至淡蓝色,30 s 内不变即为终点,记下消耗碘标准滴定溶液的体积。

步骤6:平行测定 使用同样的方法,在相同的操作条件下,取两份试样,进行平行测定。

步骤7:空白实验 以水代替试样,按与测定试样相同的步骤和条件进行空白试验。记录空白试验消耗标准滴定溶液的体积。

◆ 数据记录

引导问题7 数据记录表应在实验前准备好,以便在实验的过程中及时、清晰、规范地记录原始数据,以及在实验完成后正确填写计算结果数据。葡萄酒中总二氧化硫测定数据记录表应如何设计?小组讨论后,在下面的空白处完成数据记录表设计(样表见表 6-2-2)。

表 6-2-2 葡萄酒中总二氧化硫测定数据记录表

测定次数	1	2
移取样品的体积 V/ml		
碘标准滴定溶液的浓度 c/(mol/L)		
试样试验消耗碘标准滴定溶液的体积 V_1/ml		
空白试验消耗碘标准滴定溶液的体积 V_0/ml		
样品中总二氧化硫的含量 X/(mg/L)		
平均值 $\overline{X}$/(mg/L)		
极差/(mg/L)		
相对极差/%		

◆ 结果计算

引导问题 8 怎样依据实验测得的原始数据计算出样品中总二氧化硫的含量？有效数字位数如何保留？写出你的代入公式计算过程，并将计算结果填入数据记录表中。

① 计算试样 1 的总二氧化硫含量：

② 计算试样 2 的总二氧化硫含量：

③ 计算两次测定的算术平均值：

④ 计算两次测定的极差：

⑤ 计算相对极差：

试样的总二氧化硫含量的计算：

$$X = \frac{(V_1 - V_0) \times c \times 32}{V} \times 1\,000,$$

式中，X 为样品中总二氧化硫的含量，％；V_1 为试样测定消耗碘标准滴定溶液的体积，ml；V_0 为空白试验消耗碘标准滴定溶液的体积，ml；c 为碘标准滴定溶液的浓度，mol/L；32 为二氧化硫的摩尔质量，g/mol；V 为吸取样品的体积，ml。

在重复性条件下，获得的两次独立测定结果的绝对差值不得超过算术平均值的 10％，求其平均数，即为测定结果。测定结果取整数。

◆ 注意事项

引导问题 9 请分析描述测定过程的 HSE 注意事项。（技能大赛考核要求）

答：

二氧化硫气体容易逸出，且易被氧化，因此尽量避免试样与空气接触，只有在滴定时才打开碘量瓶瓶塞，滴定温度控制在 20℃以下，高温季节，先向试样中加入若干碎冰块，再加硫酸酸化。

滴定终点时，溶液开始变暗，继而转变为蓝色。

◆ 结果判定与报告

引导问题 10 请你设计检验报告，对本次葡萄酒样品中总二氧化硫含量测定结果进行判定与报告（样表见表 6-2-3）。

表 6-2-3 葡萄酒中总二氧化硫含量测定检验报告

样品名称	检测项目	检验方法	测定结果 /(mg/L)	标准要求 /(mg/L)	单项结果 判定	检验员 签名	检验日期
	总二氧化硫	GB/T 1538-2006		≤250			

任务评价

序号	评价内容	配分	评价要求	评价记录	得分
1	实验准备	15	资料查阅情况		
			知识过关题完全正确		
			实验物品的准备和检查		
			样品的正确登记和处理		
			测定方案制订情况		
2	样品滴定前	15	正确使用移液管		
			正确静置		
			正确滴加指示剂		
			规范使用量筒加入硫酸		
3	样品滴定	25	正确洗涤滴定管并试漏		
			正确润洗、装液		
			正确排除滴定管内的气泡		
			正确调节零点		
			滴定操作正确,手法规范		
			终点控制准确		
			读数动作规范,读数准确		
			正确进行平行测定和空白试验		
4	数据记录及处理	15	及时记录原始数据		
			记录规范、整洁、正确划改数据		
			计算公式正确,数据代入正确		
			有效数字正确		
5	结果判定及报告	10	计算结果正确		
			结果判定正确		
			两次平行测定结果的精密度好		
6	职业素养	20	清洁操作台面,器材清洁干净并摆放整齐		
			废液、废弃物处理合理		
			遵守实验室规定,操作文明、安全		
			严格执行操作程序		
			操作熟练规范,按时完成		

（续表）

序号	评价内容	配分	评价要求	评价记录	得分
			学习积极主动、勤学好问		
			与人协作，相互配合好		
总评					

拓展学习

标定 0.02 mol/L I_2 标准溶液

步骤1：量取40.00 ml配制好的碘溶液，置于碘量瓶中，加150 ml水。

步骤2：用硫代硫酸钠标准滴定溶液滴定，近终点时加2 ml淀粉指示液，继续滴定至溶液蓝色消失。

步骤3：同时做水所消耗碘的空白试验。取250 ml水，加0.20 ml碘溶液及2 ml淀粉指示液，用硫代硫酸钠标准滴定溶液滴定至蓝色消失。

巩固练习

1. 在进行葡萄酒总二氧化硫含量测定时，滴定终点的颜色变化为（　　）。
   A．无色变蓝色　　　　　　　　B．红色变无色
   C．红色变绿色　　　　　　　　D．蓝色变无色

2. 在进行葡萄酒总二氧化硫含量测定时，滴定样品使用_____标准滴定溶液，这种滴定方法叫做_____法，属于四大滴定中的_____滴定法，指示终点使用的是_____指示剂。

3. 写出本次测定葡萄酒中总二氧化硫含量的滴定反应方程式，并简述其反应类型，指出还原剂和氧化剂分别是哪种物质。

学习心得

总结本任务所学内容，和老师同学交流讨论，撰写学习心得。

班级：_____　　姓名：_____　　组名\组号：_____
学号\工位号：_____　　日期：____年____月____日

任务3　食品中亚硝酸盐的测定

学习目标

1. 能说出食品中亚硝酸盐的测定原理。
2. 会使用分光光度计规范测定食品中亚硝酸盐的含量,精密度符合要求。
3. 能正确完成实验数据处理,正确进行结果判定。

情景导入

食品添加剂是指为改善食品品质和色、香、味,以及为防腐和加工工艺的需要而加入食品中的化学合成或天然物质。为了规范食品添加剂的使用,保障食品添加剂使用的安全性,国家卫生和计划生育委员会根据《中华人民共和国食品安全法》的有关规定,制订颁布了GB2760《食品安全国家标准 食品添加剂使用标准》。该标准规定了食品中允许使用的添加剂品种,并详细规定了使用范围、使用量。

吊白块、苏丹红、三聚氰胺均属于食品非法添加物,而不是食品添加剂。

我们应该正确合理地看待食品添加剂,严格控制其使用量。

学习内容

1. 认识食品添加剂亚硝酸盐

亚硝酸钠是一种食品添加剂,允许加到腌腊肉制品类、酱卤肉制品类、熏烧烤肉类、油炸肉类、西式火腿类、肉灌肠类、发酵肉制品类、肉罐头及肉制品加工中。其特点是可以增加肉类的鲜度,并有抑制微生物的作用,有助于保持肉制品的结构和营养价值。但由于亚硝酸钠是食品添加剂中毒性较强的物质,超过限量摄入,就会造成人体亚硝酸钠中毒,甚至死亡。因此,在食品生产时应尽量少用或不用。

2. 如何测定食品中的亚硝酸盐?

引导问题1　查阅国标,写出分光光度法测定亚硝酸盐的原理。

答:

分光光度计的使用

亚硝酸盐采用盐酸萘乙二胺法测定。试样经沉淀蛋白质、除去脂肪后,在弱酸条件下,亚硝酸盐与对氨基苯磺酸重氮化后,再与盐酸萘乙二胺偶合形成紫红色染料,用外标法测得亚硝酸盐含量。

◆ 知识过关题

1. 亚硝酸盐在食品加工中常用作_____和_____,与食盐并用可增加抑菌作用,对_____、_____有特殊的抑制作用。
2. 我国卫生标准规定,残留量以亚硝酸钠计,肉类罐头不超过_____,肉类制品不超过_____。

食品中亚硝酸盐的测定任务案例
——腊肠中亚硝酸盐的测定（1+x 食品检验管理证书考核项目）

◆ **任务描述**

你是某检测技术公司的食品检验员，今天接到任务，要完成公司接到的一批腊肠检测订单中亚硝酸盐项目的测定。依据检验工作一般流程，你制订了图 6-3-1 所示的工作计划。

图 6-3-1　亚硝酸盐测定工作流程

◆ **仪器、试剂准备**

请你按照表 6-3-1 的清单准备好实验所需试剂及用具，并填写检查确认情况。

表 6-3-1　腊肠中亚硝酸盐的测定仪器、试剂清单

序号	名称	型号与规格	单位	数量/人	检查确认
1	食物粉碎机	500 g	台	全部 1	
2	超声波清洗器	2 L	台	1	
3	天平	感量 1 mg	台	1	
4	可见分光光度计	752 N	台	1	
5	恒温水浴锅	2 000 W	台	1	
6	具塞锥形瓶	250 ml	个	1	
7	量筒	10 ml	个	1	
8	量筒	200 ml	个	1	
9	容量瓶	200 ml	个	1	
10	容量瓶	500 ml	个	10	
11	吸量管	50 ml	支	1	
12	烧杯	100 ml	个	1	
13	漏斗	60 mm	个	1	
14	胶头滴管	/	支	1	
15	滤纸	60 mm	张	1	
16	废液杯	500 ml	个	1	

（续表）

序号	名称	型号与规格	单位	数量/人	检查确认
17	洗瓶	500 ml	个	1	
18	水	/	/	若干	
19	饱和硼砂溶液	50 g/L	/	20 ml	
20	亚铁氰化钾溶液	106 g/L	/	20 ml	
21	乙酸锌溶液	220 g/L	/	20 ml	
22	对氨基苯磺酸溶液	4 g/L	/	50 ml	
23	盐酸萘乙二胺溶液	2 g/L	/	50 ml	
24	亚硝酸钠标准使用液	5.0 μg/ml	/	50 ml	

试剂配制：

（1）实验所用水为一级水　一级水检验标准(25 ℃)：电导率小于等于 0.01 mS/m(高纯水)。

（2）饱和硼砂溶液(50 g/L)　称取 5.0 g 硼酸钠，溶于 100 ml 热水中，冷却后备用。

（3）亚铁氰化钾溶液（106 g/L）　称取 106.0 g 亚铁氰化钾，用水溶解，并稀释至 1 000 ml。

（4）乙酸锌溶液(220 g/L)　称取 220.0 g 乙酸锌，先加 30 ml 冰乙酸溶解，用水稀释至 1 000 ml。

（5）对氨基苯磺酸溶液(4 g/L)　称取 0.4 g 对氨基苯磺酸，溶于 100 ml 20％盐酸中，混匀，置棕色瓶中，避光保存。

（6）盐酸萘乙二胺溶液(2 g/L)　称取 0.2 g 盐酸萘乙二胺，溶于 100 ml 水中，混匀，置棕色瓶中，避光保存。

（7）配制亚硝酸钠标准溶液(200 μg/ml)　准确称取 0.100 0 g 于 110～120 ℃ 干燥恒重的亚硝酸钠，加水溶解，移入 500 ml 容量瓶中，加水稀释至刻度，混匀。

（8）亚硝酸钠标准使用液(5.0 μg/ml)　临用前，吸取 2.50 ml 亚硝酸钠标准溶液，置于 100 ml 容量瓶中，加水稀释至刻度。

◆ **试样制备**

步骤1：试样预处理　采用四分法取适量或全部，用食物粉碎机制成匀浆，备用。

步骤2：试样提取 ① 称取5 g（精确至0.001 g）匀浆试样（如制备过程中加水，应按加水量折算），置于250 ml具塞锥形瓶中，加12.5 ml 50 g/L饱和硼砂溶液，加入70 ℃左右的水约150 ml，混匀。

② 在沸水浴（100 ℃）中加热15 min，取出置冷水浴中冷却，并放置至室温。

③ 定量转移提取液至200 ml容量瓶中，加入5 ml 106 g/L亚铁氰化钾溶液，摇匀，再加入5 ml 220 g/L乙酸锌溶液，以沉淀蛋白质。加水至刻度，摇匀，放置30 min。

④ 除去上层脂肪，上清液用漏斗及滤纸过滤，弃去最初滤液30 ml，过滤至烧杯中，取部分滤液测定。

◆ 样品检测

引导问题 2 请你画出食品中亚硝酸盐测定步骤的思维导图。

步骤1：配制溶液 ① 准备10个50 ml容量瓶，按顺序分别编号0#～9#。

② 用吸量管吸取0.00、0.20、0.40、0.60、0.80、1.00、1.50、2.00、2.50 ml亚硝酸钠标准使用液（相当于0.0、1.0、2.0、3.0、4.0、5.0、7.5、10.0、12.5 μg亚硝酸钠），以及40.0 ml试样滤液分别按顺序置于0#～9#容量瓶中。

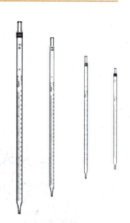

③ 在容量瓶中分别加入2 ml 4 g/L对氨基苯磺酸溶液，混匀，静置3～5 min后，各加入1 ml 2 g/L盐酸萘乙二胺溶液。加水至刻度，混匀，静置15 min。

引导问题 3 加入对氨基苯磺酸溶液以及盐酸萘乙二胺溶液后，静置的原因是什么？

答：

步骤2：开机预热 安装调试仪器，开启电源，打开样品室暗箱盖，预热20 min，调节波长为538 nm。

（技能大赛考核所用仪器）

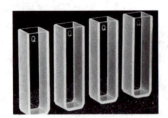

步骤3：成套性检测　选择1 cm比色皿并进行成套性检测，记录比色皿校正值。步骤如下：

① 比色皿装上水(4/5高)，吸干外部水滴，光面对着光源放到吸收池架上。

② 对准第一格，调吸光度$A=0.000$。分别测出其他3个的A值。

③ 选择A最小的比色皿放在第一格(若A为负值，认为比0小)。

④ 对准第一格，调$A=0.000$，分别测出其他3个的A值。

⑤ 记录整组比色皿的校正值。

引导问题4　为什么要校正比色皿？

答：

步骤4：测定吸光度　测定标准溶液及试样滤液的吸光度。步骤如下：

① 比色皿装上0#、1#、2#、3#共4种标准溶液(4/5高)，吸干外部水滴，光面对着光源，放到吸收池架上。

② 对准第一格，调$A=0.000$，分别测出1#、2#、3#溶液的A值，记录数据。

③ 保留第1个0#标准溶液不变，更换1#、2#、3#标准溶液为4#、5#、6#。对准第一格，调$A=0.000$，分别测出4#、5#、6#的A值，记录数据。

④ 以此类推，测出7#、8#、9#的A值，记录数据。

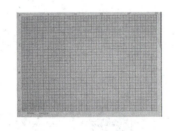

步骤5：绘制标准曲线　根据标准溶液中亚硝酸钠含量和吸光度绘制标准曲线：

① 实际吸光度＝测得吸光度－比色皿校正值。

② 以亚硝酸钠含量(单位 μg)为横坐标，实际吸光度为纵坐标。

根据标准曲线及试样滤液吸光度，求出试样亚硝酸盐含量。

◆ 数据记录

数据记录于表6-3-2和6-3-3中。

项目六 添加剂的检验

表6-3-2 腊肠中亚硝酸盐的测定比色皿校正值记录表

序号	1	2	3	4
校正值 A_0				

表6-3-3 腊肠中亚硝酸盐的测定实验数据记录表

管号	0	1	2	3	4	5	6	7	8	9
$NaNO_2$ 标准使用液/ml	0.00	0.20	0.40	0.60	0.80	1.00	1.50	2.00	2.50	40 ml 经试样处理后的滤液
试样质量 m_0/g										
试样处理液总体积 V_0/ml										
测定样液体积 V_1/ml										
对氨基苯磺酸钠/ml(4 g/L)										
盐酸萘乙二胺/ml(2 g/L)										
亚硝酸盐的质量 m_1/μg	0	1	2	3	4	5	7.5	10	12.5	
吸光度 A										

◆ 结果计算

$$X = \frac{m_1 \times V_0}{m_0 \times V_1},$$

式中,X 为试样中亚硝酸钠的含量,mg/kg;m_1 为测定用样液中亚硝酸钠的质量,μg;m_0 为试样质量,g;V_1 为测定用样液体积,ml;V_0 为试样处理液总体积,ml。结果保留两位有效数字。

引导问题5 写出你的计算过程,并将计算结果填入数据记录表中。

① 请将绘制标准曲线的坐标纸张贴在下方空白处:

② 计算试样的亚硝酸盐含量:

◆ **注意事项**

在重复性条件下获得的两次独立测定结果的绝对差值不得超过算术平均值的10%。

◆ **结果判定与报告**

引导问题6 请你设计检验报告,对本次样品亚硝酸盐测定结果进行判定与报告(样表见表6-3-4)。

表6-3-4 腊肠中亚硝酸盐的测定检验报告

试样名称					
采样日期		检验日期		报告日期	
检测依据					
检验项目	单位	测定值	检测限	标准限量	结论
判定依据					
检验结果					
检验员			复核员		

香肠中亚硝酸盐的测定

任务评价

序号	评价要求	分值	评价记录	得分
1	知识过关题	5		
2	身穿实验服,干净整洁	2		
3	实验方案制定正确	8		
4	准备仪器试剂齐全	2		
5	正确制备试样	8		
6	正确配制试液	8		
7	正确进行比色皿成套性检测	5		
8	正确使用分光光度计测吸光度	10		
9	正确绘制标准曲线	5		
10	规范、整洁、正确、及时记录原始数据	3		
11	计算公式正确,数据代入正确	2		
12	有效数字正确	5		
13	计算结果正确	2		
14	精密度符合要求	5		
15	正确判定及报告	5		
16	清洁操作台面,器材清洁干净并摆放整齐	5		
17	废液、废弃物处理合理	5		
18	操作熟练,按时完成	5		
19	学习积极主动	5		
20	沟通协作	5		
	总评			

拓展学习

GB2760-2014 食品安全国家标准 食品添加剂使用标准

(1) 食品添加剂 为改善食品品质和色、香、味,以及为防腐、保鲜和加工工艺的需要而加入食品中的人工合成或者天然物质。食品用香料、胶基糖果中基础剂物质、食品工业用加工助剂也包括在内。

(2) 最大使用量 食品添加剂使用时所允许的最大添加量。

(3) 最大残留量 食品添加剂或其分解产物在最终食品中的允许残留水平。

(4) 食品工业用加工助剂 保证食品加工能顺利进行的各种物质,与食品本身无关,如助滤、澄清、吸附、脱模、脱色、脱皮、提取溶剂、发酵用营养物质等。

(5) 食品添加剂使用时应符合以下基本要求

① 不应对人体产生任何健康危害。

② 不应掩盖食品腐败变质。

③ 不应掩盖食品本身或加工过程中的质量缺陷或以掺杂、掺假、伪造为目的而使用食

品添加剂。

④ 不应降低食品本身的营养价值。

⑤ 在达到预期效果的前提下尽可能降低在食品中的使用量。

(6) 在下列情况下可使用食品添加剂

① 保持或提高食品本身的营养价值。

② 作为某些特殊膳食用食品的必要配料或成分。

③ 提高食品的质量和稳定性,改进其感官特性。

④ 便于食品的生产、加工、包装、运输或者贮藏。

(7) 在下列情况下食品添加剂可以通过食品配料(含食品添加剂)带入食品中

① 根据本标准,食品配料中允许使用该食品添加剂。

② 食品配料中该添加剂的用量不应超过允许的最大使用量。

③ 应在正常生产工艺条件下使用这些配料,并且食品中该添加剂的含量不应超过由配料带入的水平。

④ 由配料带入食品中的该添加剂的含量应明显低于直接将其添加到该食品中通常所需要的水平。

巩固练习

1. 下列关于亚硝酸盐的叙述,错误的是( )。

A. 亚硝酸盐为白色粉末,易溶于水

B. 亚硝酸盐的分布广泛,其中蔬菜中亚硝酸盐的平均含量约为 4 mg/kg

C. 咸菜中亚硝酸盐的平均含量在 7 mg/kg 以上,所以尽量少吃咸菜

D. 亚硝酸盐不会危害人体健康,并且还具有防腐作用,所以在食品中应多加些以延长食品的保质期

2. 火腿肠亚硝酸盐测定实验中加入饱和硼砂的作用是什么?

3. 测亚硝酸盐时使用的是紫外分光光度计中的_____灯,检测波长为_____nm。

4. GB 5009.33－2016《食品安全国家标准 食品中亚硝酸盐与硝酸盐的测定》中第一法为_____、第二法为_____、第三法为_____。

5. 亚硝酸盐检测中用来沉淀脂肪和蛋白质的溶液是_____和_____。

学习心得

总结本任务所学内容,和老师同学交流讨论,撰写学习心得。

班级:_____   姓名:_____   组名\组号:_____

学号\工位号:_____   日期:_____年____月____日

项目七 非法添加物质的检验

```
                              ┌── 任务1  食品中苏丹红的测定
项目七  非法添加物质的检验 ──┤
                              └── 任务2  乳品中三聚氰胺的测定
```

1. 熟悉食品样品非法添加物质检验的方法标准和操作规范。
2. 熟悉相关非法添加物质概念及检验仪器操作方法。
3. 能完成简单样品的采集、处理,非法添加物质的测定,及仪器维护。
4. 能对测定的结果进行处理并填写检验报告单。
5. 具备良好的独立解决问题的能力和心理素质。

任务 1 食品中苏丹红的测定

1. 能正确领用食品苏丹红测定所需的试剂、仪器、设备,合理进行样品预处理及正确配制测定所需试剂,做到安全操作、节约试剂。
2. 能在规定时间内,按照正确步骤进行规范严谨的测定操作,爱护仪器设施设备。
3. 能规范记录填写原始数据并正确运算和修约计算数据,能对测定结果进行误差计算和判定。

情景导入

苏丹红是一种化学染色剂，主要用于石油、机油和其他的一些工业溶剂中，目的是使其增色，也用于鞋、地板等的增光。苏丹红属于非食用物质，不是食品添加剂。常被不法分子当做食品添加剂添加到一些食品中，被全国食品安全整顿工作办公室列入食品中可能违法添加的非食用物质和易滥用的食品添加剂品种名单(第一批)(整顿办函〔2011〕1号)中。

学习内容

1. 认识苏丹红

苏丹红为亲脂性偶氮化合物，外观呈暗红色或深黄色片状晶体，难溶于水，主要包括Ⅰ、Ⅱ、Ⅲ和Ⅳ四种类型。结构如图7-1-1所示，其中，Ⅱ、Ⅲ和Ⅳ均为Ⅰ的化学衍生物。

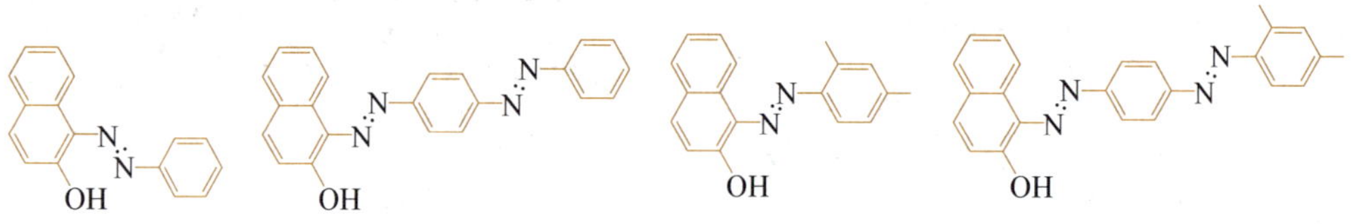

Sudan Ⅰ　　Sudan Ⅱ　　Sudan Ⅲ　　Sudan Ⅳ

图7-1-1　苏丹红(Ⅰ、Ⅱ、Ⅲ、Ⅳ)结构

2. 如何检测食品中的苏丹红

常见的苏丹红检测方法有高效液相色谱法、化学发光法、气相色谱质谱联用法、酶联仪法等。其中，高效液相色谱法是最常见的检测方法。

样品经溶剂提取、固相萃取净化后，用反相高效液相色谱-紫外可见光检测器(HPLC)进行色谱分析，采用外标法定量。

◆ **知识过关题**

1. 食品安全是关乎国计民生的焦点问题。苏丹红是一种________，严禁用做食品的________。

2. 测定非食用物质苏丹红的方法有________、________、________、________等。

任务实施

食品中苏丹红测定任务案例

——辣椒粉中苏丹红(Ⅰ、Ⅱ、Ⅲ、Ⅳ)的测定

◆ **任务描述**

你是某检测技术公司的食品检验员，公司今天接到任务，要完成市场监督管理局委托抽检的一批农产品检测任务。你负责样品中辣椒粉的苏丹红项目的测定。依据检验工作一般流程，你制订了图7-1-2所示的工作计划。

图 7-1-2　苏丹红测定工作流程

◆ **仪器、试剂准备**

请你按照表 7-1-1 的清单准备好实验所需试剂及用具，并填写检查确认情况。

表 7-1-1　食品中苏丹红测定（高效液相色谱法）试剂、仪器清单

序号	名称	型号与规格	单位	数量/人	检查确认
1	乙腈	500 ml 色谱纯	瓶	1	
2	丙酮				
3	甲酸				
4	乙醚				
5	正己烷				
6	无水硫酸钠	500 g 分析纯	瓶	1	
7	天平	感量 0.01 g	台	1	
8	洗瓶（装满蒸馏水）	500 ml	个	1	
9	废液杯	500 ml	个	1	
10	层析柱管	1 cm（内径）×5 cm（高）的注射器管	个	5	
11	层析用氧化铝	中性 100～200 目，500 g	瓶	1	
12	标准物质（苏丹红Ⅰ、Ⅱ、Ⅲ、Ⅳ）	纯度≥95%	/	1	
13	高效液相色谱仪	配紫外可见光检测器	/	1	
14	旋转蒸发仪	满足标准要求即可	/	/	
15	均质机	满足标准要求即可	/	/	
16	离心机	满足标准要求即可	/	/	
17	0.45 μm 有机滤膜	满足标准要求即可			

试剂配制：

（1）5%丙酮的正己烷液　吸取 50 ml 丙酮用正己烷定容至 1 L。

（2）标准贮备液　分别称取苏丹红Ⅰ、Ⅱ、Ⅲ及Ⅳ各 10.0 mg（按实际含量折算），用乙醚溶解后用正己烷定容至 250 ml。

（3）流动相　溶剂 A 0.1% 甲酸的水溶液、乙腈之比为 85∶15；溶剂 B 0.1% 甲酸的乙腈溶液、丙酮之比为 80∶20。

◆ **辣椒粉试样制备**

用四分法取若干辣椒粉，从中取出 100 g，放入粉碎机中粉碎待测。

◆ **样品检测**

引导问题 1　请你画出辣椒粉中苏丹红测定步骤的思维导图。

步骤 1：试样的称量　称取具有代表性样品的可食部分 100 g，放入粉碎机中搅碎。称取 1～5 g（准确至 0.001 g）样品于三角瓶中。

步骤 2：试样的提取　加入 10～30 ml 正己烷，超声 5 min，过滤。用 10 ml 正己烷洗涤残渣数次，至洗出液无色，合并正己烷液，用旋转蒸发仪浓缩至 5 ml 以下。

引导问题 2　为什么要控制在 5 ml 以下？

答：

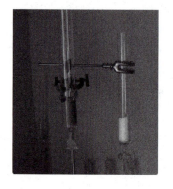

步骤 3：样品的脱色　样液中慢慢加入氧化铝层析柱中。为保证层析效果，在柱中保持正己烷液面为 2 mm 左右时上样。在全程的层析过程中不应使柱干涸。用正己烷少量多次淋洗浓缩瓶，一并注入层析柱。控制氧化铝表层吸附的色素带宽宜小于 0.5 cm，待样液完全流出后，视样品中含油类杂质的多少用 10～30 ml 正己烷洗柱，直至流出液无色，弃去全部正己烷淋洗液。

引导问题 3　中型氧化铝的作用是什么？

答：

引导问题 4　为什么多次淋洗及控制层析柱中色素带宽？

答：

引导问题 5　为什么弃去全部正己烷淋洗液？

答：

步骤4:样品的定容　用含5%丙酮的正己烷液60 ml洗脱,收集、浓缩后,用丙酮转移并定容至5 ml。经0.45 μm有机滤膜过滤后待测。

引导问题6　过滤的作用是什么?
答:

步骤5:测定　① 标准曲线:吸取标准储备液0、0.1、0.2、0.4、0.8、1.6 ml,用正己烷定容至25 ml,此标准系列浓度为0、0.16、0.32、0.64、1.28、2.56 μg/ml,绘制标准曲线。
② 液相梯度条件设定。

时间 /min	流动相		曲线
	A/%	B/%	
0	25	75	线性
10	25	75	线性
25	0	100	线性
32	0	100	线性
35	25	75	线性
40	25	75	线性

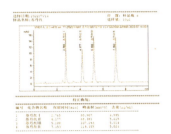

引导问题7　液相色谱技术是以什么来定性,什么来定量?
答:

步骤6:平行测定　使用同样的样品测定方法,称取的2份试样,在相同的操作条件下进行2次平行测定。

◆ **数据记录**

引导问题8　依据实验过程,设计苏丹红(Ⅰ、Ⅱ、Ⅲ、Ⅳ)测定的数据记录表(样表见表7-1-2)。

表7-1-2 苏丹红测定数据记录表

前处理方法	报告/样品编号	检测项目	称样量 m/g	定容体积 V/ml	稀释倍数 f	测定值 c /(μg/ml)	含量 X /(mg/kg)	含量平均值 /(mg/kg)	相对相差 /%	最低检测限 /(mg/kg)	定量限 /(mg/kg)
粉状样品	××××××××	苏丹红Ⅰ	2.026	5.00	1	<0.004	<0.01	N.D.	/	0.01	/
			2.034	5.00	1	<0.004	<0.01				
		苏丹红Ⅱ	2.026	5.00	1	<0.004	<0.01	N.D.	/	0.01	/
			2.034	5.00	1	<0.004	<0.01				
		苏丹红Ⅲ	2.026	5.00	1	<0.004	<0.01	N.D.	/	0.01	/
			2.034	5.00	1	<0.004	<0.01				
		苏丹红Ⅳ	2.026	5.00	1	<0.004	<0.01	N.D.	/	0.01	/
			2.034	5.00	1	<0.004	<0.01				

◆ 结果计算

引导问题9 怎样依据实验测得的原始数据计算出苏丹红（Ⅰ、Ⅱ、Ⅲ、Ⅳ）测定值？有效数字位数如何保留？写出计算过程，并将计算结果填入数据记录表中。

① 计算试样1的苏丹红（Ⅰ、Ⅱ、Ⅲ、Ⅳ）：

② 计算试样2的苏丹红（Ⅰ、Ⅱ、Ⅲ、Ⅳ）：

③ 计算两次测定的算术平均值：

④ 计算两次测定的极差：

⑤ 计算相对极差：

计算苏丹红含量：
$$X = c \times V / m,$$

式中：X 为样品中苏丹红含量，mg/kg；c 为由标准曲线得出的样液中苏丹红的浓度，ug/ml；V 为样液定容体积，ml；m 为样品质量，g。

◆ 注意事项

引导问题10 请分析描述测定过程的HSE注意事项。（技能大赛考核要求）

答:

◆ 结果判定与报告

引导问题 11 请你设计检验报告,对本次样品苏丹红测定结果进行判定与报告(样表见表 7-1-3)。

表 7-1-3 苏丹红测定检验报告

样品名称	检测项目	检验方法	测定结果/(mg/g)	标准要求/(mg/g)	单项结果判定	检验员签名	检验日期
	苏丹红(Ⅰ、Ⅱ、Ⅲ、Ⅳ)	GB/T 19681-2005					

任务评价

序号	评价要求	分值	评价记录	得分
1	知识过关题	3		
2	按规定着装	2		
3	实验物品的准备和检查	5		
4	样品的正确预处理	5		
5	制定实验方案	5		
6	正确称量	5		
7	正确提取试样	5		
8	正确进行样品脱色	5		
9	正确定容、过滤	5		
10	正确进行液相色谱测定操作	5		
11	正确进行平行测定	5		
12	规范、整洁、正确、及时记录原始数据	5		
13	计算公式正确,数据代入正确	2		
14	有效数字正确	5		
15	计算结果正确	3		
16	正确判定结果	5		
17	清洁操作台面,器材干净并摆放整齐	5		
18	废液、废弃物处理合理	5		
19	遵守实验室规定,操作文明、安全	5		
20	操作熟练,按时完成	5		
21	学习积极主动	5		
22	沟通协作	5		
总评				

巩固练习

1. 陈某开办一家生产食品添加剂的小作坊。得知苏丹红Ⅰ号会让产品的颜色看起来更鲜亮,就在 2008 年 5 月生产的所有产品中都掺入了苏丹红Ⅰ号。苏丹红Ⅰ号属于有毒的非食品原料。经质检部门核查,陈某的销售金额达 6 万余元。针对陈某的行为,下列说法正确的是(　　)。

　　A. 构成生产、销售不符合卫生标准的食品罪

　　B. 构成生产、销售有毒、有害食品罪

　　C. 构成生产、销售伪劣产品罪

　　D. 行政处罚

2. 苏丹红Ⅰ号是工业色素,含有偶氮苯。下列说法中,错误的是(　　)。

　　A. 所含化学元素至少有 C、H、O、N 等

　　B. 苏丹红Ⅰ号没有直接致癌作用,可食用

C．如用 15 N 标记苏丹红Ⅰ号，15 N 最终将出现在动物的尿液中
D．工业色素不能用于绿色食品

总结本任务所学内容，和老师同学交流讨论，撰写学习心得。

班级：_____　　姓名：_____　　组名\组号：_____
学号\工位号：_____　　日期：_____年___月___日

任务2 乳品中三聚氰胺的测定

学习目标

1. 能正确领用乳品中三聚氰胺测定所需的试剂、仪器、设备，合理进行样品预处理及正确配制测定所需试剂，做到安全操作、节约试剂。
2. 能在规定时间内，按照正确步骤进行规范严谨的测定操作，爱护仪器设施设备。
3. 能正确计算测定结果，能进行误差计算和结果判定。

情景导入

卫生部、工业和信息化部、农业部、国家工商行政管理总局、国家质量监督检验检疫总局公告（2011年第10号），明确规定三聚氰胺不是食品原料，也不是食品添加剂，禁止人为添加到食品中。对在食品中人为添加三聚氰胺的，依法追究法律责任。

学习内容

1. 认识三聚氰胺

三聚氰胺是一种三嗪类含氮杂环有机化合物，是一种有机化工原料，简称三胺，又叫2,4,6-三氨基-1,3,5-三嗪、1,3,5-三嗪-2,4,6-三胺、2,4,6-三氨基脲、蜜胺、三聚氰酰胺。分子式 $C_3N_6H_6$ 或 $C_3N_3(NH_2)_3$，分子量126.12。pH 值为8.0，呈弱碱性，能与硝酸、盐酸、硫酸、乙酸、草酸等部分酸性物质形成三聚氰胺盐。可用于塑料、涂料、黏合剂、食品包装材料的生产。

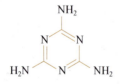

图 7-2-1 三聚氰胺结构

三聚氰胺的物理性状：无味、密度 1.58 g/cm^3，纯白色单斜棱晶体，低毒，常压条件下熔点 354 ℃，三聚氰胺升华温度 300 ℃。在一般情况下，三聚氰胺较稳定，但是在高温下其可能会分解出有毒性的氰化物。其结构如图 7-2-1 所示。

2. 原料乳与乳制品中三聚氰胺检测

非食用物质三聚氰胺常见检测方法有高效液相色谱法、液相色谱-质谱/质谱法、气相色谱质谱联用法等。其中，高效液相色谱法是最常见的重要检测方法。试样用三氯乙酸溶液-乙腈提取，经阳离子交换固相萃取柱净化后，用高效液相色谱测定，外标法定量。

◆ 知识过关题

1. 三聚氰胺是一种三嗪类含氮杂环_____化合物，微溶于水，可溶于_____等。
2. 高效液相色谱法测定乳与乳制品中三聚氰胺的最低检出限为_____。
3. 高效液相色谱仪主要由_____、_____、_____、_____以及_____5部分组成。
4. 高效液相常用的检测器有_____、_____、_____。

项目七 非法添加物质的检验

乳品中三聚氰胺测定任务案例
——奶粉中三聚氰胺的测定

◆ **任务描述**

你是某检测技术公司的食品检验员,今天接到任务,要完成市场监督管理局委托抽检的一批农产品检测任务。你负责其中所抽检样品奶粉中三聚氰胺项目的测定。依据检验工作一般流程,你制订了图7-2-2所示的工作计划。

图7-2-2 三聚氰胺测定工作流程

◆ **仪器、试剂准备**

请你按照表7-2-1的清单准备好实验所需试剂及用具,并填写检查确认情况。

表7-2-1 三聚氰胺测定(高效液相色谱法)试剂、仪器清单

序号	名称	型号与规格	单位	数量/人	检查确认
1	乙腈	500 ml,色谱纯	瓶	1	
2	甲醇(色谱纯)	500 ml	瓶	1	
3	氨水(含量为25%~28%)	500 ml	瓶	1	
4	三氯乙酸(分析纯)	500 g	瓶	1	
5	柠檬酸(分析纯)	500 g	瓶	1	
6	辛烷磺酸钠(色谱纯)	500 g	瓶	1	
7	三聚氰胺标准品	纯度≥99.0%	/	1	
8	天平	感量0.01 g	台	1	
9	废液杯	500 ml	个	1	
10	阳离子交换固相萃取柱	填料质量:60 mg,体积:3 ml	个	5	
11	定性滤纸	中性100~200目,500 g	瓶	1	
12	海沙(化学纯)	粒度:0.65~0.85 mm	/	1	
13	高效液相色谱仪	配有紫外可见光检测器	/	1	
14	氮气(纯度大于99.999%)	满足标准要求即可	/	/	
15	0.45 μm 有机滤膜	满足标准要求即可	/	/	

2-161

试剂配制:
(1) 甲醇水溶液　准确量取 50 ml 甲醇和 50 ml 水,混匀后备用。
(2) 三氯乙酸溶液(1%)　准确称取 10 g 三氯乙酸于 1 L 容量瓶中,用水溶解并定容至刻度,混匀后备用。
(3) 氨化甲醇溶液(5%)　准确量取 5 ml 氨水和 95 ml 甲醇,混匀后备用。
(4) 离子对试剂缓冲液　准确称取 210 g 柠檬酸和 2.16 g 辛烷磺酸钠,加入约 980 ml 水溶解,调节 pH 值至 3.0 后,定容至 1 L 备用。
(5) 流动相(按溶剂 A 与溶剂 B 按 9∶1 比例混合)。溶剂 A 为离子对缓冲液体,溶剂 B 为乙腈。
(6) 三聚氰胺标准储备液　准确称取 100 mg(精确到 01 mg)三聚氰胺标准品于 100 ml 容量瓶中,用甲醇水溶液溶解并定容至刻度,配制成浓度为 1 mg/ml 的标准储备液,于 4 ℃ 避光,并逐步稀释到标准规定上机曲线浓度。

◆ **试样制备**

用四分法取若干奶粉,在从中取出 100 g 为待测试样。

◆ **样品检测**

引导问题 1　请你画出奶粉中三聚氰胺测定步骤的思维导图。

步骤 1:试样的称量　称取 2 g(准确至 0.01 g)待测试样于 50 ml 的具塞试管中。

步骤 2:试样的提取　加入 15 ml 三氯乙酸溶液和 5 ml 乙腈。超声提取 10 min 再振荡提取 10 min 后,以不低于 4000 r/min 离心 10 min。上清液经三氯乙酸溶液润湿的滤纸过滤后,用三氯乙酸溶液定容至 25 ml,移取 5 ml 滤液,加入 5 ml 水混匀后为待净化液。

引导问题 2　三氯乙酸溶液和乙腈的作用分别是什么?

答:

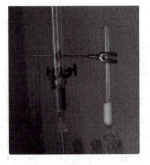

步骤 3:样品的净化　将待净化液转移至固相萃取柱中。依次用 3 ml 水和 3 ml 甲醇洗涤。抽至近干后,用 6 ml 氨化甲醇溶液洗脱。整个固相萃取过程流速不超过 1 ml/min,洗脱液于 50 ℃ 下用氮气吹干。

引导问题 3　净化柱为什么需要活化,控制净化流速的作用是什么?

答:

步骤4:样品的浓缩及定容 浓缩后的残留物用1 ml 流动相定容,涡旋混合1 min 过微孔滤膜后,供 HPLC 测定。

提示 因定容体积比较小,该步骤需要用定量移液器量取1 ml。

引导问题4 过滤的作用是什么?

步骤5:测定 ① 绘制标准曲线:用流动相将三聚氰胺标准储备液逐级稀释到浓度为 0、0.8、2、20、40、80 μg/ml,绘制标准曲线。

② 测定待测试样。

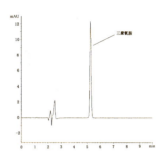

步骤6:平行测定 使用同样的样品测定方法,称取的2份试样,在相同的操作条件下进行2次平行测定。

◆ **数据记录**

引导问题5 非食用物质三聚氰胺测定数据记录表应如何设计?小组讨论后,在下面的空白处完成数据记录表设计(样表见表7-2-2)。

表7-2-2 三聚氰胺测定数据记录表

前处理方法	报告/样品编号	检测项目	称样量 m/g	定容体积 V/ml	稀释倍数 f	测定值 c/(μg/ml)	含量 X/(mg/kg)	含量平均值/(mg/kg)	相对相差/%	最低检测限/(mg/kg)	定量限/(mg/kg)

结果计算

引导问题 6 怎样依据实验测得的原始数据计算出三聚氰胺测定值？有效数字位数如何保留？写出你的代入公式计算过程，并将计算结果填入数据记录表中。

① 计算试样 1 的三聚氰胺：

② 计算试样 2 的三聚氰胺：

③ 计算两次测定的算术平均值：

④ 计算两次测定的极差：

⑤ 计算相对极差：

试样中三聚氰胺的含量由色谱数据处理软件或按下式计算：

$$X = \frac{A \times c \times V \times 1\,000}{A_s \times m \times 1\,000} \times f,$$

式中，X 为试样中三聚氰胺的含量，mg/kg；A 为样液中三聚氰胺的峰面积，cm^2；c 为标准溶液中三聚氰胺的浓度，μg/ml；V 为样液最终定容体积，ml；A_s 为标准溶液中三聚氰胺的峰面积，cm^2；m 为试样的质量，g；f 为稀释倍数。

注意事项

引导问题 7 请分析描述测定过程的 HSE 注意事项。（技能大赛考核要求）

答：

结果判定与报告

引导问题 8 请你设计检验报告，对本次样品三聚氰胺测定结果进行判定与报告（样表见表 7-2-3）。

表 7-2-3 三聚氰胺测定检验报告

样品名称	检测项目	检验方法	测定结果/(mg/g)	标准要求/(mg/g)	单项结果判定	检验员签名	检验日期
	三聚氰胺	GB/T 22388-2008					

任务评价

序号	评价要求	分值	评价记录	得分
1	知识过关题	3		
2	按规定着装	2		
3	实验物品的准备和检查	5		
4	样品的正确制备	5		
5	实验方案制定	5		
6	正确称量	2		
7	正确提取样品	5		
8	正确净化样品	5		
9	正确浓缩、定容	5		
10	正确绘制标准曲线	5		
11	正确测定样品	5		
12	规范、整洁、正确、及时记录原始数据	5		
13	计算公式正确,数据代入正确	3		
14	有效数字正确	5		
15	计算结果正确	5		
16	正确判定结果	5		
17	清洁操作台面,器材干净并摆放整齐	5		
18	废液、废弃物处理合理	5		
19	遵守实验室规定,操作文明、安全	5		
20	操作熟练,按时完成	5		
21	学习积极主动	5		
22	沟通协作	5		
	总评			

拓展学习

定量移液器的使用(技能大赛考核要求)

移液器又叫做移液枪,基本使用方法如下:

步骤 1:依取用溶液体积选用适当的微量移液器。

步骤 2:设定取液量 转动移液器的调节旋钮。反时针方向转动旋钮可提高设定取液量;顺时针方向转动旋钮可降低取液量。在调整旋钮时,不要用力过猛,注意显示数值不超过可调范围。

步骤 3:套上微量移液器头 吸取溶液时,尖端请先套上微量移液器头,千万不能用未套吸头的移液器去吸取液体。

步骤 4:吸取溶液 选择合适吸头放在移液器套筒上,稍加压力使之与套筒之间无空气间隙。把按钮压至第一停点,垂直握持加样器,如图 7-2-3(a)所示,使吸头浸入液面下 3~5 mm 处。然后,缓慢平稳地松开按钮,吸入液体,如图 7-2-3(b)所示。释放按钮不可太快,以免溶液冲入吸管柱内而腐蚀活塞。

步骤5:放液　将吸头口贴到容器内壁底部并保持倾斜,平稳地把按钮压到第一停点,如图7-2-3(c)所示。停一两秒再把按钮压到第二停点以排出剩余液体,如图7-2-3(d)所示。压住按钮,同时提起加样器,使吸头贴容器壁擦过。松开按钮,回到原状,如图7-2-3(e)所示,按吸头弹射器除去吸头。

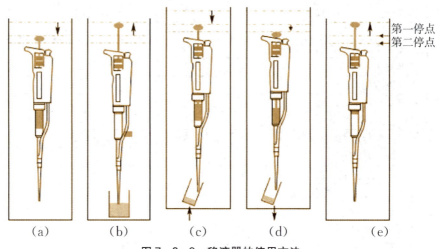

图7-2-3　移液器的使用方法

巩固练习

简述三聚氰胺的测定原理、过程以及操作过程中的注意事项。

学习心得

总结本任务所学内容,和老师同学交流讨论,撰写学习心得。

班级:＿＿＿＿＿＿　　姓名:＿＿＿＿＿＿　　组名\组号:＿＿＿＿＿＿
学号\工位号:＿＿＿＿＿＿　日期:＿＿＿＿＿年＿＿＿月＿＿＿日

模块三

食品理化检验质量控制

模块三 食品理化检验质量控制
- 项目八　实验室质量控制
- 项目九　操作质量控制
- 项目十　检验误差与处理

　　在食品理化检验分析中,能够对最终检验结果造成影响的因素有很多,如人为因素、设备因素、环境因素。因此需要在食品理化检验分析过程中,采取一些强有力的质量控制措施,保证食品理化检验结果准确,从而保证食品质量。同时,质量控制也对整体理化检验流程进行规范,及让实验设备和实验环境更符合分析检验要求,让操作者的安全也得到保证。

项目八
实验室质量控制

```
                          ┌── 任务1  检验环境控制
项目八  实验室质量控制  ────┼── 任务2  仪器检定校准
                          └── 任务3  试剂有效管理
```

知识要求

1. 熟悉实验室 5S 管理内容及检验实验室环境条件。
2. 熟悉设备说明书及维护保养、检定校核仪器及管理试剂标准规范。
3. 能对实验室进行 5S 管理,控制实验室环境条件。
4. 能按照标准规范或者说明书,维护保养设备、检定校核仪器及有效管理试剂。
5. 具备较强的组织管理能力和责任心。

任务 1　检验环境控制

学习目标

1. 能正确查询和解读相关标准和要求,说出不同检测仪器和检测项目对实验室环境条件的要求,说出实验室环境条件对检测结果的影响。
2. 能识别和监视关键环境条件,规范填写实验室环境记录表,具有安全、合规的环境控制意识。

项目八　实验室质量控制

情景导入

刘工今天领取了一个检测任务,做茶叶中总灰分检测。原本实验一切顺利,已经进行到了最后一步称量了。但是,无论他怎么操作,都达不到恒重要求。反复看了无数遍操作步骤,反思了操作过程中的所有细节,就是想不起来遗漏了什么关键因素。

陈工听了刘工复述操作步骤,随刘工来到了天平室。然而,他一进去就找到了刘工恒重结果不满意的几个环境因素:

（1）振动　由于实验室楼下在装修,伴随着不规律的振动。

（2）气流　天平室的门没有随手关闭,空气的流动影响了天平的稳定性。

（3）温湿度　冬天,天平室的温度湿度已经不满足天平的使用要求了。

刘工恍然大悟,原来影响检验结果的不仅仅是方法步骤、试剂耗材、仪器性能、人员技术能力,还有实验室的环境条件。

学习内容

1. 实验室环境条件的基本要求

实验室环境条件指除检测对象和人员外,对检测结果产生影响的其他条件。依据《检测和校准实验室能力的通用要求》GB/T 27025(ISO 17025),检测和校准实验室环境条件需满足以下5个基本要求:

① 环境条件应适合实验室活动,不应对结果有效性产生不利影响。

② 实验室应根据实验室活动所必需的设施及环境条件要求,形成文件。

引导问题1　咨询实验室管理员,了解实验室环境条件及设施管理制度。

答:

③ 当相关规范、方法或程序对环境条件有要求时,或环境条件影响结果的有效性时,实验室应监测、控制和记录环境条件。

④ 实验室应实施、监控并定期评审控制设施的措施。

⑤ 当实验室在永久控制之外的场所或设施中实施实验室活动时,应确保满足本标准中有关设施和环境条件的要求。

2. 影响实验室环境条件的因素

影响实验室环境条件的因素一般有通风、采光、结构、温度、湿度、环境噪声、气压、电源、水源的供给、接地、防振、防电磁干扰、微生物污染、灰尘等。需要事先对检测项目和检测仪器逐一调研,明确每一检测项目和检测仪器的具体要求。

3. 实验室监测、记录和控制环境条件的方式

定期监控影响实验室环境的因素。最基本的,如使用温湿度仪监视环境的温湿度条件,测量沉降菌等,并使用受控表格记录环境条件。实验室的环境条件超出了规定范围的变化,就会影响检测结果的准确度。实验室应监测这些环境条件,例如,开空调、抽湿机和加湿机,防振装置、隔音装置、防尘装置的安装及实施情况等。

有的检测项目/检测仪器对环境条件提出了特定要求,需作特殊处理。例如,为阻隔振

3-3

动对设备的影响,设置防振沟;为防止电磁波的辐射和外界电磁波干扰,安装屏蔽室;为避免气流、振动对示值的影响,设置套间,等等。对于精密仪器,为保障其安全平稳运行,应敷设专用地线,并定期测试数据,适时检修,保障接地电阻及零、地电位差符合仪器设备运行的技术要求。

在按要求设计、施工之后,还需测试工作场所,证实实验室电源质量、噪声、照度、接地电阻、电磁干扰等达到了相应技术规范的要求。

4. 实验室环境控制的常见问题与风险

① 操作间与仪器间无温湿度仪,实验环境条件不清楚。
② 无"三废"收集处理装置,对环境造成威胁。
③ 房间墙壁脱落,地面凹凸不平,杂物乱放,台面凌乱,环境感官不佳,有粉尘污染实验的危险。
④ 实验室无强制通风设备,无防火、防水、防腐和急救设施,有人身安全风险。
⑤ 废旧和长期停用设备未清出检测现场,有误用风险。
⑥ 检测工作时无环境条件记录,检测结果无法复现。
⑦ 微生物实验室物流与人流未分开,一更、二更和三更不规范,有交叉污染风险。
⑧ 致病性微生物实验室无生物安全装置,对操作人员有病菌感染风险。
⑨ 相互有影响的工作空间没有有效隔离,影响检测结果的准确性。
⑩ 办公室、检测室、仪器室混用,相互交叉污染,存在安全隐患和结果准确性风险。

◆ 知识过关题

1. 实验室环境条件的影响因素有(　　)(多选)。
   A．温度　　　　　B．微生物污染　　　C．噪声　　　　　D．采光
   E．辐射　　　　　F．电磁干扰　　　　G．振动
2. 天平室的环境条件需考虑以下(　　)因素(多选)。
   A．温度　　　　　　　　　　　　　　B．微生物污染
   C．振动　　　　　　　　　　　　　　D．湿度
3. 当相关规范、方法或程序对环境条件有要求时,实验室应(　　)。
   A．不管它
   B．实验室应监测环境条件
   C．实验室应监测、控制环境条件
   D．实验室应监测、控制和记录环境条件
4. 当环境条件超出了规定范围时,会发生(　　)(多选)。
   A．检测结果的准确度低
   B．检测结果的空白值高
   C．检测结果的平行性差
   D．无影响
5. 当检测仪器对环境温度有明确的要求,实验室应采取什么措施控制环境温度?

项目八　实验室质量控制

检验环境控制任务案例
——天平室环境控制

◆ **任务描述**

陈工发现了天平室的问题之后,该采取怎样的纠正解决措施,以防止再次发生类似问题?

◆ **查看仪器的环境条件要求**

查看天平使用的注意事项。关于仪器环境的条件要求是:防风、防振、防磁,控制温湿度。

◆ **天平室符合性判断**

天平室符合性判断见表8-1-1。

表8-1-1　天平室符合性判断

	ISO 17025 标准	符合	基本符合	不符合
1	环境条件应适合实验室活动,不应对结果有效性产生不利影响			
2	实验室应将从事实验室活动所必需的设施及环境条件的要求形成文件			
3	当相关规范、方法或程序对环境条件有要求时,或环境条件影响结果的有效性时,实验室应监测、控制和记录环境条件			
4	实验室应实施、监控并定期评审控制设施的措施			

◆ **纠正措施**

引导问题2　根据准则第2条要求:实验室应将从事实验室活动所必需的设施及环境条件的要求形成文件,你发现实验室关于环境条件的程序文件过于简单笼统,并未对天平室提出明确的要求。现在请你将天平室对环境条件的要求补充进程序文件里,你该怎么写?

答:

根据准则第3条要求:当相关规范、方法或程序对环境条件有要求时,或环境条件影响结果的有效性时,实验室应监测、控制和记录环境条件,你发现长久以来,虽然天平室里一直安装有温湿度计,但未对天平室中的环境条件进行控制和记录。现在请你思考一下,以温湿度为例,关于"监测""控制""记录",该怎么去实施?(见表8-1-2)

答:

3-5

表8-1-2 控制和记录环境条件

措施	实施载体	具体措施
监测	温湿度计	定期校准(一年一次)
控制	空调/加湿器	定期维护清洁(根据情况)
记录	受控表格	定期记录(一天两次)

根据准则4：实验室应实施、监控并定期评审控制设施的措施要求，请你就目前天平室存在的问题，提出纠正和保障措施(见表8-1-3)。

表8-1-3 纠正和保障措施

问题	纠正方法	保障措施
振动	增添减震装置	① 修订相关的程序文件； ② 相关人员学习培训； ③ 定期检查
气流	关门或者设置缓冲间	
温湿度	开空调和加湿器，做好记录	

任务评价

序号	评价要求	分值	评价记录	得分
1	知识过关题	10		
2	正确查询标准要求	10		
3	识别关键环境条件因素	10		
4	监视关键环境条件	10		
5	规范填写环境记录	10		
6	撰写环境条件要求文件	10		
7	查询相关环境条件要求	10		
8	提出纠正措施	10		
9	学习积极主动	10		
10	沟通协作	10		
总评				

巩固练习

参考天平室环境条件控制措施,现请你以微生物检测室(洁净度为6级)为例,完成检查和实施的步骤。

(1)查阅相关标准(GB 4789.1、GB/T 27025－2019、DB51/T 2167－2016),明确微生物检测室对环境条件的要求。

物理指标:

空气洁净度指标
悬浮粒子:
沉降菌:
浮游菌:
表面杂菌密度:

(2)查找微生物检测室有关环境条件的文件规定,检查有关的环境要求在文件中是否都有体现。现场审核,查看环境条件要求是否落实到位。你需要观察微生物室哪些方面的状况?

（3）查看完相关记录，对照了环境条件的要求，发现微生物室的环境条件控制和记录是符合标准要求的。在你要离开时，却发现超净工作台台面杂乱，培养箱里有已经完成检测却仍然没有处理掉的培养基（内含菌落）。

请你思考：实验操作台（区域）的整洁有序，实验室废弃物的安全处理是否属于环境控制的范围？为什么？并提出针对性纠正措施。

总结本任务所学内容，和老师同学交流讨论，撰写学习心得。

班级：_____   姓名：_____   组名\组号：_____
学号\工位号：_____   日期：_____年___月___日

项目八　实验室质量控制

任务2　仪器检定校准

学习目标

1. 说出检定和校准的意义及区别；说出期间核查的意义。
2. 能判断出强制检定器具；具有正确的仪器使用和管理意识。
3. 会校准常见的分析检验用玻璃量器。

情景导入

主管陈工最近给检验员刘工提出了一个问题：假如技术人员操作准确娴熟，工作环境条件符合要求，所用试剂耗材均合格，可是测量仪器不准，也无法得出准确的检验结果，如何保证检测仪器的准确？刘工每隔一个星期就用同一台天平称量同一个烧杯，但时间长了，称量数据就会出现一点偏差，是不是说明这台天平不准了？

陈工给了他一份仪器清单，安排他把清单上的仪器都开机，并准备好相关试剂，待计量所的李工来检定或校准。李工来到原子吸收室，拿出自带的铜元素标准曲线，用刚就绪的原子吸收分光光度计测量并绘制曲线，并多次测量了某一瓶标准物质。刘工见他测量完毕之后计算了一下就结束测量，准备去下一台仪器。来到高温室，李工将温度巡检仪的探头放入烘箱，根据烘箱设置的温度，用温度巡检仪测量……接着来到天平室，李工拿出了他自带的砝码……刘工明白了：计量所李工带来标准物质或者测量仪器，就是来检查我们的仪器是不是符合要求的。

几天后刘工收到了实验室仪器的检定和校准证书。看着证书，刘工更疑惑了，为什么有些仪器是检定证书，有些是校准证书，这有什么区别？

学习内容

1. 认识检定和校准

（1）检定　指查明和确认测量仪器符合法定要求的活动，包括检查、加标记及出具检定证书。检定的依据是国家计量检定规程，通过实验确定计量器具示值误差是否符合要求。检定范围是我国计量法明确规定的强制检定的计量器具。

（2）校准　在规定条件下的一组操作：第一步是确定由测量标准提供的量值与相应示值之间的关系；第二步则是用此信息确定由示值获得测量结果的关系。这里测量标准提供的量值与相应示值都具有测量不确定度。

依据相关校准规范校准，通过实验确定计量器具示值。通常采用与精度较高的标准器比对测量得到被计量器具相对标准器的误差，从而得到被计量器具示值的修正值。校准主要用于非强制检定的计量器具。

引导问题1　检定和校准有何异同？

答：

3-9

见表8-2-1，检定证书信息全面完整，有检定结论，有修正值或示值误差，有检定结果不确定度，给出检定结果合格与否的结论；校准证书一般只给出校准值和测量不确定度，没有合格与否的结论，是否符合实验室工作预期还需要进行校准效果确认。

表8-2-1　检定和校准的区别

项目	检定	校准
目的	对计量特性进行强制性的全面评定；属量值统一，检定是否符合规定要求；属自上而下的量值传递	自行确定监视及测量装置量值是否准确；属自下而上的量值溯源；评定示值误差
对象	国家强制检定：计量基准器，计量标准器，用于贸易结算、安全防护、医疗卫生、环境监测的工作计量器具共有62种	除强制检定之外的计量器具和测量装置
依据	由国家授权的计量部门统一制定检定规程	校准规范或校准方法可采用国家统一规定，也可由组织自己制定
性质	具有强制性，属法制计量管理范畴的执法行为	不具有强制性，属组织自愿的溯源行为
周期	按我国法律规定的强制检定周期实施	由组织根据使用需要自行确定，可以定期、不定期或使用前进行
方式	只能由规定的检定部门或经法定授权具备资格的组织进行	可以自校、外校或自校与外校结合
内容	对计量特性进行全面评定，包括评定量值误差	评定示值误差
结论	依据检定规程规定的量值误差范围，给出合格与不合格的判定，发出检定合格证书	不判定是否合格，只评定示值误差，发出校准证书或校准报告
法律效力	检定结论属具有法律效力的文件，作为计量器具或测量装置检定的法律依据	校准结论属于没有法律效力的技术文件

2. 强制检定器具的判断

根据以下要点可判断哪些器具(仪器)需要进行强制性检定：

① 器具属于国家强制检定目录，由有资质的计量单位检定。

② 器具在国家强制检定目录外，但有计量检定规程(JJG)或计量技术规范(JJF)的，需送检/校准，或企业具备标准设备、器具及校准方法，可以自行校准；

③ 无JJG和JJF的，自行校验。

《中华人民共和国强制检定的工作计量器具检定管理办法》第十四条规定：使用强制检定的工作计量器具的任何单位或者个人，计量监督、管理人员和执行强制检定工作的计量检定人员，违反本办法规定的，按照《中华人民共和国计量法实施细则》的有关规定，追究法律责任。

引导问题2　阅读《实施强制管理的计量器具目录》。

3. 期间核查

期间核查是在两次检定/校准期间,为保持仪器设备检定/校准状态的可信度进行的核查,是根据规定程序,为了确定计量标准、标准物质或其他测量仪器是否保持原有状态而进行的操作。

使用频率高、易损坏、性能不稳定的仪器在使用一段时间后,由于操作方法、环境条件(温度、湿度、电磁干扰、辐射、供电、灰尘、声级),以及移动、振动、样品和试剂溶液污染等因素的影响,不能保证检定或校准状态的持续可信度。因此,实验室应定期对这些仪器进行期间核查。

4. 容量仪器的校准

在化学仪器使用过程中,容量器皿的容积与其所标出的体积并非完全相符,在使用过程中,也会有各种误差。在准确度要求较高的分析工作中,必须校正容量器皿。

由于玻璃具有热胀冷缩的特性,在不同温度下容量器皿的容积也有所不同。因此校准玻璃容量器皿时,必须规定一个共用的温度值,这一规定温度值称为标准温度。国际上规定玻璃容量器皿的标准温度为 20 ℃,即在校准时都将玻璃容量器皿的容积校准到 20 ℃ 的实际容积。容量器皿有两种校准方法:相对校准和绝对校准。绝对校准常采用衡量法,即用天平称得器皿放出的纯水的质量;然后,根据水的质量和密度,计算出器皿在标准温度 20 ℃ 时的实际容积。

◆ 知识过关题

1. 检定是指查明和确认_____符合法定要求的活动,它包括_____、_____/或出具_____。
2. 校准是指在_____的一组操作,第一步是确定由测量标准提供的_____和_____之间的关系。
3. 检定范围是我国计量法明确规定的_____的计量器具。
4. 校准主要用于_____的计量器具。
5. 器具在国家强制检定目录外,但有_____或_____的,需送检/校准。
6. 企业具备_____、_____及_____,可以自行校准。

任务实施

仪器检定校准任务案例
——滴定管的校准

◆ 任务描述

主管陈工又给了刘工新的工作任务:让他校准实验室一批滴定管。刘工采用绝对校准法完成了校准任务,绘制了每根滴定管的校准曲线,交给陈工。陈工赞扬了他,并且告诉他:千万别小看这一点点的校准值,"失之毫厘,谬以千里",精准的检测结果就是靠锱铢必较、精益求精。

◆ 仪器设备准备

按表 8-2-2 准备仪器。

食品理化检验技术

表8-2-2 滴定管校准仪器清单

序号	名称	型号与规格	单位	数量/人	备注	检查确认
1	天平	感量0.01 g	台	1		
2	滴定管	50 ml	支	1		
3	称量瓶		个	1		
4	温度计	/	支	1		

◆ 滴定管校准

步骤1：清洗滴定管。

步骤2：检查滴定管是否漏水。

步骤3：用蒸馏水润洗滴定管2～3次。

步骤4：装入蒸馏水，测量并记录水的温度。

步骤5：排气泡。

步骤6：调节滴定管至0.00刻度线左右，记录初读数。

步骤7：将洁净的称量瓶放在分析天平上，清零。

步骤8：拿出称量瓶。

步骤9：由滴定管放出10 ml水于称量瓶中。

步骤10：再将称量瓶放至分析天平上称量，记录天平读数。

步骤11：继续按以上操作往称量瓶中放水，每10 ml称量一次，直至滴定管到50 ml刻度线左右。

步骤12：平行测定：重复操作3次，将称量结果记录在表格内。

◆ 校正数据记录

校正数据记录于表8-2-3。

表8-2-3 校正数据记录表

水温	温度：_____℃		该温度下水的密度：_____g/cm³			
滴定管读数/ml	放出体积读数/ml	瓶+水质量/g	水质量/g	实际容积/ml	校正值/ml	总校正值/ml

$$V_{校} = V_{实} - V_{读}, V_{实} = M/\rho, M = M_{瓶+水} - M_{瓶},$$

式中,$V_{校}$为校准点的校正值,ml;$V_{实}$为校准点实际容积,ml;$V_{读}$为校准点放出体积的读数,ml;M为校准点放出水的质量,$M_{瓶+水}$为校准点放出水和瓶的质量,$M_{瓶}$为空瓶的质量。

◆ 绘制滴定管校正曲线

引导问题3 请以滴定管校准点的体积读数为横坐标,相应的校正值为纵坐标,绘出校准曲线。

任务评价

序号	评价要求	分值	评价记录	得分
1	知识过关题	10		
2	说出检定和校准的异同	10		
3	识别强制检定器具	10		
4	说出期间核查的意义	5		
5	规范进行滴定管的校准	15		
6	校准仪器设备准备	10		
7	正确记录数据	10		
8	正确计算	10		
9	正确绘制较准曲线	10		
10	学习积极主动	5		
11	沟通协作	5		
总评				

巩固练习

1．(单选)当测量(　　)或测量(　　)影响报告结果的有效性时,和(或)为建立报告结果的计量溯源性,要求对设备进行校准。

　　A．准确度,真实性　　　B．准确度,不确定度　　　C．真实性,不确定度

2．(多选)下列仪器设备影响报告结果的是(　　)。

　　A．天平　　　　B．容量瓶　　　　C．量筒　　　　D．玻璃棒

　　E．温度计　　　F．滴定管

3．检定证书信息全面完整,有_____,有修正值或示值误差,有检定结果_____,给出检定结果_____的结论。

4．校准证书一般只给出_____和测量_____,没有合格与否的结论。

学习心得

总结本任务所学内容,和老师同学交流讨论,撰写学习心得。

班级:_____　　姓名:_____　　组名\组号:_____

学号\工位号:_____　　日期:_____年____月____日

任务3 试剂有效管理

学习目标

1. 能说出化学试剂分级,会根据实际选用适合级别的化学试剂。
2. 能说出试剂管理的主要环节,制订相关管理表单。
3. 会制订化学试剂采购计划,正确验收入库并规范领用存放。
4. 能妥善管理危险化学试剂,妥善处置废弃试剂。

情景导入

小李中职毕业后,来到一家第三方检测公司实习,实习岗位为试剂管理员。他的工作内容主要是协助实验室进行化学试剂的采购、入库、分类存放、领用以及试剂的废弃处理。基于中职期间的专业知识,小李对新的岗位工作充满好奇和信心,同时也深感需要继续努力学习化学试剂管理岗位的实际经验,尽快适应岗位的要求。

学习内容

1. 化学试剂分级

化学试剂是在化学试验、化学分析、化学研究及其他试验中使用的各种纯度等级的化合物或单质。根据试剂中所含杂质的多少,分为4个等级,见表8-3-1。此外,还有光谱纯试剂、色谱纯试剂、生化试剂等。

表8-3-1 化学试剂分级

序号	级别	类别	代号	标签颜色	备注
1	一级试剂	优级纯试剂	GR	绿色	纯度很高,适用于精确分析
2	二级试剂	分析纯试剂	AR	金光红色	纯度较高,适用于一般分析
3	三级试剂	化学纯试剂	CP	蓝色	适用于工业分析
4	四级试剂	实验试剂	LR	棕色	适用于一般化学实验

引导问题1 食品分析检验如何根据测定所需选择适合级别的化学试剂?

2. 试剂管理

试剂管理主要包括4个环节:购买→验收入库→使用/保管→废弃。

3. 化学试剂的采购、储存量控制

(1)试剂供应商的选择及资质评价 定期进行供应商资质评价,评价报告与有关资料

一并存档备案。

（2）制定采购计划　使用量较多的试剂按月或者季度用量采购，使用量较少的试剂可按年度用量采购。

（3）采购试剂的级别应符合实验要求　不允许将低级别试剂"升级"使用，必要情况下可将高级别试剂少量用于代替低级别试剂。

（4）确认所购买的化学品是否为危险化学品　易制毒易制爆化学品应提前向相关部门申办准购证后，方可采购。

4. 化学试剂的验收入库

（1）试剂的验收　分两种：一种是符合性验收，即采购的试剂与计划是否相符；一种是技术验证，对实验结果有影响的重要试剂需做技术验证。比如色谱用试剂，纯度不够会影响分析结果，就需要做技术验证。

一般化学试剂，试剂管理员进行符合性验收：

① 供应商或生产商资质是否齐全有效、产品质量是否可靠。

② 查看规格（如 500 ml、4 L）和包装标签上的名称、纯度级别是否符合采购要求。

③ 清点数量是否正确，是否有包装破碎、瓶盖处渗漏的情况，标签、标识是否清楚、是否有贮存条件。

④ 标注生产日期是否在有效期内。

化学试剂符合性验收有一项不合格，应拒绝入库，做退货处理；外观验收合格的化学试剂做好验收记录，需在验收单上记录名称、规格、纯度、生产厂家、批次号、有效期（如有）、数量、包装是否完整、标识是否清晰、与采购申请和采购合同是否一致。

关键化学试剂，使用人进行技术验收：

① 溶剂类试剂，如硝酸、甲醇、二氯甲烷等，根据其检测项目验收。

② 指示剂类，如酚酞、甲基红，可进行功能测试，确认在试验中其是否正常显色，测试标准物质或标准样品，实验数据是否正常。

③ 其他药品试剂，如无水硫酸钠，常在有机物检测中作为干燥剂。若标准中规定需预先高温处理，可在高温处理后进行空白试验，根据空白试验结果确定试剂是否满足要求。

（2）办理入库手续　经过验收的化学试剂应及时办理入库手续，登记入账，以便迅速投入使用。

5. 化学试剂的领用与存放

（1）化学试剂的领用　验收入库的试剂由试剂管理员统一管理，建立试剂台账。试剂台账主要内容包括试剂名称、规格型号、生产批号、有效期、生产厂家、入库数量、出库数量、库存等。实验人员根据实验需要领取化学试剂，试剂管理员填写试剂台账。一般化学试剂，由使用人员登记，方可领取。危险化学品、贵金属化学试剂要经分管领导核准，方可领取。

（2）化学试剂的存放

① 一般化学试剂的分类存放：无机物按酸类、碱类、盐类及氧化物等类别分别存放；盐类按阳离子分类，如钠盐、钾盐、铵盐、镁盐、钙盐等；有机物按官能团分烃类、醇类、醛类、酚类等，分别存放；指示剂可按酸碱指示剂、氧化还原指示剂、络合滴定指示剂、其他指示剂等分类存放。

② 化学试剂溶液的存放：应有序置于牢固的储物架上，以保安全，方便取用。溶液应

避免受热和避免强光,见光容易分解的试剂应以棕色瓶盛装,最好再加遮光罩。试剂溶液应贴有标签,标明试剂溶液的名称、浓度和配制时间。标签大小应与试剂瓶大小相适应,标签应书写工整,写明名称、浓度、配制日期。所有标准溶液均应按照现行国家标准方法制备,滴定分析用标准溶液必须按照GB601、GB602、GB603等标准规定的方法配制和标定。所有化学试剂溶液必须在其有效期内使用。GB601规定一般滴定分析用标准溶液在10~30℃下,开封后保存期不宜超过两个月,当标准滴定溶液出现浑浊、沉淀、颜色变化等现象时,应重新配置。

③ 危险化学品的存放:危险化学品是能燃烧、爆炸、毒害、腐蚀或具有放射性等危险物质,对危险性化学试剂的安全管理十分重要。爆炸性物品储存温度不宜超过30℃,易燃液体储存温度不宜超过28℃;危险化学品应分类隔开贮存,量较大应隔开房间贮存,量小时应设立铁板柜或分开贮存;腐蚀性药品应选用耐腐蚀性材料制成架子来放置;爆炸性物品可将瓶子储存于有干燥黄沙的柜中;相互接触能引起燃烧、爆炸及灭火方法不同的危险品应分开存放,绝不能混存。爆炸性物品、剧毒性物品和放射性物品应按规定实行"五双"制度(双人双锁保管、双人双发、双人运输、双账、双人使用)管理。

6. 化学试剂的弃置

过期化学试剂或使用后的试剂的弃置,严格按照《实验室废弃物管理规定》执行,确保弃置试剂的安全性,不污染环境。

◆ 知识过关题

1. 下列不属于药品库要求的是( )。
   A. 良好的通风 B. 防爆电源 C. 灭火装置 D. 良好的光照
2. 无标签试剂应( )
   A. 丢入垃圾箱中
   B. 将所有无标签试剂集中混合后统一处理
   C. 不再使用,但继续保存在药品库中
   D. 当危险品重新鉴别后处理
3. 判断题:试剂一般都有一定的保存年限,对于过期的试剂不应继续保存在库房中,可以直接丢弃。( )
4. 判断题:剧毒试剂应实行双人双锁、双登记管理,并做好领用和使用记录。( )

试剂有效管理任务案例
——试剂管理表单建立

◆ 任务描述

作为试剂管理员,小李发现要规范有效地管理化学试剂,试剂使用各环节的清晰表单必不可少。开展试剂管理工作需要哪些辅助表单?他该如何设计、建立和完善?

◆ 试剂采购清单制定

引导问题2 试剂采购清单需包含哪些内容?小组讨论,制定后全班展示(样表见表8-3-2)。

食品理化检验技术

表8-3-2 化学试剂采购清单

序号	拟采购试剂	型号规格	技术要求	数量	单位	厂家	备注

◆ 试剂验收入库记录表制订

引导问题3 依据试剂采购清单完成采购的试剂到货了,如何设计验收记录表辅助验收入库?小组讨论后完成制订,全班展示(样表见表8-3-3)。

表8-3-3 化学试剂验收记录表

序号	名称	规格/级别	数量	批号	生产厂家	外包装是否完好	有无试剂外漏现象	标签/标识是否清晰完整	是否需要技术验收	异常情况说明	验收结果	验收人	备注
						□是 □否	□是 □否	□是 □否	□是 □否		□合格 □不合格		
						□是 □否	□是 □否	□是 □否	□是 □否		□合格 □不合格		

◆ 试剂台账建立

引导问题4 完成验收入库的试剂即可投入使用。如何建立化学试剂台账来规范试剂领用及保管环节?小组讨论后完成台账建立,并在全班展示(样表见表8-3-4)。

表8-3-4 化学试剂台账范例

日期	试剂名称	规格	库存位置	库存量	采购数量	领用数量	剩余库存量

◆ 废弃试剂处理记录单制订

引导问题5 化学试剂过期未使用或使用完毕产生的废弃物必须妥善处理,并做好记录。如何设计废弃试剂处理表格?小组讨论后完成设计,并在全班展示(样表见表8-3-5)。

表8-3-5 实验室废弃试剂处理记录表

序号	名称/批号	处理日期	处理地点	处理原因	处理数量	处理方式	申请人	批准人	监督人	备注

任务评价

序号	评价要求	分值	评价记录	得分
1	知识过关题	5		
2	正确区分试剂的级别,合理使用	10		
3	说出试剂管理的主要环节	5		
4	会制订试剂采购清单	10		
5	能正确制订验收记录表,完成验收及保存验收资料	10		
6	正确建立试剂入库及领用台账,试剂及时入库登录	10		
7	正确分类存放化学试剂及溶液	10		
8	妥善管理危险化学品	10		
9	能按规定处理实验室废弃物	10		
10	学习积极主动	10		
11	沟通协作	10		
总评				

巩固练习

1. 下列不属于危险化学品的是( )。
   A．可燃性物质　　B．易挥发物质　　C．氧化性物质　　D．有毒物质
2. NaOH 应存放在( )器皿中。
   A．黑色塑料瓶　　B．白色玻璃瓶　　C．棕色玻璃瓶　　D．白色塑料瓶
3. 下列有关使用剧毒试剂的说法错误的是( )。
   A．领用需经申请,并严格控制领用数量
   B．领用必须双人登记签字
   C．剧毒品应锁在专门的毒品柜中
   D．领用后未用完的试剂由领用人妥善保存
4. 下列有关易爆试剂保管说法错误的是( )。
   A．易挥发易燃试剂应放在铁柜内
   B．易燃试剂保存应远离热源
   C．装有挥发性物质的药品最好用石蜡封住瓶塞
   D．严禁氧化剂和可燃物质一起研磨
5. 爆炸性固体实际存放时室内温度不能超过( )℃。
   A．20　　　　　B．30　　　　　C．35　　　　　D．40
6. 判断题:金属钠应保存在煤油中,白磷保存在水中。( )

总结本任务所学内容,和老师同学交流讨论,撰写学习心得。

班级：_____   姓名：_____   组名\组号：_____
学号\工位号：_____   日期：_____年___月___日

项目九 操作质量控制

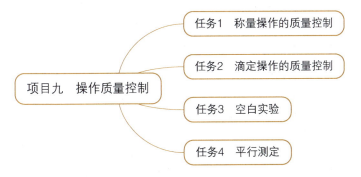

学习目标

1. 熟悉质量控制的知识和方法。
2. 熟悉空白实验、平行测定方法。
3. 能运用质量控制的知识和方法,准确进行称量及滴定操作。
4. 能运用空白实验、平行测定进行质量控制。
5. 有较强的思维判断能力及严谨细致的工作精神。

任务1 称量操作的质量控制

学习目标

1. 能正确使用电子天平,按照质量控制要求熟练准确地完成称量操作。
2. 能准确读取称量原始数据,并规范记录。
3. 能按要求填写天平仪器使用记录,爱护仪器设施设备。

情景导入

中职食品检验专业毕业后,小李进行入一家第三方食品检测公司工作,岗位为实习检验员。按照公司制度,新入职人员每月须考试合格。这次考试内容为标准物质配制:领取苯甲酸钠标准物质,配制成 100 mg/L 溶液后,上高效液相色谱仪,用标准曲线去校准并定量。在定量后发现,小李配制的标准物质浓度和理论值的偏差总是超过算术平均值的10%,不满足标准要求,该次考核不合格。

小李反复核对原始记录(称量记录、稀释记录、计算过程等)、复盘整个过程操作(环境、仪器条件等),均未发现问题。为了第二次考核成功,小李请求黄主管帮忙查找原因。逐步排除标准物质本身原因、检测仪器条件、稀释过程及倍数等原因之后,两人怀疑问题最有可能出在称量过程。黄主管告诉小李,影响标准物质称量的几个主要原因是:分析天平在使用前未校准,分析天平未正确安装,环境及样品的物理因素,使用者操作不当。

黄主管在听小李复述操作步骤的同时,跟随小李来到了天平室,要求小李模拟考试过程重新称量一次,他找到了小李称量过程的几个细节问题:

(1) 振动 小李使用的分析天平位置偏移了,天平角驾在缓冲区域与天平台之间,小李使用前未检查。

(2) 气流 天平室门闭门器螺丝松了,在门缝中用手纸测试发现有空气流动。

(3) 温湿度 近期一周都连续下雨,天平室内的湿度过高。

在模拟称量的过程中,黄主管还发现小李未待分析天平显示稳定就急于读数……

小李深切感受到,原来要保证称量结果的准确,不仅要操作熟练,还需要操作细节的质量控制到位。

学习内容

1. 认识分析天平

天平是一种用于称量物体质量的衡器。目前检验检测领域使用最多的分析天平是电子分析天平,如图 9-1-1 所示。电子分析天平是用电磁力平衡被称物体重力的天平。它采用电磁平衡传感器,其特点是称量准确可靠、显示快速清晰,并且具有自动检测系统,还配自动校准及超载保护等装置。

图 9-1-1 电子分析天平

2. 电子分析天平操作步骤

步骤1:接通电源 打开电源开关和电子分析天平开关,预热至少 30 min 以上。

步骤2:参数选择

步骤3:天平自检 电子分析天平设有自检功能,自检完毕后天平显示 00.000 0,即可称量。

步骤4:放入被称物 开启天平侧门,将被称物置于天平载物盘中央。放入被称物时应戴手套或用带橡皮套的镊子镊取,不应直接用手接触,并且必须轻拿轻放。

步骤5:读数 天平自动显示被测物质的重量,等稳定后才可读数并记录。

步骤6:关闭天平 关闭天平后进行使用登记。

3. 电子分析天平使用注意事项

① 称取吸湿性、挥发性或腐蚀性物品时，应用称量瓶盖紧后称量，且尽量快速。注意不要将被称物（特别是腐蚀性物品）洒落在称盘或底板上。称量完毕，将被称物及时带离天平，并搞好称量室的卫生。

② 电子分析天平不要放置在空调器下的边台上。搬动过的电子分析天平必须重新校正好水平，并对天平的计量性能作全面检查无误后才可使用。

③ 同一个实验应使用同一台天平称量，以免因称量而产生误差。

4. 电子分析天平的维护与保养

① 电子分析天平应按计量部门规定定期校正，并有专人保管和负责维护保养。

② 称量不得超过天平的最大载荷。

③ 天平内应放置干燥剂，常用变色硅胶应定期更换。

④ 经常保持天平内部清洁，必要时用软毛刷或绸布抹净或用无水乙醇擦净。

引导问题 1　观察实验室电子分析天平的结构组成，写出其型号、量程。

5. 影响天平使用的因素

（1）使用环境达不到要求　电子分析天平要注意防振、防尘、防潮、避免环境温度波动，精度较高的电子分析天平应放置在恒温室内使用。电子分析天平要放置在稳固的工作台上。

（2）使用前不预热　电子分析天平需长时间通电，不用时只需开关 ON/OFF 键即可。尤其是高精度电子分析天平，在条件允许的情况下建议长期通电，使磁缸达到热平衡。

（3）使用前不校准　每台电子分析天平都有校准功能。一般电子分析天平的键盘上都有一个 CAL 键，按下这个键，电子分析天平就会显示一个砝码标称值。放上符合要求的砝码，等待片刻，校准即完成。校准对搬动过的电子分析天平尤其重要。一般要求每天在使用前校准。

（4）忽略样品的物理特性　称量的样品各种各样，材质各异，常见的影响因素有 4 点：

① 温度变化：禁止直接从冰箱或烘箱里拿出样品称量，应该使样品同称量室具有相同的温度后再称量。

② 样品的吸潮性和挥发性：在称样品时经常发现天平不稳定，数值向一个方向漂移，可给称样的器皿加盖，让样品和空气隔绝，以及缩短称量时间来解决。

③ 静电现象：当用塑料制品和玻璃制品做器皿时，容器产生静电，造成天平示值不稳定，甚至无法读数。释放静电，简单的方法是将一根接地线的一端埋入大地，一端引入电源插座的接地端。室内的相对湿度保持在 40%～60% 之间，也是减少静电的一种方法。

④ 物体的磁性：称磁性大的样品时，如果直接称量，样品正反两面称出来的数据是不一样的。建议采用下挂式秤盘，使它远离传感器；或者用比较高的量杯或支架，使样品与秤盘间的距离增大，减弱磁力的影响。

6. 称量过程中的质量控制

分析天平是准确称量一定质量物质的仪器，是定量分析工作中不可缺少的重要仪器，是获得可靠分析结果的保证。在称量过程中，检验检测人员必须控制防范以下关键点：

① 使用不符合量程的分析天平。

② 分析天平使用前未检查水平状态,分析天平使用前未归零。
③ 称量容器未放在分析天平托盘中央的。
④ 使用称量容器重量超过分析天平量程的。
⑤ 未使用干净称量勺,称样前未搅匀样品。
⑥ 未将样品取放在称量器皿中间。
⑦ 未待分析天平稳定后再读数记录,称完样品未将分析天平归零的。
⑧ 称完后未关闭电源直接清扫。
⑨ 未及时在原始记录上记录被称量物质的质量。
⑩ 未填写分析天平使用记录或填写信息不完整、错误。

引导问题 2 观察天平室环境是否合规,是否有完善的天平室管理制度,建立或修改现有的天平室管理制度。

◆ **知识过关题**

1. 在国际单位制的基本单位中,质量的计量单位是( )。
   A. 克   B. 毫克   C. 千克   D. 吨
2. 电子天平检定周期一般不超过( )。
   A. 1年   B. 2年   C. 3年   D. 半年

称量操作的质量控制任务案例
——减量法称量基准物质

差减称量法称量基准物质

◆ **任务描述**

分析实验室配制 NaOH 标准溶液采用标定法,以邻苯二甲酸氢钾($C_6H_4 \cdot COOH \cdot COOK$)作基准物。在准确称量干燥后邻苯二甲酸氢钾基准物质的质量时,为减少样品吸潮所带来的误差,使用差减称量法(减量法),即由两次称量之差得到试样质量的称量方法。

现实验室需称量 0.6 g 的邻苯二甲酸氢钾 4 份,由你来负责称量,你该如何完成任务?

◆ **仪器试剂准备**

按表 9-1-1,准备仪器和试剂。

表 9-1-1 减量法称量基准物质仪器、试剂清单

序号	名称	型号与规格	单位	数量/人	检查确认
1	天平	感量 0.01 g	台	1	
2	称量瓶		个	1	
3	锥形瓶	250 ml	个	4	
4	纸带	/	/	若干	
5	手套		双	1	
6	干燥器(内有硅胶)		个	1	
7	邻苯二甲酸氢钾	基准试剂			

◆ 基准物称量

步骤1:取基准邻苯二甲酸氢钾粉末适量,装入洁净干燥的称量瓶,斜支瓶盖,于105～110 ℃烘箱中干燥至恒重。

步骤2:取出放入干燥器,盖好瓶盖,冷却至室温待称量。

步骤3:戴棉布手套或隔纸带,从干燥器中取出称量瓶,置于检查调试好的电子分析天平上,称出其质量 m_1。

步骤4:敲出一定量的试样(于锥形瓶中)后,再称出其质量 m_2。

步骤5:前后两次质量之差就是试样的质量。

步骤6:减量法可连续称取多份试样,其中第一份试样重 $m_{s_1} = m_1 - m_2$,第二份试样重 $m_{s_2} = m_2 - m_3$。依次类推。

◆ 操作要点

如图9-1-2所示,左手拿纸条套住称量瓶并移至接受容器上方,右手拿小纸片夹住瓶盖,向下稍倾称瓶口。用瓶盖轻轻敲击瓶口右上(内)缘,使样品慢慢落入容器中。估计敲出的样品差不多时,边轻敲瓶口,边慢慢竖起称量瓶,使黏附在瓶口的样品全部落回称量瓶内,盖好瓶盖。

图9-1-2 敲样

◆ 注意事项

① 开关天平门、取放物品等,动作须轻慢。

② 用减量法称取每份试样,最好转移2～3次就能完成(多次转移,易引起试样吸湿或损失)。

③ 原始数据应及时准确、规范记录在专用本上的表格内。

④ 实验用完天平,应清扫、整理好天平(登记天平的使用情况),并请指导教师检查、签字。

⑤ 称量完毕,回收练习样品,实验器皿放回原处。

◆ 数据记录及计算

数据记录于表9-1-2中。

表9-1-2 减量法称量基准物质数据记录表

锥形瓶编号	1	2	3	4
敲样前称量瓶质量 m_1/g				
敲样后称量瓶质量 m_2/g				
基准物质量 m/g				

写出计算过程:

① 计算称量范围:

② 计算 1 号瓶停止倾样的质量：

③ 计算 2 号瓶停止倾样的质量：

④ 计算 3 号瓶停止倾样的质量：

⑤ 计算 4 号瓶停止倾样的质量：

⑥ 计算 1 号瓶基准物质量：

⑦ 计算 2 号瓶基准物质量：

⑧ 计算 3 号瓶基准物质量：

⑨ 计算 4 号瓶基准物质量：

分析天平
的使用

项目九　操作质量控制

任务评价

序号	评价要求	分值	评价记录	得分
1	知识过关题	5		
2	天平使用前检查水平状态	5		
3	称样用具准备符合要求	5		
4	称量容器放天平托盘位置正确	5		
5	正确计算称量范围	10		
6	正确敲样	10		
7	取样量符合范围	10		
8	读数关闭天平门	5		
9	待分析天平稳定后准确读数	5		
10	及时规范记录被称量物质的质量	5		
11	质量计算正确	10		
12	完整正确填写天平使用记录	5		
13	称完样品天平归零、关闭电源、清扫	5		
14	操作熟练，按时完成	5		
15	学习积极主动	5		
16	沟通协作	5		
	总评			

1. 下列关于天平使用的说法中不正确的是(　　)。

A．实验室分析天平应设置专门实验室，做到避光、防尘、防振、防腐蚀气体和防止空气对流

B．挥发性、腐蚀性、吸潮性的物质必须放在密封加盖的容器中称量

C．刚烘干的物质应及时称量

D．天平载重不得超过其最大负荷

2. 称量前，应确保天平的水平泡是否在(　　)，并调好(　　)，一般电子天平均装有自动调零钮，轻按一下即可自动调零。

3. 如天平有搬动，必须重新(　　)后才能使用。

学习心得

总结本任务所学内容，和老师同学交流讨论，撰写学习心得。

班级：_____　　姓名：_____　　组名\组号：_____
学号\工位号：_____　　日期：_____年_____月_____日

任务2　滴定操作的质量控制

1. 能正确使用滴定管,按照质量控制要求熟练准确地完成滴定操作。
2. 能准确判断滴定终点,读取滴定原始数据,并规范记录。
3. 能按要求清洁、保管及维护玻璃仪器。

食品检测实验室中,滴定分析法是简便、快速和应用广泛的定量分析方法,在常量分析中有较高的准确度。滴定分析法的优点有:操作简单,方便,快捷;对仪器要求不高;有足够高的准确度,误差不高于 0.2%;便于普及与推广。因此,熟练规范的滴定操作是食品检验员的重要岗位技能。

学习内容

1. 滴定反应的条件

① 反应必须按方程式定量地完成,通常要求在 99.9% 以上,这是定量计算的基础。
② 反应能够迅速地完成(可加热或用催化剂以加速反应)。
③ 共存物质不干扰主要反应,或用适当的方法消除其干扰。
④ 有比较简便的方法确定计量点(指示滴定终点)。

2. 常见滴定分析法

（1）酸碱滴定法　滴定分析法中,酸碱滴定是最基本的方法。其中心问题是:酸碱平衡,本质是酸碱之间的质子传递。

（2）配位滴定法　滴定时发生配位反应,达到配位平衡。在配位滴定中,除主反应外,还有各种副反应干扰主反应,反应条件对配位平衡有很大的影响。

（3）氧化还原滴定法　是以电子转移为依据的平衡,反应条件对平衡的影响很大。

（4）沉淀滴定法　主要指银量法,根据确定终点的方法不同,可分为摩尔法、福尔哈德法、吸附指示剂法。

3. 滴定过程的4个阶段

滴定过程包括4个阶段:滴定开始前,滴定开始至计量点前,计量点时,计量点后。

4. 影响指示剂变色范围的因素

（1）温度　温度改变,指示剂的变色范围也随之改变。例如,18℃时,甲基橙的变色范围为 3.1～4.4;100℃时,则为 2.5～3.7。

（2）溶剂　指示剂在不同溶剂中变色范围不同。

（3）指示剂用量　指示剂浓度大小发生变化,颜色变化灵敏度不同,指示剂用量尽可能少一点。

引导问题 1 分别列举四大滴定常用的指示剂。
答：

5. 滴定操作质量控制注意事项

（1）仪器的检漏（滴定管、容量瓶）、洗涤　滴定管和容量瓶使用之前应当先检漏。滴定管、容量瓶、移液管（吸量管）、锥形瓶都需洗涤。

（2）滴定管使用

① 洗涤：自来水→洗液→自来水→蒸馏水。

② 检漏：将滴定管内装水至最高标线，夹在滴定管夹上放置 2 min。用滤纸检查活塞两端和管夹是否有水渗出。然后，将活塞旋转 180°，再检查一次。

③ 润洗：为保证滴定管内的标准溶液不被稀释，应先用标准溶液洗涤滴定管 3 次，每次 5～10 ml。

④ 装液：左手拿滴定管，使滴定管倾斜，右手拿试剂瓶往滴定管中倒溶液，直至充满零刻线以上。

⑤ 排气泡：滴定管尖嘴处有气泡时，右手拿滴定管上部无刻度处，左手打开活塞，使溶液迅速冲走气泡。

⑥ 调零点：调整液面与零刻度线相平，初读数为"0.00 ml"。

⑦ 读数：读数时滴定管应竖直放置；注入或放出溶液时，应静置 1～2 min 后再读数；初读数最好为 0.00 ml；无色或浅色溶液读弯月面最低点，视线应与弯月面水平相切，如图 9-2-1 所示；深色溶液应读取液面上缘最高点；读取时要估读一位。

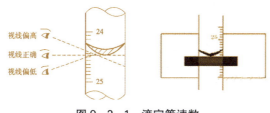

图 9-2-1　滴定管读数

（3）滴定操作

① 将滴定管夹在右边，活塞柄向右，左手从滴定管后向右伸出，拇指在滴定管前，食指及中指在管后，3 指平行，轻轻拿住活塞柄。

注意：不要向外用力，以免推出活塞。

② 滴定操作可在锥形瓶或烧杯内进行。在锥形瓶中滴定，用右手的拇指、食指和中指拿住锥形瓶，其余两指辅助在下侧，使瓶底离滴定台高 2～3 cm，滴定管下端深入瓶口内约 1 cm。左手控制滴定速度，便滴加溶液，边用右手摇动锥形瓶，边滴边摇配合好。

（4）滴定操作的注意事项

① 每次都从 0.00 ml 开始滴定。

② 滴定时，左手不能离开旋塞，不能任溶液自流。

③ 摇瓶时,应转动腕关节,使溶液向同一方向旋转(左旋、右旋均可)。不能前后振动,以免溶液溅出。摇动还要有一定的速度,一定要使溶液旋转出现一个漩涡。不能摇得太慢,影响化学反应的进行。

④ 要注意观察滴落点周围的颜色变化,不要看滴定管上的刻度变化。

⑤ 滴定速度控制:

连续滴加:开始可稍快,但注意不能滴成"水线"。

间隔滴加:接近终点时,应改为一滴一滴的加入,即加一滴摇几下,再加再摇。

半滴滴加:最后,每加半滴,摇几下锥形瓶,直至溶液出现明显的颜色。使一滴悬而不落,沿器壁流入瓶内,并用蒸馏水冲洗瓶颈内壁,再充分摇匀;滴入半滴溶液时,也可采用倾斜锥形瓶的方法,将附于壁上的溶液涮至瓶中。这样可以避免冲洗次数太多,造成被滴物过度稀释。

引导问题 2 滴定过程何时采用半滴技术,为什么?

答:

◆ **知识过关题**

1. 滴定分析中,对化学反应的主要要求是(　　)。

A. 反应必须定量完成

B. 反应必须有颜色变化

C. 滴定剂与被测物必须是1∶1的计量关系

D. 滴定剂必须是基准物

2. 在滴定分析中,一般用指示剂颜色的突变来判断化学计量点的到达,在指示剂变色时停止滴定。这一点称为(　　)。

A. 化学计量点　　　B. 滴定误差　　　C. 滴定终点　　　D. 滴定分析

3. 滴定分析法包括_____四大类。

滴定操作的质量控制任务案例
——滴定终点控制

◆ **任务描述**

准确判断滴定终点,是滴定操作的关键点之一,也是食品检验员岗位考核的重要内容。为了顺利通过岗位考核,主管让你务必勤加练习,熟能生巧,精益求精。

◆ **仪器、试剂准备**

(1) 仪器　20 ml移液管、酸碱两用滴定管、锥形瓶、胶头滴管。

(2) 试剂　0.1 mol/L盐酸、0.1 mol/L氢氧化钠、甲基橙指示剂、酚酞指示剂。

◆ **盐酸溶液滴定氢氧化钠溶液**

步骤1:用移液管移取20 ml氢氧化钠溶液于锥形瓶中,加入2滴甲基橙指示剂。用滴定管盛装盐酸溶液,滴定至溶液由黄色变为橙色,记录消耗盐酸的体积。

步骤2:再加几滴氢氧化钠至锥形瓶使溶液变成黄色,再次用盐酸滴定至变为橙色,如此反复,直至能做到刚好滴入半滴盐酸溶液使颜色由黄色变为橙色。

数据记录于表 9-2-1。

表 9-2-1　盐酸溶液滴定氢氧化钠溶液数据记录

	1	2	3
移取氢氧化钠的体积/ml			
消耗盐酸的体积/ml			

◆ **氢氧化钠溶液滴定盐酸溶液**

步骤1:用移液管移取20 ml盐酸溶液于锥形瓶中,加入2滴酚酞指示剂,用滴定管盛装氢氧化钠溶液,滴定至溶液由无色变为粉红色,记录消耗氢氧化钠溶液的体积。

步骤2:再加几滴盐酸溶液至锥形瓶使溶液变成无色,再次用氢氧化钠溶液滴定至变为粉红色,如此反复,直至能做到刚好滴入半滴氢氧化钠溶液使颜色由无色变为粉红色。

数据记录于表 9-2-2。

表 9-2-2　氢氧化钠溶液滴定盐酸溶液数据记录

	1	2	3
移取盐酸的体积/ml			
消耗氢氧化钠的体积/ml			

滴定管的使用

任务评价

序号	评价要求	分值	评价记录	得分
1	知识过关题	5		
2	熟练规范使用滴定管	10		
3	使用半滴技术准确控制终点	10		
4	读数准确	10		
5	数据记录规范	10		
6	用完按规定清洁维护滴定管	5		
7	穿着实验服	5		
8	台面整洁	5		
9	操作文明规范	10		
10	按时完成	10		
11	学习积极主动	10		
12	沟通协作	10		
总评				

巩固练习

1. 在滴定分析中,要用到3种能准确测量溶液体积的仪器,即_____、_____、_____。

2. 滴定时应使滴定管尖嘴部分插入锥形瓶口下的_____处,滴定速度不能太快,以每秒_____滴为宜,切不可成液柱流下。

3. 由于水溶液的附着力和内聚力的作用,滴定管液面呈_____形。在滴定管读数时,应用_____和_____拿住滴定管的上端_____,使管身保持_____后读数。

4. 滴定管在装入溶液之前,应用该溶液洗涤滴定管_____次,其目的是为了_____,以确保滴定溶液_____。

学习心得

总结本任务所学内容,和老师同学交流讨论,撰写学习心得。

班级:_____ 姓名:_____ 组名\组号:_____
学号\工位号:_____ 日期:____年____月____日

任务3 空白实验

学习目标

1. 能说出空白实验的意义及基本类型。
2. 能规范完成滴定分析的空白实验。

情景导入

刘工今天测定食品中的钠。经测量,标准溶液空白(曲线0点)正常,曲线的线性也达到了0.9998。但仪器进到样品空白和试剂空白的时候,响应值特别高,使得刘工无从判断样品的真实结果是多少。

为了找出问题,刘工配制了一个未经消解的试剂空白进行测试,结果显示是正常的。实验过程中所用的试剂和纯水都没有问题,看来是在样品消解的过程中不小心引入了污染。刘工回到无机前处理室决定重新消解样品,仔细清洗已经泡过酸的聚四氟乙烯烧杯,并用纯水润洗3~5遍,晾干待用……

学习内容

1. 认识空白实验的意义

空白实验是实验室质量控制的重要环节,其准确性对提高检测结果的准确度至关重要。空白实验的结果反映了采样过程、检测过程(仪器、试剂、耗材、环境、操作过程等)的各种影响,直接关系到结果的准确性。空白实验结果越低,数据离散程度越小,分析结果的准确度就越高,反映了分析方法和技术人员的水平比较高。

在分析方法没有特别说明的情况下,样品空白测定结果一般不得高于分析方法的检出限。空白实验结果较高时,应该检查分析是哪一个环节出现问题,必要时重新清洗实验用具、配制试剂、调整仪器等,整批分析样品重新测试。

2. 空白的分类和作用

国家标准中对空白的定义为:化学分析检测中,用于检测的基体,已知此基体中不含目标分析物,或目标分析物含量为0。根据作用的不同,分为试剂空白、样品空白、标准溶液空白等。

(1)试剂空白　空白检测中使用的一种基体,除不加检测样品外,其他检测步骤与样品检测完全相同,是典型的过程空白。

(2)样品空白　空白检测中使用的一种能充分反映样品典型特征的基体,与样品近似且不含目标分析物的材料或替代品,例如无灰滤纸、石英砂、蒸馏水等。

(3)标准溶液空白　空白检测中使用的一种基体,此基体由配制标准溶液的试剂药品构成,且不含分析物。

(4)全程序空白　将实验用水代替实际样品,置于样品容器中并按照与实际样品一致的程序测定。一致的程序包括运至采样现场、暴露于现场环境、装入采样瓶中、保存、运输以及所有的分析步骤等。目的在于确认采样、保存、运输、前处理和分析全过程中是否存在干扰。

（5）其他空白　如操作空白、加标空白、实验室空白、运输空白，野外空白等。

引导问题1　根据表9-3-1中空白介入的时间节点和目的，填写该空白的类型。

表9-3-1　空白的类型

序号	空白类型	介入节点	目的
1		配制标准曲线时	判断配制标准曲线的基体是否受到污染
2		在使用试剂时	判断样品从使用试剂开始那一步到出具结果的过程，是否受到污染
3		从取样开始	判断样品从取样、前处理、检测过程是否受到污染

3. 滴定分析的空白实验

引导问题2　做滴定实验时为什么一定要做空白试验？

答：

在滴定的过程中，由于内外因素的影响，会产生一些无法控制与量化的误差。做空白实验的目的在于消除杂质以及手法等产生的误差。例如酸碱滴定法，一般用于稀释的空白溶液有一定的酸碱度的情形，对滴定结果有影响。如空白溶液为酸性时，用碱滴定此溶液，得到的结果会偏高，只有扣除空白溶液的滴定结果，得到的酸度才更接近真实值。

空白值不应很大，否则从测定值中扣除空白值来计算的误差较大。这时要通过提纯试剂和选用适当的器皿来减小空白值。对于微量和痕量测定，一般化验室的器皿和试剂所引起的系统误差是很可观的，更需要做空白试验。

◆ 知识过关题

1．下列选项中，可以用来当空白样品的材料有（　　）。
　　A．果汁　　　　B．实验用水　　　C．空白滤膜　　　D．石英砂

2．当实验空白结果出现异常，可以检查的对象有（　　）。
　　A．试剂　　　　B．实验用水　　　C．玻璃器皿　　　D．仪器性能
　　E．操作过程　　F．人员水平　　　G．测定时间

3．空白实验的结果反映了（　　）、耗材、操作过程等的各种影响，直接关系到结果的准确性。
　　A．采样过程　　B．仪器　　　　　C．试剂　　　　　D．环境

4．运输空白的目的在于监控（　　）过程时样品是否受到污染？
　　A．采样　　　　B．交样　　　　　C．检测　　　　　D．运输

项目九　操作质量控制

空白实验任务案例
——食醋总酸测定空白实验

◆ **任务描述**

食醋总酸含量测定时,完成样品实验后,需要进行空白实验,你该如何完成?

引导问题3　该空白实验和样品实验有何异同?

答:

◆ **设计实验步骤**

设计空白实验操作步骤,填写表9-3-2。

表9-3-2　食醋总酸测定空白实验操作步骤

	操作步骤
样品实验	(1) 移液管移取25 ml待测液于250 ml三角瓶中,加入2滴10 g/L酚酞。用0.1 mol/L的标准氢氧化钠溶液滴定至终点为微红色且30 s不褪色; (2) 记录消耗的氢氧化钠体积数 V_1
空白实验	

◆ **空白实验操作及结果记录**

按步骤完成空白实验。记录空白实验消耗 NaOH 标准溶液体积, $V_0 =$ ＿＿＿＿ L。

引导问题4　做此空白实验的意义何在?消除的是何种误差?空白值的大小说明什么?

答:

◆ **实验反思**

引导问题5　有同学认为空白实验结果数值太小,可以忽略不计,所以空白实验可做可不做。对此,你怎么看?

答:

3-35

任务评价

序号	评价要求	分值	评价记录	得分
1	能说出空白实验的意义和类型	10		
2	知识过关题	10		
3	滴定分析空白实验设计	10		
4	完成总酸测定空白实验操作	10		
5	准确读数	10		
6	正确记录数据	10		
7	规范穿戴工作服和鞋帽	5		
8	清洁操作台面,器材干净并摆放整齐	5		
9	废液、废弃物处理合理	5		
10	遵守实验室规定,操作文明、安全	5		
11	与他人团结协作,沟通良好	10		
12	全程参与,学习积极主动	10		
总评				

巩固练习

1. 空白实验是在不加_____的情况下,用测定样品_____的方法、步骤进行定量分析,把所得结果作为_____,从样品的分析结果中_____。这样可以消除由于试剂不纯或试剂干扰等所造成的_____。

2. 空白实验的结果偏高,表明(　　)。
   A. 偶然误差较大　　B. 准确度不好　　C. 系统误差较大　　D. 精密度不好

学习心得

总结本任务所学内容,和老师同学交流讨论,撰写学习心得。

班级:_____　　姓名:_____　　组名\组号:_____
学号\工位号:_____　　日期:____年___月___日

任务4 平行测定

学习目标

1. 能说出平行测定的概念及意义。
2. 能说出不同类型的平行样的作用。
3. 会通过平行测定的结果计算精密度,判断检测数据的可信度。
4. 会依据结果分析实验过程影响因素并改进。

情景导入

检验员刘工要参加"大米中镍含量的测定"能力验证。能力验证既是全国实验室间的比对,又是对个人检测技术能力的考核,刘工对此严阵以待。

收到样品后,根据实验室已有的分析方法和资质能力,刘工选择用电感耦合等离子色谱发射光谱法测定,依据 GB 5009.268-2016,根据能力验证样品作业指导书要求,刘工需要"重复测定 2 次,取平均值报出"。

选择好分析方法,刘工列出了本次实验所需的物品、耗材及试剂。标液类的试剂,刘工前往仓库确认其状态、浓度、数量和有效期,确保满足实验要求。耗材类的,刘工一一清洗,并用20%的硝酸溶液浸泡24h,再用纯水洗净晾干备用。测定仪器刘工也认真进行了清洁维护。

正式开始测定,刘工按照作业指导书要求,准确称取 1.011 g、1.008 g 能力验证的样品 2 个,同时准确称取 2 个实验室有证标准样品(1.031 g、1.024 g),根据标准步骤进行消解后上机测试,得出的结果数据见表 9-4-1。

表 9-4-1 测定结果

样品	称样量 /g	测定结果 /(mg/kg)	平均值 /(mg/kg)	相对偏差 /%	真实值 /(mg/kg)
能力验证样品 1	1.011	8.96	8.05	11.3	未知
能力验证样品 2	1.008	7.14			
有证标准样品 1	1.031	9.13	10.4	11.9	10.1±0.80
有证标准样品 2	1.024	11.6			

主管陈工看完结果,却让刘工重新做。这是为什么?根据 GB 5009.268-2016 精密度的要求,样品中各元素含量大于 1 mg/kg 时,在重复性条件下获得的两次独立测定结果的绝对差值不得超过算术平均值的10%。刘工所测得的平行样品的相对偏差均大于10%,因此,数据的可信度较低,实验过程存在的偶然误差较多,故而需要重新测定。

学习内容

1. 什么是平行测定

平行测定是指取几份同一试样,在完全相同的操作条件下进行同步测定。在此过程中,平行样之间必须保持相互独立。一般情况下,做平行双样。对于某些要求更严格的测试,例如标定标准溶液、校准仪器、验收仪器、方法验证等,在测精密度时,需同时做 3 份以上平行测定。平行测定结果反映的是分析结果的精密度,可以检查同批次测试结果的稳定性。增加平行测定的次数可以减少偶然误差的影响。

2. 平行样的分类

平行测定是实验室质量控制的主要手段之一。平行样主要分为现场平行样、实验室平行样、密码平行样。现场平行样是指在采样或者抽样过程中,操作人员在完全相同的条件下抽取(采集)两份或两份以上的样品,作为现场平行样。实验室平行样是指检测人员在分析测定样品时,选择同一样品的两份或多份子样在完全相同的条件下进行同步分析。密码平行样是指在采集或抽取多个不同点位样品时,随机多抽取其中一个或多个点的样品,作为密码平行样,送往实验室分析。其中,现场平行样和实验室平行样是检测人员已知的平行样,而密码平行样是在检测人员不知情的情况下进行的。

引导问题 1 说说不同类型的平行样的作用。

答:

3. 平行测定结果的评价

平行测定的结果评价通常以测试结果的标准差来表示,精密度越低,标准差越大,稳定性越差,准确度也就越低。一般情况下,检验检测实验室用平行双样测定结果的相对偏差作为判断平行测定是否符合标准要求的指标。

$$相对偏差(\%) = \frac{|A-B|}{(A+B)} \times 100\%,$$

其中,A、B 是平行样品测定的结果。

引导问题 2 精密度是否等同于准确度?

答:

4. 影响平行测定结果的因素

增加平行测定的次数可以减少偶然误差带来的影响。影响平行测定结果的因素可以从以下几方面考虑:样品的均匀性、试剂耗材的一致性、分析仪器的稳定性、样品测试过程的独立性、分析人员的技术能力、环境(温度、湿度、空气污染等)。

◆ 知识过关题

1. 判断:增加平行测定的次数可以消除偶然误差。(　　)
2. 判断:假如分析方法没有要求测定平行样,就不用测试。(　　)
3. 判断:平行样是质量控制的方式之一。(　　)

4. 判断：精密度越高，准确度越高。（　　）

5. 某实验技术人员测定饮用水中的总硬度，平行测定两次的结果分别为 111 mg/L、125 mg/L，其相对偏差为_____％。

平行测定任务案例
——平行测定结果分析及改进

◆ 任务描述

假设你是刘工，测定相对偏差大于 10％，不符合标准对精密度的要求，你需要从哪些方面分析排查，找出原因，提出有效措施改进实验并评价？

步骤 1：排查可能影响本次实验平行测定结果的因素，在表 9-4-2 空格处填写"可以排除"或"有影响"。

表 9-4-2　影响因素

序号	可能影响因素	实际情况	判断
1	样品的均匀性	本次样品均为粉末状，均匀性较强	
2	试剂	本次使用的试剂均为优级纯，使用前经过验收合格	
		移取硝酸-高氯酸混合液时，没有用移液管准确移取	
3	耗材	本次使用的耗材逐一认真清洗保存	
4	仪器	测定时比较着急，仪器预热时间不够，波动较大	
5	样品测试的独立性	每测定一份样品，均对仪器进行清洗，吹尽残留后才进行下一个分析	
6	人员技术能力	在对样品消解液进行转移定容时，由于紧张个别样品超出标线	
7	环境	实验室的温湿度满足要求	

步骤 2：针对上述提出的对平行测定结果有影响的因素，分别提出操作时的注意事项：

步骤 3：重做之后，得出表 9-4-3 的测试数据，请你对其进行评价？

表 9-4-3 测试数据

样品	称样量/g	测定结果/(mg/kg)	平均值/(mg/kg)	相对偏差/%	真实值/(mg/kg)
能力验证样品 1	1.021	8.22	8.52	3.5	未知
能力验证样品 2	1.013	8.81			
有证标准样品 1	1.014	10.3	10.4	1.4	10.1±0.80
有证标准样品 2	1.011	10.6			

任务评价

序号	评价要求	分值	评价记录	得分
1	说出平行测定的概念及意义	10		
2	说出不同类型的平行样的作用	10		
3	会通过平行测定的结果计算精密度	15		
4	判断检测数据的可信度	10		
5	会依据结果分析实验过程影响因素	10		
6	提出措施并进行实验改进	15		
7	知识过关题	10		
8	与他人团结协作,沟通良好	10		
9	全程参与,学习积极主动	10		
总评				

巩固练习

1. (多选)在进行平行样测定时,应该保证测试是在重复性条件下进行的,即( )等因素在测试平行样时是保持一致的。

A. 测试人员 　　B. 测试仪器 　　C. 测试方法 　　D. 测试环境 　　E. 测试样品

2. 依据 GB 5009.268 - 2016 食品中多元素的测定,采用 ICP - MS 法测大米中汞、锌、锰元素的含量。请计算平均值以及相对偏差,评价其数据的合理性,并判断本次实验是否需要重新测定,结果填入表 9 - 4 - 4。

提示　GB 5009.268 - 2016 中 7 精密度的要求:样品中各元素含量大于 1 mg/kg 时,在重复性条件下获得的两次独立测定结果的绝对差值不得超过算术平均值的 10%;小于或等于 1 mg/kg 且大于 0.1 mg/kg 时,在重复性条件下获得的两次独立测定结果的绝对差值不得超过算术平均值的 15%;小于或等于 0.1 mg/kg 时,在重复性条件下获得的两次独立测定结果的绝对差值不得超过算术平均值的 20%。

表 9 - 4 - 4　多元素测定

样品	称样量/g	测定结果/(mg/kg)	平均值/(mg/kg)	相对偏差 %
汞元素样品 1	1.015	0.012 1		
汞元素样品 2	1.020	0.017 3		
锌元素样品 1	1.015	5.23		
锌元素样品 2	1.020	5.88		
锰元素样品 1	1.015	0.166		
锰元素样品 2	1.020	0.226		

总结本任务所学内容，和老师同学交流讨论，撰写学习心得。

班级：_____   姓名：_____   组名\组号：_____
学号\工位号：_____   日期：_____年____月____日

项目十 检验误差与处理

```
                        ┌── 任务1  误差分析
项目十  检验误差与处理 ──┤
                        └── 任务2  误差处理
```

学习目标

1. 熟悉误差计算方法，知道分析检测过程中的误差来源。
2. 熟悉检测结果的异常值、有效性分析方法。
3. 能对检测结果进行误差计算，分析检测过程中的误差来源，采取措施消除或减少误差。
4. 能分析检测结果的异常值、有效性。
5. 具备良好的思考和判断能力。

任务1 误差分析

学习目标

1. 能写出误差的表示方法及计算公式，并正确计算误差。
2. 能分析误差的类型、判断误差的来源。
3. 能在实验中采取科学有效的方法减少误差。

情景导入

在做薯片净含量(标示值为 30 g)测定时,用不同精密度的天平称出的质量如下:30.05 g、30.1 g、30.039 6 g。绝对误差分别为 0.05 g、0.1 g、0.039 6 g,相对误差分别为 0.17%、0.33%、0.13%。用不同精密度的天平称的结果有差别,原因是什么?

学习内容

1. 什么是误差

在测量任何一个量时,不管工作多么细致,使用仪器多么先进和精密,采用方法多么可靠和正确,测量结果总是与真值有一定的差别,总是真值的近似值。测量值与真值之间的差值就称为测量误差,简称为误差。误差可分为绝对误差和相对误差。

$$绝对误差(E) = 测得值(X_i) - 真实值(T)。$$

绝对误差是测量值对真值偏离的绝对大小,因此它的单位与测量值的单位相同。当测定值大于真实值时,E 为正值,反之,E 为负值。

绝对误差不能用来比较不同测量之间的准确程度。例如,测量两个含量不同的样品,测量结果是:样品 1 的含量为 100.1 g/ml,样品 2 的含量为 10.1 g/ml。若样品 1 的真值是 100.0 g/ml,样品 2 的真值是 10.0 g/ml,则两个测量的绝对误差都是 0.1 g/ml,是相等的。但是,实际上样品 1 的测量比样品 2 的测量显然要准确的多。为了弥补这一不足,引入了相对误差(δ)的概念:

$$\delta = \frac{E}{T} \times 100\%。$$

相对误差是绝对误差与真值的比值,因此它是一个百分数。一般来说,相对误差更能反映测量的可信程度。

2. 误差和准确度的关系

引导问题 1 误差大小和准确度的大小有何关联?

答:

准确度是指测得值与真值之间的符合程度。准确度的高低常以相对误差的大小来衡量。即相对误差越小,准确度越高;相对误差越大,准确度越低。

3. 误差与偏差

引导问题 2 在实际分析实验中,被测组分含量的真值有时无法得知,所以无法算出误差,该怎么办?

答:

实际实验中,真值是难以得到的,所以采用在相同条件下多次重复测量的平均值($\overline{X}$)来代表真值。而偏差就是个别测量值与平均值之间的差值。偏差分为绝对偏差、相对偏差、平均偏差、相对平均偏差。

绝对偏差 $d=|X_i-\overline{X}|$，

相对偏差 $=\dfrac{d}{\overline{X}}\times 100\%$，

平均偏差 $\overline{d}=\dfrac{\sum\limits_{i=1}^{n}|X_i-\overline{X}|}{n}$，

相对平均偏差 = 平均偏差/平均值 $\times 100\% = \dfrac{\sum\limits_{i=1}^{n}|X_i-\overline{X}|}{n\overline{X}}\times 100\%$。

4. 准确度与精密度的关系

精密度一般用平均偏差表示。在分析过程中，准确度高，一定需要精密度高，但精密度高，却不一定准确度高，因此精密度是保证准确度的先决条件。

5. 误差的分类

根据误差产生的原因及性质可分为系统误差与偶然误差两类。

误差的分类及产生的原因

（1）系统误差　系统误差又称为可测误差，由分析操作过程中的某些经常发生的原因造成的。主要来源有以下几个方面：

① 仪器误差：由使用的仪器本身不够精密所造成。

② 方法误差：由分析方法本身造成。

③ 试剂误差：由所用蒸馏水含有杂质或使用的试剂不纯造成。

④ 操作误差：由操作人员掌握分析操作的条件不成熟、个人观察器官不敏锐和固有的习惯造成。

⑤ 主观误差：由操作人员主观原因，如观察判断能力的缺陷或不良习惯造成。

（2）偶然误差　在相同条件下，对同一物理量进行多次测量，由于各种偶然因素，会出现测量值时而偏大时而偏小的误差现象，这种类型的误差叫做偶然误差。

产生偶然误差的原因很多。例如，读数时，视线的位置不正确，测量点的位置不准确；实验仪器由于环境温度、湿度、电源电压不稳定，振动等因素的影响而产生微小变化等。这些因素的影响一般是微小的，而且难以确定某个因素产生的具体影响的大小，因此偶然误差难以找出原因加以排除。但是实验表明，大量次数的测量所得到的一系列数据的偶然误差都服从一定的统计规律。这些规律有：

① 绝对值相等的正的与负的误差出现机会相同。

② 绝对值小的误差比绝对值大的误差出现的机会多。

③ 误差不会超出一定的范围。

实验结果还表明，在确定的测量条件下，对同一物理量进行多次测量，并且用算术平均值作为该物理量的测量结果，能够比较好地减少偶然误差。

◆ **知识过关题**

1. 误差是_____与_____的差值，数值上可以是_____或者_____。
2. 一般用_____表示准确度，其值越大，准确度越_____。

3. 对同一实验测量多次后求平均值,是为了减少_____误差。

4. 某次面粉中水分含量测定实验中,平行测定的结果如下:12.5％、12.7％、12.4％。计算实验结果的平均值、平均偏差、相对平均偏差。

误差分析任务案例
——检测数据的误差计算

准确度与精密度

◆ **任务描述**

你是某第三方检测公司的一名检测人员,用沉淀滴定法测定纯 NaCl 中氯的质量分数为 60.56％、60.70％、60.65％,试计算测定结果的平均值、绝对偏差、平均偏差、相对平均偏差。

◆ **任务实施**

计算过程:

$$\overline{X} = \frac{X_1 + \cdots + X_n}{n} = \frac{60.56\% + 60.70\% + 60.65\%}{3} = 60.64\%,$$

$$d_1 = |X_1 - \overline{X}| = 60.56\% - 60.64\% = 0.08\%,$$

$$d_2 = |X_2 - \overline{X}| = 60.70\% - 60.64\% = 0.06\%,$$

$$d_3 = |X_3 - \overline{X}| = 60.65\% - 60.64\% = 0.01\%,$$

$$\overline{d} = \frac{\sum_{i=1}^{n}|X_i - \overline{X}|}{n} = \frac{d_1 + d_2 + d_3}{3} = 0.05\%,$$

$$相对平均偏差 = \frac{\overline{d}}{\overline{X}} \times 100\% = \frac{0.05\%}{60.64\%} \times 100\% = 0.08\%。$$

引导问题 3 误差计算结果有效数字如何保留?

◆ **任务强化**

在做氢氧化钠标定实验中,平行测定4次得出的浓度如下:0.102 5、0.102 4、0.102 5、0.102 8 mol/L。请分别求出平均值、平均偏差、相对平均偏差。

平均值 =

平均偏差 =

相对平均偏差＝

◆ **注意事项**

① 绝对误差可以为负值，也可以为正值。

② 绝对偏差只能是正值。

③ 准确度高的精密度一定高，精密度高的准确度不一定高。

任务评价

序号	评价要求	分值	评价记录	得分
1	能说出误差的表示方法	10		
2	能正确计算误差	15		
3	会分析误差的类型	10		
4	会判断误差来源	10		
5	说出精密度与准确度的关系	10		
6	提出改进措施来减少实验误差	15		
7	知识过关题	10		
8	与他人团结协作,沟通良好	10		
9	全程参与,学习积极主动	10		
	总评			

巩固练习

1. 空白试验主要用于检验或消除由(　　)所造成的系统误差。
   A．方法误差　　　B．仪器误差　　　C．试剂误差　　　D．操作误差
2. 分析测定中出现的下列情况,属于偶然误差的是(　　)。
   A．滴定试剂中含有微量的被测物质　　B．滴定管读取的数偏高或偏低
   C．所用试剂含干扰离子　　　　　　　D．室温升高
3. (多选)在滴定分析法测定中出现下列情况,导致系统误差的是(　　)。
   A．滴定时有液滴溅出　　　　　　　　B．砝码未经校正
   C．滴定管读数读错　　　　　　　　　D．试样未经混匀
4. 下列论述正确的是(　　)。
   A．进行分析时,过失误差是不可避免的　B．精密度高则准确度也高
   C．在分析中,要求操作误差为零　　　　D．准确度高则精密度也高
5. 系统误差的性质特点是(　　)。
   A．随机产生　　B．具在单向性　　C．呈正态分布　　D．难以测定
6. 在下列滴定分析操作中,不会导致系统误差的是(　　)。
   A．滴定管未校正　　　　　　　　　　B．指示剂选择不当
   C．试样未经充分混匀　　　　　　　　D．试剂中含有干扰离子
7. 判断:空白试验可减少分析测定中的偶然误差。(　　)
8. 判断:在酸碱滴定中,用错了指示剂,不会产生明显误差。(　　)

学习心得

总结本任务所学内容,和老师同学交流讨论,撰写学习心得。

班级:_____　　姓名:_____　　组名\组号:_____
学号\工位号:_____　　日期:_____年___月___日

项目十　检验误差与处理

任务2　误差处理

学习目标

1. 能说出异常值取舍的原则和方法，能辨识异常值。
2. 会运用 $4\bar{d}$ 检验法、Q 检验法分析检测结果的异常值（可疑值）、判断其有效性。

情景导入

在用配位滴定法进行水硬度测定时，4 次滴定读取所消耗的 EDTA 标准溶液的体积如下：20.12、20.15、20.16，20.25 mL。请问这 4 个数据是否均有效？该如何取舍？在分析检验工作中，数据的取舍是一件严肃的事情，不能随意、马虎，必须遵循科学原则，实事求是，才能保证检测结果客观公正。

学习内容

引导问题1　在实验中，有时会出现某个数据跟其他数据相差比较大，这个数据正常吗？
答：

1. 什么是异常值（可疑值）？

一组数据中，可能有个别数据与其他数据差异较大，这个数据就称为异常值，也叫可疑值。

引导问题2　在实际分析实验中，出现的可疑值应该舍去还是保留呢？
答：

2. 异常值的取舍

可疑值对测定的精密度和准确度均有非常大的影响。若随意取舍可疑值会影响平均值，若测定数据较少时其影响更大，所以对可疑值必须谨慎对待。若检查实验中确实存在过失，则可疑值舍去。若没有充分依据，或不是由于过失而造成的可疑值，需要按照一定的统计学方法进行处理，常用的方法有 $4\bar{d}$ 检验法和 Q 检验法。

（1）$4\bar{d}$ 检验法　$4\bar{d}$ 检验法首先需要计算出除去可疑值以外的数据的平均值 $\bar{X}$ 与平均偏差 $\bar{d}$，然后将可疑值与平均值相比较，如果绝对差值大于 $4\bar{d}$，则可疑值舍去，否则保留。$4\bar{d}$ 检验法方法简单，只适用于处理要求不高的数据。若 $4\bar{d}$ 检验法与其他法结果冲突，优先选择其他法的计算结果。

引导问题3　在盐酸标定实验中，得出以下 4 个结果：0.101 4、0.101 2、0.101 9、0.102 6 mol/L，请问 0.102 6 mol/L 测定值是否保留？

把可疑值 0.102 6 除外，求得

$$\bar{c} = \frac{c_1 + c_2 + c_3}{3} = 0.1015, \quad \bar{d} = \frac{\sum_{i=1}^{n}|c_i - \bar{c}|}{n} = 0.0003,$$

$4\bar{d} = 0.0012$，$|0.1026 - 0.1015| = 0.0011 < 4\bar{d}$，

所以，可疑值 0.1026 mol/L 保留，数据有效。

(2) Q 检验法　又叫做舍弃商法，是专为分析化学中少量测量次数（$n < 10$）提出的一种简易判据方法。按以下步骤来确定可疑值（X_n 或者/和 X_1）的取舍：

① 将各数据按递增顺序排列：X_1、X_2、X_3、$\cdots$、X_{n-1}、X_n。

② 求出最大值与最小值的差值（极差）$X_n - X_1$。

③ 求出 $Q = \dfrac{X_n - X_{n-1}}{X_n - X_1}$，可疑值为 X_n；$Q = \dfrac{X_2 - X_1}{X_n - X_1}$，可疑值为 X_1。

④ 根据测定次数 n 和要求的置信水平（如 95%）查表 10-2-1 得到 $Q_{表值}$；

⑤ 判断：若计算 $Q > Q_{表值}$，则舍去可疑值，否则应予保留。

表 10-2-1　$Q_{表值}$

测定次数 n	$Q(90\%)$	$Q(95\%)$	$Q(99\%)$
3	0.90	0.97	0.99
4	0.76	0.84	0.93
5	0.64	0.73	0.82
6	0.56	0.64	0.74
7	0.51	0.59	0.68
8	0.47	0.54	0.63
9	0.44	0.51	0.60
10	0.41	0.49	0.57

引导问题 4　在水分测定实验过程中，空瓶的质量 4 次测得结果为 25.123 6、25.123 8、25.126 0、25.123 0 g，其中 25.126 0 是可疑值，是否要舍去？

答：

① 将各数据按递增顺序排列为：25.123 0，25.123 6，25.123 8，25.126 0。

② 求出最大值与最小值的差值（极差）= 25.126 0 - 25.123 0 = 0.003 0。

③ 求出 $Q = \dfrac{X_n - X_{n-1}}{X_n - X_1} = \dfrac{25.1260 - 25.1238}{0.0030} = 0.73$。

④ 根据测定次数 n 和要求的置信水平（如 95%），查表 10-2-1 得到 $Q_{表值}$ 为 0.84。

⑤ 因为 $Q(0.73) < Q_{表值}(0.84)$，所以应予保留，数据有效。

◆ 知识过关题

1. 一组数据组，与其他数据相差较大的数据叫做_____，也叫做_____，常用的用

于可疑值取舍的方法有_____与_____。

2. 查 Q 表值可知，$n=6$，置信水平(如 90%)得到 $Q_{表值}$ 为_____；$n=5$，置信水平(如 99%)得到 $Q_{表值}$ 为_____。

3. 某次奶粉中蛋白质含量测定实验中，5 次测定的结果如下：11.5%、11.7%、11.9%、9.9%、12.2%。9.9% 为可疑值，是否需要舍去？运用 Q 检验法分析检验结果可疑值的取舍。

误差处理任务案例
——检测数据取舍

◆ **任务描述**

你做为某第三方检测公司的一名检测人员，用沉淀滴定法 4 次测得纯 NaCl 中氯的质量分数分别为 60.66%、60.70%、80.80%、60.68%，测定值 60.80% 偏高，是否保留，该如何进行判断呢？

(1) $4\bar{d}$ 检验法　把可疑值 60.80% 除外，求得：

$$\bar{X} = \frac{X_1 + \cdots + X_n}{n} = \frac{60.66\% + 60.70\% + 60.68\%}{3} = 60.68\%,$$

$$\bar{d} = \frac{\sum_{i=1}^{n}|X_i - \bar{X}|}{n} = \frac{d_1 + d_2 + d_3}{3} = 0.01\%,$$

$4\bar{d} = 0.04\%$，$|60.80\% - 60.66\%| = 0.14\% > 4\bar{d}$，

故测定值 60.80% 舍去。

(2) Q 检验法
① 将各数据按递增顺序排列为：60.66%，60.68%，60.70%，60.80%。
② 求出最大值与最小值的差值(极差) = 60.80% − 60.66% = 0.14%。

(3) 求出 $Q = \dfrac{X_n - X_{n-1}}{X_n - X_1} = \dfrac{60.80\% - 60.70\%}{0.14\%} = 0.71$。

(4) 根据测定次数 n 和要求的置信水平(如 90%)查表得到 $Q_{表值}$ 为 0.76。

(5) 因为 $Q(0.71) < Q_{表值}(0.76)$，故应予保留，数据有效。

◆ **结论**

$4\bar{d}$ 检验法与 Q 检验法相冲突，以 Q 检验法为准，所以测定值 60.80% 应该保留，数据有效。

◆ **任务总结**

Q 检验法的第一步是将数据按照从小到大的顺序依次排列。$4\bar{d}$ 检验法在计算平均值时要先除去可疑值。$4\bar{d}$ 检验法与 Q 检验法相冲突，以 Q 检验法结果为准。

任务评价

序号	评价要求	分值	评价记录	得分
1	能找出可疑值	10		
2	说出异常值取舍的原则	10		
3	说出异常值取舍的方法	10		
4	能运用 $4\bar{d}$ 检验法判断可疑值的取舍	15		
5	能运用 Q 检验法判断可疑值的取舍	15		
6	两种检验法相冲突时正确处理	10		
7	知识过关题	10		
8	与他人团结协作,沟通良好	10		
9	全程参与,学习积极主动	10		
	总评			

巩固练习

1. 一组数据(3.1%、3.2%、2.6%、3.3%)中,属于可疑值的是(　　)。
   A. 3.1%　　　　　B. 3.2%　　　　　C. 2.6%　　　　　D. 3.3%

2. 小林在检测香肠中亚硝酸盐含量时,得出结果为 15.25、15.30、15.50、18.16 mg/kg。问 18.16 mg/kg 是否要舍去?

3. 李工在做氢氧化钠溶液标定实验中,平行测定 5 次得出的浓度如下:0.102 5、0.102 4、0.102 6、0.102 8、0.103 5 mol/L。请用 Q 检验法分析测定结果 0.103 5 mol/L 是否需要舍去?

学习心得

总结本任务所学内容,和老师同学交流讨论,撰写学习心得。

班级:_____　　姓名:_____　　组名\组号:_____
学号\工位号:_____　　日期:_____年___月___日

《食品理化检验技术》课程标准

一、课程名称

《食品理化检验技术》

二、适用专业及面向岗位

适用于食品类相关专业,面向食品检测技术岗位(检验员、品控员、快检员、抽样员、组长)、管理岗位(报告文员、组长)等。

三、课程定位

(一)课程性质

本课程为食品检测类专业核心课程、必修课程,也是一门实践性很强的课程。本课程以1+X证书(食品检验管理职业等级标准)食品理化检验中各项职业技能要求为目标,以食品中常见成分测定为范围,以GB/T 5009"食品安全国家标准"为依据构建课程。

(二)课程作用

本课程主要学习食品检验工作准备,食品样品采集、制备的方法,掌握食品一般品质指标、基本营养成分、食品添加剂、食品中有害物质等理化分析的原理与方法,使学生能独立进行分析操作,对检测得出的结果进行统计、分析与处理,获得准确的分析结果;让学生进一步熟悉检验质量控制;培养学生独立从事食品分析与检验的能力,达到本专业学生应获得的1+X证书(食品检验管理)中相应模块考证的基本要求,适应的岗位需要。

(三)课程衔接

在课程设置上,前导课程有基础化学、实验准备和数据处理、食品加工工艺和食品检测技术(微生物检验),后续课程有食品检测技术(感官检验)、食品检测技术(快检)、食品质量与安全管理和食品检测综合实践。

四、课程设计

(一)设计思路

本课程总体设计遵循以学生为中心,以"就业导向,兼顾升学"为理念,结合企业访谈、问卷调查和职业能力分析,得到食品理化检测岗位的专业技能、知识和素质要求,以岗位职业能力培养为主线,选择具有代表性的企业工作任务进行系统化的加工,构建培养学生职业能力和职业素养的学习情境。课程以培养食品理化检验岗位技能为基本目标,打破知识体系的设计思路,紧紧围绕完成工作任务的需要,选择和组织课程内容,突出工作任务与知识的联系,让学生在职业实践活动的基础上掌握知识,课程内容与职业岗位能力要求一致,提高学生的职业能力。

(二) 内容组织

课程内容选取的基本依据是该课程所涉及的工作领域和工作任务范围。主要设计有食品理化检验基础、食品理化检验分类、食品理化检验质量控制三个模块,以样品中成分含量测定为线索,设置检验工作准备、样品采集和预处理、样品检验及报告、一般品质指标检验、常见营养成分的检验、添加剂的检验、实验室质量控制、操作质量控制、检验误差与处理等工作项目。课程内容的选取以工作任务为中心,融合专业理论知识和1+X证书(食品检验管理)职业资格的要求,以培养学生从事食品检测工作的能力。每个工作任务都以检测操作方法为载体,以工作任务为中心,设计相应教学活动,引出相关专业理论知识,使学生在各项目活动中强化专业技能与实践操作能力。

五、课程教学目标

本课程主要介绍检验工作准备、食品样品采集、制备的方法,食品基本营养成分、食品添加剂、食品中有害物质等理化分析的原理与方法,以及检测结果统计、分析与处理。通过本课程学习,使学生能对食品样品进行正确采集、制备、保存、预处理;准确测定食品的相对密度、折射率和可溶性固形物、旋光度等物理指标;能准确测定食品中的水分、灰分、酸度、脂肪、碳水化合物、蛋白质、维生素、添加剂等的含量,为今后从事食品理化检验岗位工作打下良好基础。

(一) 能力目标

1. 掌握理化检测基本技能,能初步制订检测方案;
2. 能正确进行采样和完成样品的预处理和保存;
3. 能独立操作理化检测常用仪器设备,会进行常见故障排除;
4. 学会记录和整理原始数据并对数据进行分析处理;
5. 能正确填写检验报告单并对食品品质做出评判;
6. 能及时妥善处理各类意外安全事故。

(二) 知识目标

1. 了解食品理化检测常用仪器设备的性能构造、工作原理和操作规程;
2. 明确各类食品相关理化标准及检验标准;
3. 理解各类食品常规检测的基本原理与基本操作方法;
4. 熟悉食品理化检测的基本流程;
5. 掌握实验室安全防护知识。

(三) 素质目标

1. 通过案例培养学生爱国主义热情,激发学生努力学习,改善食品行业现状的崇高理想;
2. 培养学生运用辩证唯物主义科学观理论联系实际来分析解决问题的能力,以及逻辑思辨能力;
3. 通过讨论、互评等活动,培养学生团队合作精神,树立和谐友善的社会主义核心价值观;

4. 培养学生关心公众身体健康和生命安全,树立食品安全意识,增强使命感和担当精神;

5. 养成敬业爱岗、诚实守信、勤奋工作、吃苦耐劳、奉献社会等职业道德和劳动精神;

6. 养成民主法制意识和开拓创新、艰苦创业精神;

7. 养成严谨求实的科学态度、客观公正的工作作风和良好的工作习惯;

8. 培养自主学习、信息获取、拓展创新等可持续发展能力。

六、学时与学分

本课程学时:216 学时。

本课程学分:12 学分。

七、课程结构与内容

表1 《食品理化检验技术》课程结构与内容

序号	学习任务（单元、模块）		对接典型工作任务及职业技能要求	知识、技能、素质要求	教学活动设计	建议学时
1	模块一 食品理化检验基础	项目一 检验工作准备	03-01 03-03 04-02 04-03 05-02 09-01 09-02 18-07 18-10 18-12	1. 能安全使用实验室设施,能正确做好个人防护。 2. 能查询并解读食品理化检验的相关标准（法律法规、技术标准、方法标准）。 3. 熟悉常用检测仪器设备、试剂的使用要求。 4. 能按要求正确配制检验试剂。 5. 具备安全防护、文明操作意识。	**知识要求:** 1. 能熟记实验室安全防护要点。 2. 熟悉常用检测仪器设备、试剂的使用要求。 **技能要求:** 1. 能安全使用实验室设施,能做好个人防护。 2. 能查询并解读食品理化检验的相关标准（法律法规、技术标准、方法标准）。 3. 能按要求正确准备实验及配制检验试剂。 **素质要求:** 1. 具备安全防护、文明操作意识。	1. **线上授课:**参考中国大学 MOOC 网(http://www.icourse163.org/)《食品理化检验》《食品分析与检验》,学银在线(https://www.xueyinonline.com/)《食品检测技术》等课程。 2. **面授:**教师和学生一起学习食品理化检验准备工作。 3. **实训:** 任务1 实验室安全防护 任务2 检测标准查询与解读 任务3 试剂配制和标定	16

(续表)

序号	学习任务（单元、模块）	对接典型工作任务及职业技能要求	知识、技能、素质要求	教学活动设计	建议学时
2	项目二 样品采集和预处理	01-01 01-02 01-03 01-04 02-01 02-02 02-03 02-04 02-05 02-06 04-01 05-01 18-01 18-05 18-10 18-17	1. 能按照要求进行食品样品的取样、保存、运输和交接。 2. 能熟悉食品样品预处理的方法根据食品样品特点为供试样品选择合适方法正确处理。 3. 具有吃苦耐劳及团队合作精神。	**知识要求：** 1. 熟悉待测样品的采集、制备与保存的原则和一般方法。 2. 了解样品预处理方法，并能根据食品样品特点选择合适方法正确处理样品。 **技能要求：** 1. 能根据实验实训指导书完成液体、半固体、固体样品的正确采集、制备和处理。 2. 能根据分析任务要求正确选择合适的样品处理方法。 **素质要求：** 1. 具有吃苦耐劳及团队合作精神。	1. **线上授课**：参考中国大学 MOOC 网(http://www.icourse163.org/)《食品理化检验》《食品分析与检验》，学银在线(https://www.xueyinonline.com/)《食品检测技术》等课程。 2. **面授**：教师和学生一起学习食品样品采集和预处理。 3. **实训**： 任务 1 样品采集和保存 任务 2 样品制备 任务 3 样品预处理	12
3	项目三 样品检验及报告	03-02 04-04 07-01 07-02 07-03 17-01 17-02 18-02 18-07	1. 能熟悉食品理化检验的工作任务、工作内容和工作流程，完成检验工作。 2. 能正确记录、处理数据、判定检验结果。 3. 能规范编写、出具检验报告。 4. 具有数据运算及信息处理能力。	**知识要求：** 1. 能熟悉食品理化检验的工作任务、工作内容和工作流程。 **技能要求：** 1. 能依据工作流程，完成检验工作。 2. 能正确记录、处理数据、判定检验结果。 3. 能规范编写、出具检验报告。 **素质要求：** 1. 具有数据运算及信息处理能力。	1. **线上授课**：参考中国大学 MOOC 网(http://www.icourse163.org/)《食品理化检验》《食品分析与检验》，学银在线(https://www.xueyinonline.com/)《食品检测技术》等课程。 2. **面授**：教师和学生一起学习食品样品检验及报告。 3. **实训**： 任务 1 样品检验 任务 2 检验结果计算 任务 3 出具检验报告	12

(续表)

序号	学习任务（单元、模块）		对接典型工作任务及职业技能要求	知识、技能、素质要求	教学活动设计	建议学时
4	模块二 食品理化检验分类	项目一 一般品质指标检验	02-03 03-02 04-01 04-02 04-03 04-04 07-03 18-04 18-06 18-11	1.能熟悉食品样品一般品质指标检验的方法标准和操作规范。 2.能按照作业指导书完成简单样品的采集、处理、指标的测定。 3.能对测定的结果进行处理并填写检验报告单。 4.具备良好的独立解决问题的能力和心理素质。	知识要求： 1.能熟悉食品样品一般品质指标检验的方法标准和操作规范。 2.熟悉相关指标概念及检验仪器操作方法。 技能要求： 1.能按照作业指导书完成简单样品的采集、处理、指标的测定，及仪器维护。 2.能对测定的结果进行处理并填写检验报告单。 素质要求： 1.具备良好的独立解决问题的能力和心理素质。	1.线上授课：参考中国大学MOOC网（http://www.icourse163.org/）《食品理化检验》《食品分析与检验》，学银在线（https://www.xueyinonline.com/）《食品检测技术》等课程。 2.面授：教师和学生一起学习食品一般品质指标检验。 3.实训： 任务1 食品相对密度的测定 任务2 食品中酸度的检测 任务3 食品中水分的检测 任务4 茶叶中灰分的检测 任务5 食品中酸价的测定 任务6 食品中过氧化值的测定 任务7 食品固形物含量的测定 任务8 食品中氨基酸态氮的测定 任务9 食品中氯化物的测定 任务10 饮用水总硬度的测定	60
5		项目二 常见营养成分的检验	02-03 03-02 04-01 04-02 04-03	1.能熟悉食品样品常见营养成分检验的方法标准和操作规范。	知识要求： 1.能熟悉食品样品常见营养成分检验的方法标准和操作规范。	1.线上授课：参考中国大学MOOC网（http://www.icourse163.org/）《食品理化检验》	36

（续表）

序号	学习任务（单元、模块）	对接典型工作任务及职业技能要求	知识、技能、素质要求	教学活动设计	建议学时
		04-04 07-03 18-04 18-06 18-11	2. 能按照作业指导书完成简单样品的采集、处理、成分含量的测定。 3. 能对测定的结果进行处理并填写检验报告单。 4. 具备良好的独立解决问题的能力和心理素质。	2. 熟悉相关成分指标概念及检验仪器操作方法。 **技能要求：** 1. 能按照作业指导书完成简单样品的采集、处理、成分的测定，及仪器维护。 2. 能处理测定的结果并填写检验报告单。 **素质要求：** 1. 具备良好的独立解决问题的能力和心理素质。	《食品分析与检验》，学银在线（https://www.xueyinonline.com/）《食品检测技术》等课程。 2. **面授：**教师和学生一起学习食品常见营养成分检验。 3. **实训：** 任务1 食品中脂肪的测定 任务2 食品中蛋白质的测定 任务3 食品中碳水化合物的测定 任务4 食品中维生素C的测定 任务5 食品中膳食纤维的测定 任务6 食品中钠的测定	
6	项目三 添加剂的检验	02-03 03-02 04-01 04-02 04-03 04-04 07-03 18-04 18-06 18-11	1. 能熟悉食品中添加剂测定的方法标准和操作规范。 2. 能按照作业指导书完成简单样品的采集、处理、添加剂的测定。 3. 能熟悉大型分析仪器紫外-可见分光光度计的操作使用和日常维护。 4. 能对测定的结果进行处理并填写检验报告单。 5. 具备良好的独立解决问题的能力和心理素质。	**知识要求：** 1. 能熟悉食品样品添加剂检验的方法标准和操作规范。 2. 熟悉相关添加剂概念及检验仪器操作方法。 **技能要求：** 1. 能按照作业指导书完成简单样品的采集、处理、添加剂的测定，及仪器维护。 2. 能对测定的结果进行处理并填写检验报告单。 **素质要求：** 1. 具备良好的独立解决问题的能力和心理素质。	1. **线上授课：**参考中国大学MOOC网（http://www.icourse163.org/）《食品理化检验》《食品分析与检验》，学银在线（https://www.xueyinonline.com/）《食品检测技术》等课程。 2. **面授：**教师和学生一起学习食品添加剂检验。 3. **实训：** 任务1 食品中谷氨酸钠的测定 任务2 食品中总二氧化硫的测定 任务3 食品中亚硝酸盐的测定	18

(续表)

序号	学习任务（单元、模块）		对接典型工作任务及职业技能要求	知识、技能、素质要求	教学活动设计	建议学时
7		项目四 非法添加物质的检验	02－03 03－02 04－01 04－02 04－03 04－04 07－03 12－01 18－04 18－06 18－11	1. 能熟悉食品中非法添加物质测定的方法标准和操作规范。 2. 能按照作业指导书完成简单样品的采集、处理、非法添加物质的测定。 3. 能熟悉大型分析仪器紫外－可见分光光度计的操作使用和日常维护。 4. 能对测定的结果进行处理并填写检验报告单。 5. 具备良好的独立解决问题的能力和心理素质。	知识要求： 1. 能熟悉食品样品非法添加物质检验的方法、标准和操作规范。 2. 熟悉相关非法添加物质概念及检验仪器的操作方法。 技能要求： 1. 能按照作业指导书完成简单样品的采集、处理、非法添加物质的测定，以及仪器维护。 2. 能处理测定的结果并填写检验报告单。 素质要求： 1. 具备良好的独立解决问题的能力和心理素质。	1. 线上授课：参考中国大学MOOC网(http://www.icourse163.org/)《食品理化检验》《食品分析与检验》，学银在线(https://www.xueyinonline.com/)《食品检测技术》等课程。 2. 面授：教师和学生一起学习食品非法添加物质检验。 3. 实训： 任务1　食品中苏丹红的测定 任务2　乳制品中三聚氰胺的测定	12
8	模块三 食品理化检验质量控制	项目一 实验室质量控制	03－04 08－01 08－02 08－03 13－02 13－04 13－05 18－03 18－08 18－09 18－12	1. 能对实验室进行5S管理，控制实验室环境条件。 2. 能按照标准规范或者说明书，维护保养设备、检定校核仪器及管理试剂。 3. 具备较强的组织管理能力和责任心。	知识要求： 1. 熟悉实验室5S管理内容及检验实验室环境条件。 2. 熟悉设备说明书及维护保养、检定校核仪器及管理试剂标准规范。 技能要求： 1. 能对实验室进行5S管理，控制实验室环境条件。 2. 能按照标准规范或者说明书，维护保养设备、检定校核仪器及有效管理试剂。 素质要求： 1. 具备较强的组织管理能力和责任心。	1. 线上授课：参考中国大学MOOC网(http://www.icourse163.org/)《食品理化检验》《食品分析与检验》，学银在线(https://www.xueyinonline.com/)《食品检测技术》等课程。 2. 面授：教师和学生一起学习食品理化检验实验室质量控制。 3. 实训： 任务1　检验环境控制 任务2　仪器检定校准 任务3　试剂有效管理	16

（续表）

序号	学习任务 （单元、模块）	对接典型工作任务 及职业技能要求	知识、技能、 素质要求	教学活动设计	建议学时
9	项目二 操作质 量控制	04-04 07-02 13-03 18-13 18-16	1. 能运用质量控制的知识和手段，准确进行称量及滴定操作。 2. 能运用空白实验、平行测定进行质量控制。 3. 具有较强的思维判断能力及严谨细致的工作精神。	**知识要求：** 1. 熟悉质量控制的知识和手段。 2. 熟悉空白实验、平行测定方法。 **技能要求：** 1. 能运用质量控制的知识和手段，准确进行称量及滴定操作。 2. 能运用空白实验、平行测定进行质量控制。 **素质要求：** 1. 具有较强的思维判断能力及严谨细致的工作精神。	**1. 线上授课：**参考中国大学 MOOC 网（http：//www.icourse163.org/）《食品理化检验》《食品分析与检验》，学银在线（https://www.xueyinonline.com/）《食品检测技术》等课程。 **2. 面授：**教师和学生一起学习食品理化检验操作质量控制。 **3. 实训：** 任务 1 称量操作的质量控制 任务 2 滴定操作的质量控制 任务 3 空白实验 任务 4 平行测定	16
10	项目三 检验误差 与处理	07-03 13-03 18-02 18-13	1. 能对检测结果进行误差计算，分析检测过程中的误差来源，采取措施消除或减少误差。 2. 能分析检测结果的异常值、有效性。 3. 具备良好的思考和判断能力。	**知识要求：** 1. 熟悉误差计算方法，知道分析检测过程中的误差来源。 2. 熟悉检测结果的异常值、有效性分析方法。 **技能要求：** 1. 能对检测结果进行误差计算，分析检测过程中的误差来源，采取措施消除或减少误差。 2. 能分析检测结果的异常值、有效性。 **素质要求：** 1. 具备良好的思考和判断能力。	**1. 线上授课：**参考中国大学 MOOC 网（http：//www.icourse163.org/）《食品理化检验》《食品分析与检验》，学银在线（https://www.xueyinonline.com/）《食品检测技术》等课程。 **2. 面授：**教师和学生一起学习食品理化检验误差与处理。 **3. 实训：** 任务 1 误差分析 任务 2 误差处理	12
	其他		复习、考核等		6
	总计				216

八、资源开发与利用

(一) 教材编写与使用

1. 课程采用新型活页式教材。教材编写充分体现项目课程设计思想,贯彻"以职业能力培养为本位,以学生为主体,以就业兼顾升学为导向"的理念,打破传统学科式教材编写框架,按照工作过程导向,以岗位工作任务引领,编制教学情境。通过项目实施的过程的控制、注意事项的讲解、实施方法的引导,实现"教、学、做"一体,更加注重学生技能的形成过程,适应就业及升学需要的技能应用型人才的培养需要。

2. 教材编写贴合实际。教材编写以食品中各种成分的分析和检验为基础,教材内容的设计尽可能直观、形象,多采用图表。教材知识点的难易程度与学生学习能力相对应,实践内容考虑实训和教学环境需求。

(二) 数字化资源开发与利用

1. 课程资源的开发与利用。根据教学目标和教学对象的特点,通过教学设计,合理选择和运用现代教学媒体,借助如挂图、多媒体软件、仿真软件等媒介,有利于中职学生的感性认识,激发学生的学习兴趣;通过视频创设形象生动的工作情境,促进学生对知识的理解和掌握。建议本门课程加强常用课程资源的开发,制作课程教学 PPT、实训视频、试题库,收集各类企业理化检验工作手册等资料,建立教学资源库。线上授课可以参考中国大学MOOC网(网址:http://www.icourse163.org/)《食品理化检验》《食品分析与检验》,学银在线(网址:https://www.xueyinonline.com/)《食品检测技术》等。

2. 网络资源的开发与利用。充分利用网络技术和电子资源等网上信息资源,使教学从单一媒体向多媒体转变;使教学活动从信息的单向传递向双向交换转变;使学生从单独的学习向合作学习转变。有机结合在建精品课程《食品检测技术》(学银在线 https://www.xueyinonline.com/),通过网络实现课程内容的自学和资料查询。

(3) 企业岗位培养资源的开发与利用

本课程实践性很强,需要开发与课程相关的企业岗位资源,把学生在岗位的工作项目充分利用起来。把食品企业实验室理化检测过程录制成短视频或制作成微课程,让学生对本课程的学习变得更加积极主动。

九、教学建议

1. 应按照项目的学习目标编制项目任务书。项目任务书应明确教师讲授的内容,明确学员学习的要求,提出该项目整体安排以及各模块训练的时间、内容等。以小组组织学习,对分组安排及小组操作流程也作出明确规定。

2. 校企双师指导学生完整地完成课程项目或岗位任务训练,并将有关知识、技能、职业道德和情感态度有机融合。

十、课程实施条件

(一) 师资要求

1. 教学团队成员至少 2 人,其中课程负责人 1 人,可由学校教师担任,企业实践导师至少1人。

2. 学校教师应具备双师素质,具有相应职业学校教师资格证,熟悉职业教育规律,熟悉食品中各类物质的理化检测方法与操作,具有实施理论与实践教学的教学能力。企业导师应是企业一线的技术骨干,了解职业教育教学规律,熟悉相应的国家标准、工艺规范和安全标准,具有执教能力以及良好的表达能力。

(二)教学场所要求

本课程主要教学场所应为理论教室和食品理化检验实训中心,配备理化检验仪器设备,可以满足核心能力培养,职业资格培训、鉴定等项目需要。理化检验主要设备和工具等见表2。

表2 食品理化检验技术课程主要设备和工具(供参考)

序号	示意图	产品名称	参考规格型号和配制技术参数	数量	总价格(含税)
1		手持糖量折光仪	BM-FG116,测量范围:8%～92% Brix/38～43″Be/12～27% water,分度值:0.5%/0.5/0.5°	5	0.28万元
2		圆盘旋光仪	WXG-4,测量范围:-180°～+180°,仪器刻度盘格值:1°,仪器游标格值:0.05°	5	0.9万元
3		电热恒温干燥箱	GZX-DH.600-BS,工作室尺寸(mm):600×600×750,温控范围:50～250℃,微电脑智能控温,PID自调功能,测量、设定、双数显,外门带观察窗	2	0.636万元
4		电子天平	UX820H,称量范围:820g,精度:1mg,校准方式:外部校准	3	2.94万元
5		分析天平	AP324X,称量范围:320g,精度:0.1mg,校准方式:内部校准	2	4.2万元
6		恒温电热套	HDM-500,容量:500ml,加热功率:400W,室温～300℃(中标)	5	0.4万元

(续表)

序号	示意图	产品名称	参考规格型号和配制技术参数	数量	总价格（含税）
7		酸度计	PH5F,测量范围:pH值:－2～16.00,电压:±1000mV;分辨率:pH值:0.01,电压:1mV;精确度:pH值:±0.01,mV:±0.2％F.S,校正点:1～3点(可识别5种溶液)	5	0.355万元
8		滴定管	酸式滴定管、碱式滴定管	若干	0.07万元
9		索氏提取器	高硼硅玻璃	若干	0.08万元
10		凯氏定氮仪	KDN-04,半自动凯氏定氮仪,配有消化炉	1	0.4万元
11		气相色谱仪	GC1120-1,毛细管进样系统(含隔膜吹扫、背压阀分流)＋尾吹调节＋FID	1	4万元
12		高效液相色谱仪	LC-210,内置反控分析软件,色谱柱恒温箱	1	7万元
13		原子吸收分光光度计	4510F(PC控制),可以灵活选配火焰、石墨炉原子化器	1	11.6万元
14		紫外-可见光分光光度计	JH754PC,波长范围:190～1100nm,波长准确度:±0.5nm,光谱带宽:4nm	3	1.98万元

（续表）

序号	示意图	产品名称	参考规格型号和配制技术参数	数量	总价格（含税）
15		数显恒温水浴锅	HH-2,技术参数:2孔;控温方式:数显;控温范围:RT-100℃;控温精度:±0.5℃;工作室尺寸:300×150×115 mm;水槽用不锈钢制作	1	0.125万元
16		多媒体设备	配话筒等	1	1万元
17		电脑		1	0.45万元
18		移液工具	1—5 mL、100—1 000 μL、20—200 μL移液枪;各规格移液枪头;移液枪架	若干	0.5万元
19		实验耗材	剪刀、镊子、洗瓶、量筒、烧杯、容量瓶、锥形瓶、玻璃棒、试管、试管架、试管刷、样品处理杯等	若干	0.1万元
合计					37.016万元

十一、考核与评价

学业评价采取过程考核和终结性考核相结合的综合性考核方案。

过程性评价:占总比分的60%。过程性评价包括:

（1）平时成绩（30%）:考勤（10%）、课堂表现（10%）、课堂提问（10%）,培养职业道德和素养。

（2）实践成绩（30%）:态度认真、小组分工明确、报告内容完整、可行性强,培养学生食品检测技术综合运用与实践能力。

终结性评价:占总分比例40%。考试形式为闭卷考试和实操测试,考查学生对食品理化检验技术的综合知识掌握与应用能力。主要题型有实际应用选择题、名词解释、填空题、简答题、案例分析题等。

终结性考试时间90分钟,采用百分制,成绩按40%折算加入总分。

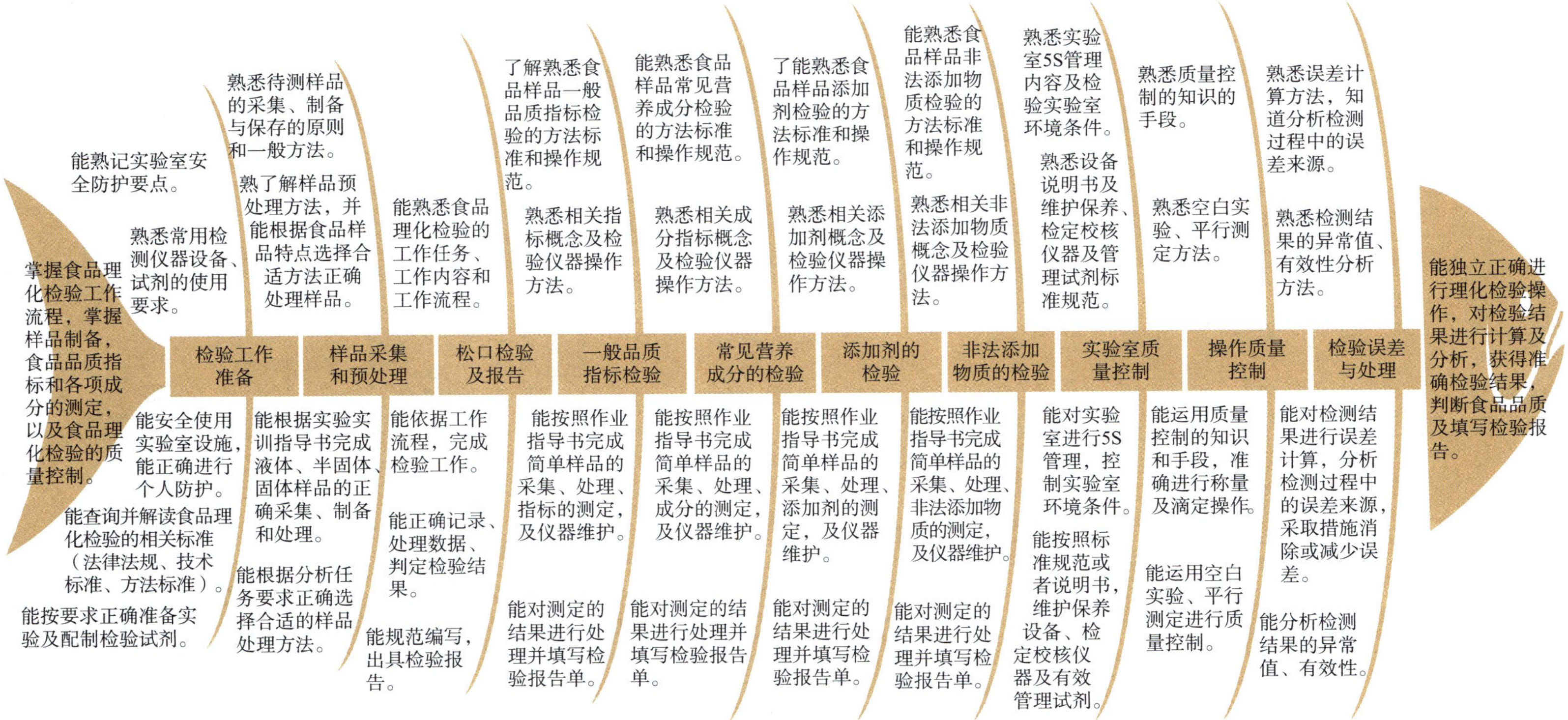
掌握食品理化检验工作流程，掌握样品制备，食品品质指标和各项成分的测定，以及食品理化检验的质量控制。
能熟记实验室安全防护要点。
熟悉常用检测仪器设备、试剂的使用要求。
能安全使用实验室设施，能正确进行个人防护。
能查询并解读食品理化检验的相关标准（法律法规、技术标准、方法标准）。
能按要求正确准备实验及配制检验试剂。
检验工作准备
熟悉待测样品的采集、制备与保存的原则和一般方法。
熟了解样品预处理方法，并能根据食品样品特点选择合适方法正确处理样品。
能根据实验实训指导书完成液体、半固体、固体样品的正确采集、制备和处理。
能根据分析任务要求正确选择合适的样品处理方法。
样品采集和预处理
能熟悉食品理化检验的工作任务、工作内容和工作流程。
能依据工作流程，完成检验工作。
能正确记录、处理数据、判定检验结果。
能规范编写，出具检验报告。
松口检验及报告
了解熟悉食品样品一般品质指标检验的方法标准和操作规范。
熟悉相关指标概念及检验仪器操作方法。
能按照作业指导书完成简单样品的采集、处理、指标的测定，及仪器维护。
能对测定的结果进行处理并填写检验报告单。
一般品质指标检验
能熟悉食品样品常见营养成分检验的方法标准和操作规范。
熟悉相关成分指标概念及检验仪器操作方法。
能按照作业指导书完成简单样品的采集、处理、成分的测定，及仪器维护。
能对测定的结果进行处理并填写检验报告单。
常见营养成分的检验
了能熟悉食品样品添加剂检验的方法标准和操作规范。
熟悉相关添加剂概念及检验仪器操作方法。
能按照作业指导书完成简单样品的采集、处理、添加剂的测定，及仪器维护。
能对测定的结果进行处理并填写检验报告单。
添加剂的检验
能熟悉食品样品非法添加物质检验的方法标准和操作规范。
熟悉相关非法添加物质概念及检验仪器操作方法。
能按照作业指导书完成简单样品的采集、处理、非法添加物质的测定，及仪器维护。
能对测定的结果进行处理并填写检验报告单。
非法添加物质的检验
熟悉实验室5S管理内容及检验实验室环境条件。
熟悉设备说明书及维护保养、检定校核仪器及管理试剂标准规范。
能对实验室进行5S管理，控制实验室环境条件。
能按照标准规范或者说明书，维护保养设备、检定校核仪器及有效管理试剂。
实验室质量控制
熟悉质量控制的知识的手段。
熟悉空白实验、平行测定方法。
能运用质量控制的知识和手段，准确进行称量及滴定操作。
能运用空白实验、平行测定进行质量控制。
操作质量控制
熟悉误差计算方法，知道分析检测过程中的误差来源。
熟悉检测结果的异常值、有效性分析方法。
能对检测结果进行误差计算，分析检测过程中的误差来源，采取措施消除或减少误差。
能分析检测结果的异常值、有效性。
检验误差与处理
能独立正确进行理化检验操作，对检验结果进行计算及分析，获得准确检验结果，判断食品品质及填写检验报告。

图 1 《食品理化检验技术》鱼骨图

图书在版编目(CIP)数据

食品理化检验技术/惠琴主编. —上海:复旦大学出版社,2023.1(2024.1重印)
ISBN 978-7-309-16502-9

Ⅰ.①食… Ⅱ.①惠… Ⅲ.①食品检验 Ⅳ.①TS207.3

中国版本图书馆 CIP 数据核字(2022)第 193783 号

食品理化检验技术
惠 琴 主编
责任编辑/张志军

复旦大学出版社有限公司出版发行
上海市国权路 579 号 邮编:200433
网址: fupnet@fudanpress.com   http://www.fudanpress.com
门市零售: 86-21-65102580   团体订购: 86-21-65104505
出版部电话: 86-21-65642845
上海四维数字图文有限公司

开本 787 毫米×1092 毫米 1/16 印张 18.5 字数 427 千字
2024 年 1 月第 1 版第 2 次印刷

ISBN 978-7-309-16502-9/T·724
定价: 50.00 元

如有印装质量问题,请向复旦大学出版社有限公司出版部调换。
版权所有 侵权必究